Adobe Illustrator CC 2017
中文版经典教程
（彩色版）

[美]布莱恩·伍德（Brian Wood） 著

刘春雷 汪兰川 李京点 译

人民邮电出版社

北京

图书在版编目（CIP）数据

Adobe Illustrator CC 2017中文版经典教程 : 彩色
版 / （美）布莱恩·伍德（Brian Wood）著 ；刘春雷，
汪兰川，李京点译. -- 北京 ：人民邮电出版社，
2018.11（2020.2重印）
ISBN 978-7-115-49399-6

Ⅰ. ①A… Ⅱ. ①布… ②刘… ③汪… ④李… Ⅲ. ①
图形软件－教材 Ⅳ. ①TP391.412

中国版本图书馆CIP数据核字(2018)第215578号

版 权 声 明

- ◆ 著　　　[美] 布莱恩·伍德（Brian Wood）
- 　译　　　刘春雷　汪兰川　李京点
- 　责任编辑　陈聪聪
- 　责任印制　焦志炜
- ◆ 人民邮电出版社出版发行　　北京市丰台区成寿寺路 11 号
- 　邮编　100164　　电子邮件　315@ptpress.com.cn
- 　网址　http://www.ptpress.com.cn
- 　北京瑞禾彩色印刷有限公司印刷
- ◆ 开本：800×1000　1/16
- 　印张：26.5
- 　字数：622 千字　　　　　　　　2018 年 11 月第 1 版
- 　印数：7001－9 000册　　　　　2020 年 2 月北京第 6 次印刷

著作权合同登记号　图字：01-2017-4812 号

定价：128.00 元

读者服务热线：**(010)81055410**　印装质量热线：**(010)81055316**
反盗版热线：**(010)81055315**
广告经营许可证：京东工商广登字 20170147 号

内容提要

本书由 Adobe 公司的专家编写，是 Adobe Illustrator CC 软件的正规学习用书。

全书包括 15 课，每一课都借助具体的示例进行讲解，步骤详细，重点明确，手把手教您进行实际操作。全书内容除涵盖 Adobe Illustrator 的基础知识外，还介绍了 Illustrator CC 的新增功能。

本书语言通俗易懂并配以大量的图示，特别适合 Illustrator 新手阅读；有一定使用经验的用户从中也可学到大量高级功能和 Illustrator CC 新增的功能；本书还适合各类相关培训班学员及广大自学人员学习参考。

前　言

Adobe Illustrator CC 软件是设计印刷品、多媒体资料和在线图形的行业标准应用程序。无论您是出版物印刷制作图稿的设计师、插图制作技术人员、设计多媒体图形的美工，还是网页或在线内容制作者，Adobe Illustrator 都将为您提供专业级的作品制作工具。

关于经典教程

本书是由 Adobe 产品专家编写的 Adobe 图形和出版软件官方培训系列丛书之一。本书中的功能和练习都基于 Illustrator CC（2017.1 版本）。

课程经过精心设计，方便读者按照自己的节奏阅读。如果读者是 Adobe Illustrator 新手，将从中学到该应用程序所需的基础知识和操作；如果读者有一定的 Illustrator 使用经验，将会发现本书介绍了许多高级技能，包括针对最新版本软件的使用技巧和操作提示。

本书不仅在每课中提供完成特定项目的具体步骤，还为读者预留了探索和试验的空间。读者可以从头到尾按顺序阅读全书，也可以针对个人兴趣和需要阅读对应章节。此外，每课都包含了复习部分，以便读者总结该课程的内容。

先决条件

在阅读本书前，您应该了解自己的计算机和操作系统。确保您知道如何使用鼠标和标准的菜单与命令，以及如何打开、保存和关闭文件。如果您需要了解这些技术，请参见 Windows 或 Mac 操作系统的打印或联机文档。

注意：当不同平台的指令不同时，macOS 命令先出现，然后是 Windows 命令，同时在括号中注明平台。例如，"按 Option（macOS）或 Alt（Windows）键并避开作品进行单击"。

安装软件

在阅读本书前，请确保您的系统设置正确，并且成功安装所需的硬件和软件。

您必须单独购买 Adobe Illustrator CC 软件。从 Adobe Creative Cloud 将 Illustrator 安装到您的硬盘。按照屏幕上的说明进行操作。

课程文件

为完成本书的项目，您需要从异步社区下载课程文件。您可以下载各个课程的文件，也可以通过单个文件的形式下载所有课程。

恢复默认设置

  首选项文件控制打开 Adobe Illustrator 程序时命令设置如何显示在屏幕上。每次退出 Adobe Illustrator 时，都会在不同的首选项文件中记录面板的位置和某些命令设置。如果您想将工具和设置都恢复为其原来的默认设置，则可以删除当前的 Adobe Illustrator CC 首选项文件。如果某个首选项文件不存在，Adobe Illustrator 会创建一个首选项文件，下次启动程序时会保存此文件。

  每课开始前，您必须恢复 Illustrator 的默认首选项设置。这样做将确保工具和面板的功能如本书所述。完成这本书后，如果您愿意，可以恢复您保存的设置。

> **Ai** **注意：** 如果查找首选项文件很困难，请通过 brian@brianwoodtraining.com 联系我以获得帮助。

删除或保存当前的 Illustrator 首选项文件

  首次退出程序时会创建首选项文件，之后会不断更新文件。启动 Illustrator 后，您可以按照这些步骤进行操作。

1 退出 Adobe Illustrator CC。

> **Ai** **注意：** 在 Windows 中，AppData 文件夹默认是隐藏的。您可能需要启用 Windows 来显示隐藏的文件和文件夹。有关说明，请参见 Windows 文档。

2 对于 Mac 操作系统，Adobe Illustrator 首选项文件的位置如下：
- Adobe Illustrator 首选项文件位于文件夹 [启动驱动器]/Users/[用户名]/Library/Preferences/Adobe Illustrator 21 Settings/zh_CN**。

3 对于 Windows，Adobe Illustrator 首选项文件的位置如下：

> **Ai** **提示：** 每次开始新课时要快速查找和删除 Adobe Illustrator 首选项文件，请为 Adobe Illustrator 21 Settings 文件夹创建一个快捷方式（Windows）或别名（macOS）。

- AIPrefs 文件位于文件夹 [启动驱动器]\Users\[用户名]\AppData\Roaming\Adobe\Adobe Illustrator 21 Settings\zh_CN**\x86 或 x64。

  * 在 Mac 操作系统上，默认情况下 Library 文件夹是隐藏的。要访问此文件夹，在 Finder 中，按住 Option 键，然后从 Finder 的"前往"菜单中选择"库"。

  ** 根据您安装的语言版本，文件夹名称可能会有所不同。

  如果您找不到文件，可能是您还未启动 Adobe Illustrator CC，也可能是您已经移动了首选项文件。首次退出程序时会创建首选项文件，之后会不断更新文件。

4 复制文件并将其保存到硬盘上的另一个文件夹（如果您想恢复这些文件），或者删除文件。

5 启动 Adobe Illustrator CC。

完成课程后恢复保存的首选项设置

1 退出 Adobe Illustrator CC。

2 删除当前的首选项文件。查找您保存的原始首选项文件并将它移动到 Adobe Illustrator 21 Settings 文件夹。

 注意：您可以移动原始首选项文件，而不是对它进行重命名。

其他资源

本书并不是要取代应用程序自带的文档或者是作为一个全面的功能参考文档。本书只解释课程中使用的命令和选项。有关程序功能和教程的全面信息，请参见如下这些资源。

Adobe Illustrator 学习和支持：您在 Adobe 网站上可以查找、浏览教程，并获得帮助和支持的页面。

Adobe 论坛：让您实现同行之间的讨论、提出有关 Adobe 产品的问题并获得答案。

Adobe Create Magazine：提供有关设计问题的有见地的文章，是一个展示顶级设计师的作品、教程等更多内容的画廊。

资源教育：为教授 Adobe 软件课程的教师提供有用的信息。寻找各级教育的解决方案，包括可用于准备 ACA 考试的免费课程。

您还可以访问以下资源。

Adobe Illustrator CC 产品主页。

Adobe 插件：是查找工具、服务、扩展、代码示例等内容的中心资源，用于补充和扩展您的 Adobe 产品。

Adobe 授权培训中心

Adobe 授权培训中心提供有关 Adobe 产品的教师主导课程和培训，其中提供了一个 AATCS 目录。

资源与支持

本书由异步社区出品，社区（https://www.epubit.com/）为您提供相关资源和后续服务。

配套资源

本书提供如下资源：

- 本书配套资源请到异步社区本书购买页处下载。

要获得以上配套资源，请在异步社区本书页面中点击 配套资源 ，跳转到下载界面，按提示进行操作即可。注意：为保证购书读者的权益，该操作会给出相关提示，要求输入提取码进行验证。

提交勘误

作者和编辑尽最大努力来确保书中内容的准确性，但难免会存在疏漏。欢迎您将发现的问题反馈给我们，帮助我们提升图书的质量。

当您发现错误时，请登录异步社区，按书名搜索，进入本书页面，点击"提交勘误"，输入勘误信息，点击"提交"按钮即可。本书的作者和编辑会对您提交的勘误进行审核，确认并接受后，您将获赠异步社区的 100 积分。积分可用于在异步社区兑换优惠券、样书或奖品。

扫码关注本书

扫描下方二维码，您将会在异步社区微信服务号中看到本书信息及相关的服务提示。

与我们联系

我们的联系邮箱是 contact@epubit.com.cn。

如果您对本书有任何疑问或建议，请您发邮件给我们，并请在邮件标题中注明本书书名，以便我们更高效地做出反馈。

如果您有兴趣出版图书、录制教学视频，或者参与图书翻译、技术审校等工作，可以发邮件给我们；有意出版图书的作者也可以到异步社区在线提交投稿（直接访问 www.epubit.com/selfpublish/submission 即可）。

如果您是学校、培训机构或企业，想批量购买本书或异步社区出版的其他图书，也可以发邮件给我们。

如果您在网上发现有针对异步社区出品图书的各种形式的盗版行为，包括对图书全部或部分内容的非授权传播，请您将怀疑有侵权行为的链接发邮件给我们。您的这一举动是对作者权益的保护，也是我们持续为您提供有价值的内容的动力之源。

关于异步社区和异步图书

"异步社区"是人民邮电出版社旗下 IT 专业图书社区，致力于出版精品 IT 技术图书和相关学习产品，为作译者提供优质出版服务。异步社区创办于 2015 年 8 月，提供大量精品 IT 技术图书和电子书，以及高品质技术文章和视频课程。更多详情请访问异步社区官网 https://www.epubit.com。

"异步图书"是由异步社区编辑团队策划出版的精品 IT 专业图书的品牌，依托于人民邮电出版社近 30 年的计算机图书出版积累和专业编辑团队，相关图书在封面上印有异步图书的 LOGO。异步图书的出版领域包括软件开发、大数据、AI、测试、前端、网络技术等。

异步社区

微信服务号

目　录

第0课　Adobe Illustrator CC 2017快速浏览 ·························· 0

  0.1　开始 ·· 2

  0.2　创建新文档 ·· 2

  0.3　绘制形状 ·· 3

  0.4　圆化形状的角 ·· 3

  0.5　使用颜色 ·· 4

  0.6　编辑颜色 ·· 4

  0.7　编辑描边 ·· 5

  0.8　使用图层 ·· 6

  0.9　用铅笔工具绘图 ·· 6

  0.10　使用形状生成器工具创建形状 ··························· 7

  0.11　创建混合 ··· 8

  0.12　变换图稿 ··· 9

  0.13　用Shaper工具绘图 ····································· 9

  0.14　使用吸管工具进行采样格式化 ·························· 11

  0.15　在Illustrator中置入图像 ····························· 11

  0.16　使用图像描摹 ·· 12

  0.17　创建和编辑渐变 ······································ 13

  0.18　使用文字 ·· 14

  0.19　对齐图稿 ·· 16

  0.20　使用画笔 ·· 17

  0.21　使用符号 ·· 18

  0.22　创建剪切蒙版 ·· 20

  0.23　使用效果 ·· 21

第1课　了解工作区 ·· 22

  1.1　Adobe Illustrator简介 ································· 24

  1.2　启动Illustrator和打开文件 ···························· 24

1.3　了解工作区 ··· 25

1.4　更改图稿的视图 ··· 38

1.5　在多个画板之间导航 ······································· 43

1.6　排列多个文档 ··· 45

第2课　选择图稿的技巧 ······································· **50**

2.1　开始本课 ··· 52

2.2　选择对象 ··· 52

2.3　对齐对象 ··· 57

2.4　使用编组 ··· 61

2.5　了解对象的排列 ··· 63

第3课　使用形状创建明信片图稿 ······················· **66**

3.1　开始本课 ··· 68

3.2　创建新文档 ··· 68

3.3　使用基本形状 ··· 70

3.4　使用Shaper工具 ··· 83

3.5　使用绘图模式 ··· 87

3.6　使用图像描摹 ··· 90

第4课　编辑和合并形状与路径 ··························· **94**

4.1　开始本课 ··· 96

4.2　编辑路径和形状 ··· 96

4.3　合并形状 ··· 101

4.4　使用宽度工具 ··· 107

4.5　完成插图 ··· 110

第5课　变换图稿 ··· **112**

5.1　开始本课 ··· 114

5.2　使用画板 ··· 114

5.3　使用标尺和参考线 ··· 119

5.4　变换内容 ··· 121

5.5　创建PDF ··· 132

第6课　使用绘图工具创建插图 ··························· **134**

6.1　开始本课 ··· 136

6.2 使用钢笔工具绘制简介 ·· 136

6.3 使用钢笔工具创建图稿 ·· 146

6.4 使用曲率工具绘制 ·· 150

6.5 编辑曲线 ·· 152

6.6 创建虚线 ·· 157

6.7 为路径添加箭头 ·· 157

6.8 使用铅笔工具 ·· 158

6.9 使用连接工具连接 ··· 162

第7课 使用颜色来改善标志 ·· 164

7.1 开始本课 ·· 166

7.2 探索颜色模式 ·· 167

7.3 使用色彩工具 ·· 168

7.4 使用实时上色 ·· 188

第8课 为海报添加文字 ··· 192

8.1 开始本课 ·· 194

8.2 为海报添加文字 ·· 194

8.3 串接文本 ·· 200

8.4 格式化文字 ·· 201

8.5 重新调整文本对象的大小和形状 ····························· 213

8.6 创建和应用文本样式 ··· 215

8.7 绕排文本 ·· 220

8.8 变形文本 ·· 220

8.9 使用路径文字 ·· 222

8.10 创建文本轮廓 ·· 225

第9课 使用图层来组织图稿 ·· 228

9.1 开始本课 ·· 230

9.2 创建图层和子图层 ··· 231

9.3 编辑图层和对象 ·· 234

9.4 创建剪切蒙版 ·· 245

第10课 渐变、混合和图案 ·· 248

10.1 开始本课 ·· 250

10.2 使用渐变 ·· 251

10.3 使用混合对象 ·· 265

10.4 使用图案上色 ·· 270

第11课 使用画笔制作海报 ·· 278

11.1 开始本课 ·· 280

11.2 使用画笔 ·· 280

11.3 使用书法画笔 ·· 281

11.4 使用艺术画笔 ·· 285

11.5 使用毛刷画笔 ·· 289

11.6 使用图案画笔 ·· 292

11.7 使用斑点画笔工具 ·· 298

第12课 探索效果和图形样式的创意用法 ·· 302

12.1 开始本课 ·· 304

12.2 使用"外观"面板 ·· 305

12.3 应用实时效果 ·· 312

12.4 应用Photoshop效果 ·· 316

12.5 使用图形样式 ·· 318

第13课 创建T恤图稿 ·· 326

13.1 开始本课 ·· 328

13.2 使用符号 ·· 329

13.3 使用Creative Cloud Library ·· 338

13.4 使用透视网格 ·· 343

第14课 将Illustrator CC和其他Adobe应用程序相结合 ·············· 358

14.1 开始本课 ·· 360

14.2 合并图稿 ·· 361

14.3 置入图像文件 ·· 361

14.4 给图像添加蒙版 ·· 369

14.5 从置入图像中采样颜色 ·· 376

14.6 使用图像链接 ·· 376

14.7 打包文件 ·· 381

第15课 导出资源 ·· 384

15.1 开始本课 ·· 386

15.2 创造像素级优化的图稿 ······················· 387

15.3 导出画板和资源 ···························· 390

15.4 根据自己的设计创建CSS ····················· 395

附录 ·· 406

新的现代用户界面 ······························· 406

Adobe Stock应用内购买 ·························· 406

文本改进 ···································· 406

实时形状改善 ································· 407

改善的资产和画板导出 ··························· 407

像素级完美绘制 ······························· 408

其他改进 ···································· 408

第0课　Adobe Illustrator CC 2017快速浏览

本课概述

通过本课对 Adobe Illustrator CC 2017 的交互演示，您将对该软件的主要功能获得大致的了解。

学习本课内容大约需要 45 分钟，请从配套资源中将文件夹 Lesson00 复制到您的硬盘中。

本课将会以交互的方式演示 Adobe
Illustrator CC 2017，您将学习一些关于
Adobe Illustrator CC 2017 的基本知识。

0.1 开始

本课将会对 Adobe Illustrator CC 使用较广泛的工具和功能进行大致讲解，为之后的更多操作提供方便。同时，还会制作一张关于面包店的传单。首先，打开最终图稿，查看本课要创建的内容。

 **注意：** 第 5 课将介绍有关创建和编辑画板的更多信息。

1 为了确保工具和面板中的功能如本课所述，请删除或重命名 Adobe Illustrator CC 的首选项文件。

2 启动 Adobe Illustrator CC。

3 选择"文件">"打开"，或者在"开始"工作区中单击"打开"。在 Lessons>Lesson00 文件夹中打开 L00_end.ai 文件。

4 选择"视图">"画板适合窗口大小"，查看您将在本课中创建的图稿示例。如果您愿意的话，可将此文件保持为打开状态，以供参考。

0.2 创建新文档

在 Illustrator 中，可以使用一系列的预设选项和模板，根据您的需求创建新文档。在本例中，您会将制作的图稿印刷为明信片，因此，您将选择"打印"预设来开始创建新文档。

1 选择"文件">"新建"。

2 在"新建文档"对话框中，选择对话框顶部的"打印"类别。

单击 Letter 选项。

在右侧的"预设详细信息"区域，更改下列内容。

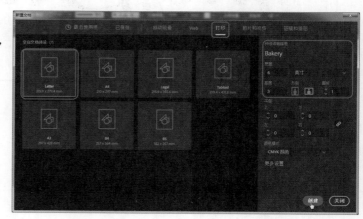

* **名称**：Bakery。
* **单位**：in。
* **宽度**：6。
* **身高**：3。

3 单击"创建"，打开一个新的空白文档。

4 选择"文件">"存储为"，在"存储为"对话框中，保留 Bakery.ai 作为名称，并导航到 Lessons>Lesson00 文件夹。将"格式"选项设置为 Adobe Illustrator（ai）（macOS）或者将"保存类型"选项设置为 Adobe Illustrator（*.AI）（Windows），然后单击"保存"。

5 在出现的"Illustrator 选项"对话框中，将 Illustrator 选项保留为其默认设置，然后单击"确定"。

6 选择"窗口">"工作区">"重置基本功能"。

7 选择"窗口">"库"以暂时隐藏"库"面板。

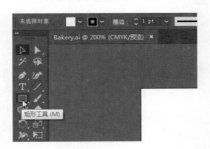 **注意**：如果在"工作区"菜单中没有看到"重置基本功能"，请在选择"窗口">"工作区">"重置基本功能"之前选择"窗口">"工作区">"基本功能"。

0.3 绘制形状

绘制形状是 Illustrator 的基石，在本书中还会创建很多形状。下面开始制作您的图稿，您将创建一个矩形。

1 选择"视图">"画板适合窗口大小"。

2 选择"视图">"缩小"。

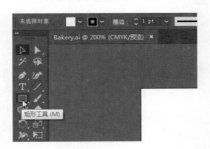 **注意**：第 3 课将介绍有关创建和编辑形状的更多信息。

您看到的白色区域称为画板，它就是您打印图稿的位置。画板类似于 Adobe InDesign® 等程序中的页。

3 在左侧的工具面板中选择"矩形工具"（▭）。

4 将指针放在画板的左上角（参见图中的红色 ×），单击并向右拖动。当指针旁边的灰色测量标签显示宽大约是 5.5in 且高是 2.2in 时，释放鼠标按钮。此形状仍处于选中状态。

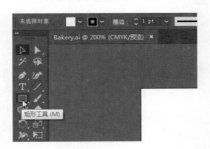
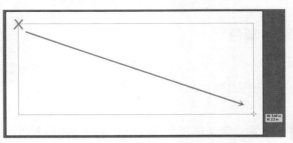

可以通过绘制形状或使用形状工具单击画板来创建形状，并在创建形状之前修改形状属性。

0.4 圆化形状的角

创建的大多数形状都是实时形状，这意味着在创建了形状之后仍可以修改属性，比如宽度、高度、角、角度和边的数量。接下来，将圆化所创建的矩形的角。

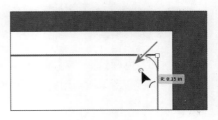

1 在左侧的工具面板中选中选择工具（▶）。

2 仍选中矩形，单击右上角部件（◉）并将其朝矩形中心拖动。当灰色测量标签显示的值为大约 0.15in 时，释放鼠标按钮。

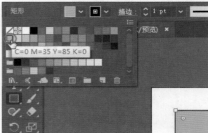

提示： 可以圆化所有的角。第 3 课将介绍有关创建和编辑实时形状的更多信息。

0.5 使用颜色

对作品着色是 Illustrator 中的常见操作。创建的形状有一个描边（边框）和一个填色选项。在本部分中，您将更改所选形状的填色。

注意： 第 7 课将介绍有关填色和描边的更多信息。

1 仍然选中选择工具（▶）和矩形，单击文档上方控制面板中的"填色"（▢▾）以显示色板面板。在出现的色板面板中将指针悬停在橙色上。当出现工具提示"C=0 M=35 Y=85 K=0"时，单击以将橙色应用于形状的颜色填充。

注意： 如果一个形状被选中，则它有一个蓝色外框（默认情况下）。

2 按 Esc 键隐藏"色板"面板并保持形状处于选中状态。

0.6 编辑颜色

默认情况下，在 Illustrator 中有很多方法可以创建您自己的颜色并编辑每个文档中出现的颜色。在本节中，您将编辑您刚才应用的橙色。

注意： 第 7 课将介绍有关创建和编辑颜色的更多信息。

1 仍选中矩形，再次单击控制面板中的"填色"，双击上一步所选的橙色以编辑它（下图中使用红色圈出的部分）。

注意： 继续操作，您会发现在这之前可能需要隐藏色板等面板。可以按 Esc 键来执行此操作。

2 在"色板选项"对话框中，将值更改为"C=8 M=18 Y=63 K=0"，并选择"预览"。单击"确定"以编辑矩形的颜色并更改样本的颜色值。按 Esc 键隐藏色板面板。

0.7 编辑描边

描边可以是形状和路径等图稿的可见轮廓（边框）。描边的很多外观属性都可以更改，包括宽度、颜色、虚线和更多内容。在本节中，将调整矩形的描边。

> **Ai** 注意：第 3 课将介绍有关描边的更多信息。

1 仍选中矩形，在控制面板中单击描边颜色（▣）（图中使用红色圈出的部分）以显示色板面板。单击与填色相同的橘色色板。
2 单击文档上方控制面板中的"描边"以打开描边面板。更改下列选项：

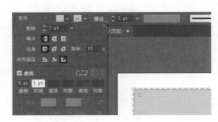

- 描边粗细：2pt。
- 对齐描边：使描边外侧对齐（▣）。
- 虚线：选中此选项。
- 虚线：5pt，间隙：1pt。输入间隙值后，按 Enter 或 Return 键。

3 选择"对象">"锁定">"所选对象"以暂时锁定矩形，使其无法被选中。

0.8　使用图层

使用图层能够更简单有效地组织和选择图稿。下面将通过使用"图层"面板来组织自己的图稿。

Ai **注意：**第9课将介绍有关使用图层和"图层"面板的更多信息。

1　选择"窗口">"图层"以在工作区中显示"图层"面板。

2　在"图层"面板中双击文本"图层1"（图层名称）。键入"背景"，然后按 Enter 或 Return 键以更改图层名。

为图层命名可以更好地组织整个作品内容。目前，您创建的矩形位于该图层上。

3　在"图层"面板底部单击"创建新图层"按钮（）。双击新图层名称"图层2"并键入"内容"。按 Enter 或 Return 键以更改图层名称。

这将创建一个新的空白图层。本课稍后将对这些图层执行一些操作。

0.9　用铅笔工具绘图

铅笔工具（ ✐ ）允许您绘制包含曲线和直线的自由路径。用铅笔工具绘制的路径在未来是可编辑的。

Ai **注意：**第6课将介绍有关使用铅笔工具和其他绘制工具的更多信息。

1　在左侧的工具面板中单击并按住 Shaper 工具（ ✐ ），很可能会出现一个有关 Shaper 工具的窗口。关闭它。

2　再次单击并按住 Shaper 工具（ ✐ ），在出现的工具菜单中，选择"铅笔工具"（ ✐ ）。

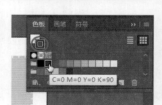

3　按字母 D 为即将创建的图稿设置默认的填色（白色）、描边颜色（黑色）和描边粗细（1pt）。

4　选择"窗口">"色板"以显示"色板"面板。单击"描边"框（图中使用红色圈出的部分），以便更改描边。如果有必要，滚动到面板底部，并选择一种深灰色来更改描边。

这是为图稿应用描边颜色和填色的另一种方式，也是访问此文档的默认色板的位置。

5　选择"视图">"标尺">"显示标尺"。

6　在画板上，从下图中的红色 × 位置开始，单击并拖动以创建厨师帽，大约宽 1in（查看标尺）。当指针接近开始绘制的位置时，铅笔工具（✏）旁边将出现一个圆圈，表示路径将闭合。释放鼠标按钮以闭合路径。保持选中路径。

 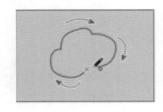 

7 在右侧的"色板"面板中，单击"填色"框（图中使用红色圈出的部分），所选形状的填色将被更改。如果有必要，在面板中向上滚动，选择白色样本以更改填色。

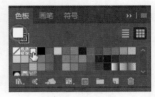

0.10 使用形状生成器工具创建形状

形状生成器工具（🔘）是一种交互式工具，可以通过合并和擦除简单的形状来创建复杂的形状。接下来，将使用形状生成器工具完成上一节开始绘制的厨师帽。

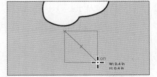

1 在左侧的工具面板中选择矩形工具（▢）。在刚才绘制的形状下方拖动时，按住 Shift 键。当指针旁边的灰色测量标签显示高和宽为 0.4in 时，释放鼠标按钮和 Shift 键，将创建一个完美的正方形。

Ai **注意**：第 4 课将介绍有关使用形状生成器工具的更多信息。

---

2 将指针悬放在矩形的中心部件上。当指针变为下图所示的符号（▸）时，拖动矩形的中心以将其放在图中所示的位置。

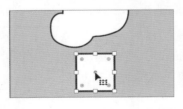 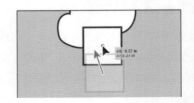

3 选择"选择">"现用画板上的全部对象"以选中未锁定的所有内容。

4 在左侧的工具面板中选择形状生成器工具（🔘）。将指针放在所有所选形状的左上方（参见图中的红色 ×）。按住 Shift 键并向所选形状的右下角拖动。释放鼠标按钮和 Shift 键以合并形状。

5 在左侧的工具面板中选中选择工具（▸）。将指针放在一角的外侧。当指针变为� 时，逆时针方向旋转大约 7°。

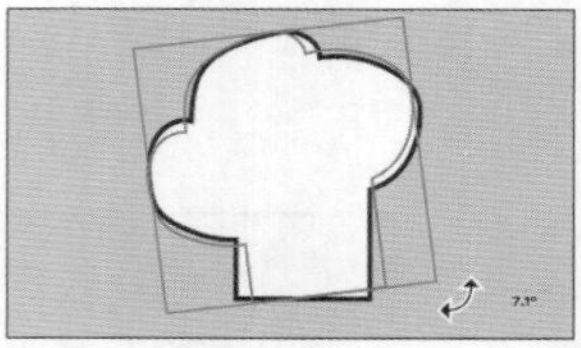

6 选择“对象”>“隐藏”>“所选对象”以暂时隐藏帽子。

7 选择“文件”>“存储”。

0.11 创建混合

可通过混合两个对象，在它们之间创建多个形状并均匀分布它们。例如，创建一个围栏，您可以将两个矩形混合在一起，而 Illustrator 会在两个原始矩形之间创建所有副本。接下来，您将使用混合创建玛芬蛋糕的底部。

> **注意：**第 10 课将介绍有关使用混合的更多信息。

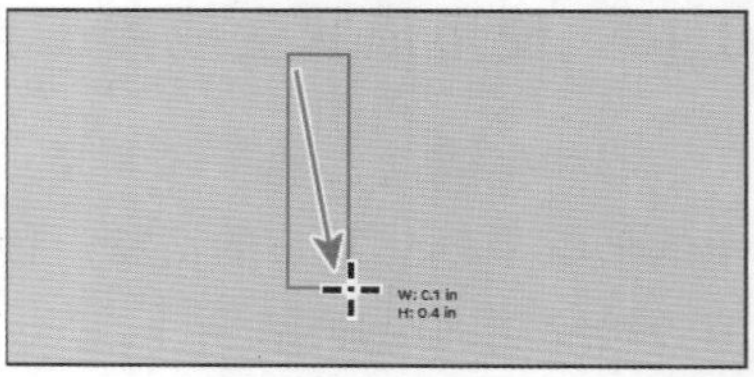

1 选择“视图”>“放大”以放大画板。

2 在左侧的工具面板中选择矩形工具（ ）。

单击并拖动以绘制宽为 0.1in 且高为 0.4in 的矩形。

3 仍选中矩形，在控制面板中单击“填色”，选择棕色，工具提示为“C=25 M=40 Y=65 K=0”。

> **提示：**在继续之前，可以按 Esc 键隐藏面板。

4 要删除描边，在控制面板中从填色右侧的描边颜色中选择“无”（ ）。

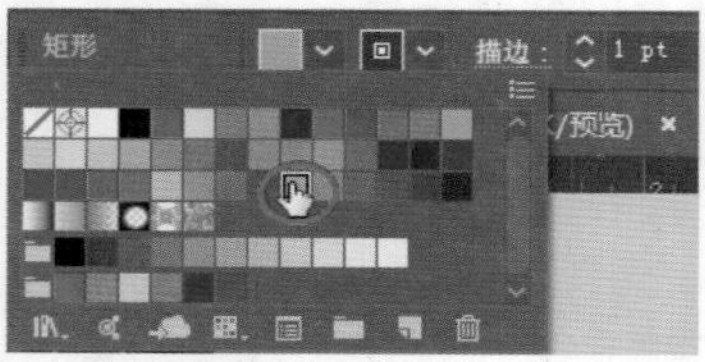

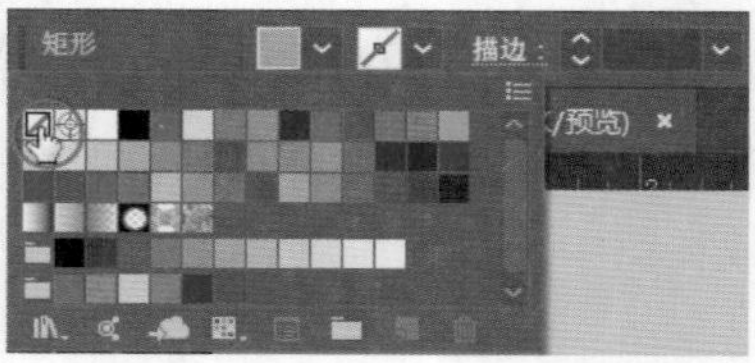

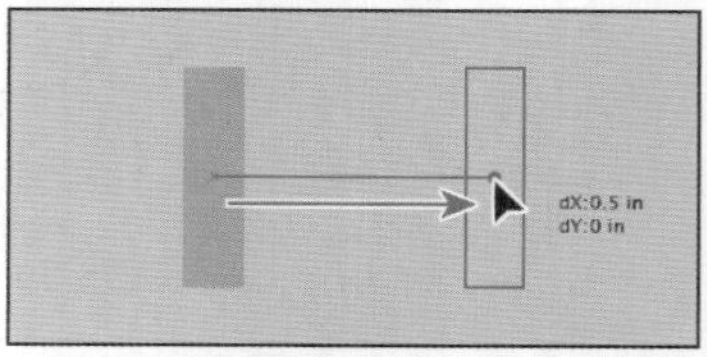

5 将指针放置在矩形的中心部件上。当指针变为 时，按住 Option+Shift（macOS）或 Alt + Shift（Windows）组合键，并向右拖动，直到灰色测量标签显示距离（dX）为 0.5in 为止。释放鼠标按钮，然后释放组合键。

> **提示：**有很多的键盘命令可以帮助您在 Illustrator 中更高效地工作。在本例中，Option（Alt）键制作形状副本，Shift 键将移动限制为 45 度。

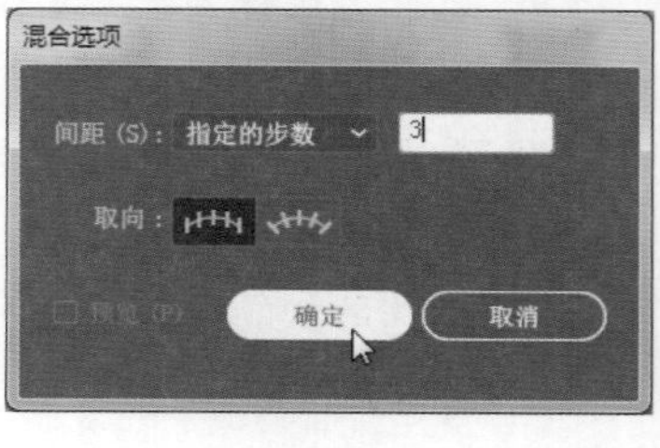

6 在工具面板中双击“混合工具”（ ），设置此工具的一些设置。在“混合选项”对话框中，从“间距”菜单中选择

"指定的步数"，并将值更改为 3。单击"确定"。

7 当光标变为 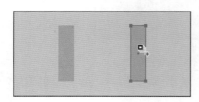 时，在左侧的矩形中单击；当光标变为 时，在右侧的矩形中单击，创建两个对象的混合。

8 选择"对象">"混合">"扩展"，将其从混合对象转换为一组形状。保持组处于选中状态。

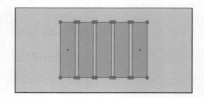

0.12 变换图稿

在 Illustrator 中，有许多方法可以移动、旋转、斜切、缩放、扭曲和剪切图稿，可以按照自己想要的方式执行操作。这就是变换图稿，是接下来您将执行的操作。

Ai 注意：第 5 课将介绍有关变换图稿的更多信息。

1 仍选中矩形组，在工具面板中选择自由变换工具（ ）。

选择了"自由变换工具"之后，自由变换部件出现在文档窗口中。此部件包含改变自由变换工具工作方式的选项。

2 在自由变换部件中，选择"透视扭曲"（ ），图中使用红色圈出的部分。单击该组的左下角并将其向右拖动一点。

3 选择"选择">"取消选择"。

0.13 用 Shaper 工具绘图

在 Illustrator 中，另一种绘制和编辑形状的方式是使用 Shaper 工具（ ）。Shaper 工具识别绘制的手势并将其转换为形状。接下来，将使用 Shaper 工具绘制玛芬蛋糕的顶部。

Ai 注意：第 3 课将介绍有关使用 Shaper 工具的更多信息。

1 在工具面板中单击并按住铅笔工具（ ）以显示工具菜单。选择 Shaper 工具（ ）。

2 按字母 D 为即将创建的图稿设置默认填充颜色（白色）、描边颜色（黑色）和描边粗细（1pt）。

3 在棕色对象组的上方（或下方）绘制一个小圆圈。如果出错，可以随时选择"编辑">"还原"。最初的绘制看起来粗糙，但当您释放鼠标按钮时，Illustrator 会接收您的手势并将其转换成一个形状，比如一个圆形或椭圆形。

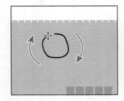 

4　在第一个圆的右侧绘制一个较大的椭圆，确保它们重叠。

5　将指针放在小圆内（参见图中的红色 ×）。从小圆内绘制一条与大椭圆边交叉的线条，这样它们将组合在一起。

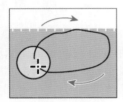 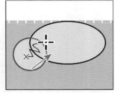 

> **Ai** **注意：** 如果绘制的线条太长，则形状可能会消失。如果发生这种情况，选择"编辑" > "还原删除"并再试一次。

6　再绘制两个与原图重叠的形状。参见下图。

7　将指针放在较大的灰色形状的空白区域（参见下图中的红色 ×），并在内部的黑线上绘制几条折线，在到达右侧形状的边缘时停止绘制。

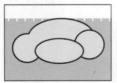 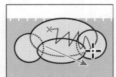 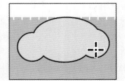

8　使用 Shaper 工具，单击这些形状一次以选择整个对象。单击边界框右侧的小向下箭头（▼）以暂时访问各个形状。

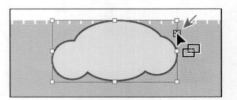

> **Ai** **注意：** 如果您尝试同时单击并拖动，很可能将绘制一条线。单击以选择第一条线，释放鼠标，然后再单击并拖动。

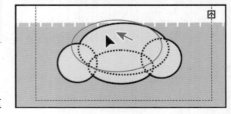

9　在较大的形状内单击以选择它。单击选中的形状，并稍微拖动一点以移动它。

使用 Shaper 工具创建了形状后，仍然可以单独编辑这些形状。选中的形状拥有控制部件，可用于进行缩放、移动或更多操作。

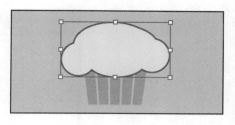

10 选择"选择">"取消选择"。

11 在左侧的工具面板中选中选择工具（），拖动刚才在棕色形状组顶部创建的形状以制作玛芬蛋糕。保持选中新的图稿。

0.14 使用吸管工具进行采样格式化

有时您可能只想将外观属性（比如文本格式化、填充或描边）从一个对象复制到另一个对象。可以使用吸管工具（✐）执行此操作，吸管工具能真正加速您的创意过程。

> **Ai** **注意**：第 7 课将介绍有关吸管工具的更多信息。

1 仍然选中形状，在工具面板中选择吸管工具（✐）。

2 单击作为混合图形的棕色对象组，将外观属性复制到所选图稿。

3 在左侧的工具面板中选中选择工具（）。选择"选择">"现用画板上的全部对象"以选择所有形状。

4 选择"对象">"编组"将它们组合在一起。

5 选择"对象">"隐藏">"所选对象"以暂时隐藏玛芬蛋糕。

0.15 在 Illustrator 中置入图像

在 Illustrator 中，您可以置入光栅图像，比如 JPEG 和 Adobe Photoshop® 文件，可以链接到它们或嵌入它们。接下来，您将置入一个手绘文本图像。

> **Ai** **注意**：第 14 课将介绍有关置入图像的更多信息。

1 选择"视图">"画板适合窗口大小"。

2 选择"文件">"置入"。在"置入"对话框中，浏览到 Lessons>Lesson00 文件夹，并选择 Lettering.psd 文件。确保选中了对话框中的"链接"选项，并单击"置入"。

![Ai] **注意**：如果在对话框中没有看到"链接"选项，请单击"选项"按钮。

3　使用加载的图形光标，在矩形的左上角单击以置入图像。

4　选中选择工具（▶），将图像拖动到背景中黄色大矩形的中心，这样它就大约在画板中心。它应该覆盖黄色矩形。保持图像处于选中状态。

![Ai] **注意**：此项目的手写体是由 Danielle Fritz 创建的。

0.16　使用图像描摹

可以使用图像描摹将光栅图像转换为矢量图。接下来，您会描摹刚才置入的 Photoshop 文件。

![Ai] **注意**：第 3 课将介绍有关图像描摹的更多信息。

1　选中手写体图像，单击控制面板中的"图像描摹"按钮。

2　选择"窗口">"图像描摹"。在"图像描摹"面板中，单击面板顶部的"黑白"按钮（参见下图的第一部分）。图像被转换为矢量路径，但它是不可编辑的。

提示：另一种转换手写体的方法是使用 Adobe Capture CC 应用。

3 在"图像描摹"面板中，单击"高级"左侧的切换箭头。选择面板底部的"忽略白色"以移除白色。单击右上角的小 ×，关闭"图像描摹"面板。

4 仍选中文字，单击控制面板的"扩展"按钮，使对象变为一系列可编辑的矢量形状，组合在一起。

0.17 创建和编辑渐变

渐变是两种或多种颜色的混合，可以应用于图稿的填充或描边。接下来，您将为文字应用渐变。

Ai 注意：第 10 课将介绍有关使用渐变的更多信息。

1 仍选中文字，在控制面板中单击"填色"，选择白色到黑色色卡，工具提示为"白色，黑色"。按 Esc 键以隐藏面板。

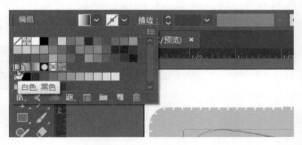

2 选择"窗口">"渐变"打开"渐变"面板。在"渐变"面板中，单击"填色"框以确保正在编辑填色（下图中使用红色圈出的部分）。

3 在"渐变"面板中，双击渐变滑块左侧的小白色色标（▢）（图中使用红色圈出的部分）。在出现的面板中，单击"色板"按钮（▦）（如果尚未选中的话），然后选择棕色，工具提示为"C=50 M=70 Y=80 K=70"。

4 按 Esc 键隐藏色板。

5 在左侧的工具面板中选择渐变工具（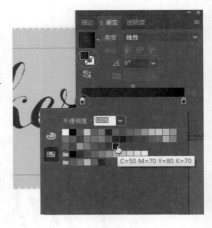）。按住 Shift 键，单击并拖动，从图中的红色 × 开始，纵跨字母在画板上进行绘制，重新定位和调整渐变。释放鼠标按钮，然后释放 Shift 键。

0.18 使用文字

接下来，您将向项目添加一些文本并更改格式。您将选择一种需要互联网连接的 Typekit 字体。如果您没有互联网连接，则可以选择另一种安装的字体。

Ai 注意：第 8 课将介绍有关使用文字的更多信息。

1 在左侧的工具面板中选择文字工具（**T**），在文字 The Bakery 下方的空白画板区域单击。将显示一个带有选中文本的文本区域，键入 San Francisco。

2 将光标仍放在文本中，选择"选择">"全部"以选择文字。

Ai 注意：如果在控制面板中没有看到"字体大小"等字符选项，请单击"字符"一词来查看"字符"面板。

3 在图稿上方的控制面板中，将字体大小更改为14pt。

接下来，您将使用 Typekit 字体。您需要互联网连接。如果没有互联网连接或无法访问 Typekit 字体，则可以从菜单中选择任意其他字体。

4 单击"字符"字段右侧的箭头。单击"从 Typekit 添加字体"按钮以同步 Typekit 字体。这将打开浏览器，启动 Typekit 网站，并使您登录到该网站。

Ai 注意：如果您被带到 Typekit 主页，可以单击 Browse 按钮，这会要求您使用自己的 Creative Cloud ID 进行登录。

5 在 Search Typekit 框中输入 Proxima Nova（或另一种字体，如果找不到此字体），按 Enter 或 Return 键进行搜索。

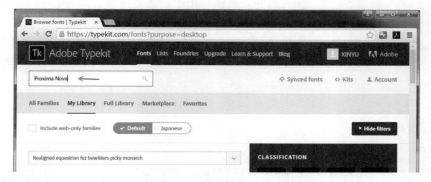

6 在显示的页面中单击 Proxima Nova。

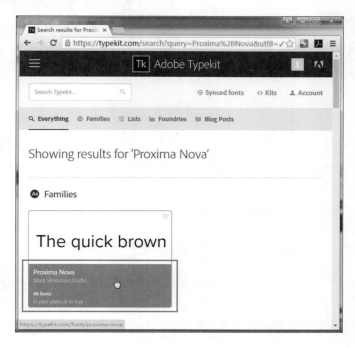

7 如果有必要，向下滚动页面，单击 Proxima Nova Regular 右侧的 Sync 按钮。

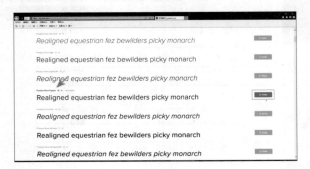

　　如果您遇到同步问题，在 Creative Cloud 桌面应用中，您将能够看到表明字体同步关闭（在这种情况下，打开它）或任何其他问题的所有信息。

8 关闭浏览器窗口并返回到 Illustrator。仍选中文本，开始在控制面板的字体字段中输入 Prox。

> **Ai** 注意：可能需要几分钟的时间才能让字体与您的计算机同步。

9 在显示的菜单中，将鼠标指针悬停在 Proxima Nova 上，显示所选文本的实时预览。单击 Proxima Nova 以应用此字体。

10 选择"文件" > "存储"。

0.19　对齐图稿

　　Illustrator 支持轻松对齐或分布多个对象，或者将多个对象与画板或关键对象对齐。在本节中，您会将几个对象与画板中心对齐。

> **Ai** 注意：第 2 课将介绍有关对齐图稿的更多信息。

1 选择"对象" > "全部解锁"解锁背景中的矩形。

> **Ai** 注意："对齐"选项可能不会出现在控制面板中。如果没有看到"对齐所选对象"按钮（▦），单击控制面板中的"对齐"一词（或选择"窗口" > "对齐"）以打开"对齐"面板。控制面板中显示的选项数量取决于屏幕分辨率。

2 在工具面板中选中选择工具（▶），然后选择"选择"＞"全部"。

3 在文档上方的控制面板中单击"对齐所选对象"按钮（▦），并在显示的菜单中选择"对齐画板"，如果未选中它的话。所选内容将与画板对齐。

4 单击"水平居中对齐"按钮（▤），将选定的图稿与画板的水平中心对齐。

5 选择"对象"＞"显示全部"，然后选择"选择"＞"取消选择"。

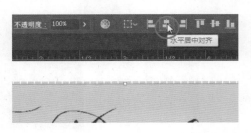

6 单击厨师帽，并将其拖动到如图所示的位置。您可能需要将玛芬蛋糕组对象移开。

7 选择"选择"＞"取消选择"。

0.20 使用画笔

画笔支持您对路径的外观进行风格化。您可以对现有路径应用画笔描边，或者使用画笔工具（✏）绘制路径并同时应用画笔描边。

> **Ai** 注意：第 11 课将介绍有关使用画笔的更多信息。

1 选择"窗口"＞"图层"打开"图层"面板。单击"内容"层以确保选中它。您想要确保所有图稿都位于此图层，以便它们都在背景内容上方。

2 在左侧的工具面板中选择直线段工具（／）。按住Shift 键，单击并从文本左侧向左拖动（参见图中的红色 ×）。当灰色测量标签显示宽度约为 1.6in 时，释放鼠标按钮，然后释放 Shift 键。

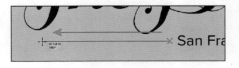

3 选择"窗口"＞"画笔库"＞"边框"＞"边框_新奇"打开"边框_新奇"面板。

4 选中选择工具（▶），并单击面板中的"桂冠"画笔，将它应用于您刚才绘制的路径。单击"边框_新奇"面板右上角的 × 以关闭此面板。

> **Ai** 注意：画笔是一种图案画笔，这意味着它会沿着路径重复图稿。会根据描边粗细在路径上缩放画笔图稿。

5 在图稿上方的控制面板中将"描边"粗细更改为 0.5pt。

6 保持选中路径，选择"对象">"变换">"对称"。在"镜像"对话框中，选择"垂直"，然后单击"复制"。

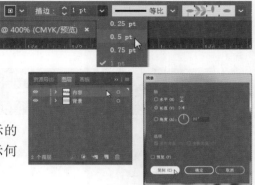

该行的对称副本会直接放置在原始对象的顶部。

7 选中选择工具（▶），将两行拖动到如下图所示的位置。拖动线条时，会出现对齐参考线，显示何时图稿与文本对齐。

Ai **提示**：您也可以按箭头键移动选中的图稿。

---

8 选择"选择">"取消选择"。

0.21 使用符号

符号是存储在"符号"面板中的可重用的艺术对象。符号是有用的，因为它们可以有助于节省时间，也可以减少文件大小。现在，您将从图稿创建一个符号。

Ai **注意**：第 13 课将介绍有关使用符号的更多信息。

---

1 选中选择工具（▶），单击棕色的玛芬蛋糕组以选中它。

2 选择"窗口">"符号"以打开"符号"面板。单击"符号"面板底部的"新建符号"按钮（▣）。

3 在出现的"符号选项"对话框中，将符号命名为"Muffin"，单击"确定"。如果出现警告对话框，请单击"确定"。

现在，图稿作为一个保存的符号出现在"符号"面板中，而用

来创建符号的玛芬蛋糕现在就是一个符号实例。

4 选中选择工具（▶），将画板上已存在的玛芬蛋糕拖动到画板的中心。

5 选择"对象">"排列">"置于底层"，将玛芬蛋糕发送至内容图层上所有图稿的后方。

6 从"符号"面板中，将玛芬蛋糕符号缩略图向画板拖动两次，将它们排列在文字 San Francisco 的两侧，如图所示。确保原始玛芬蛋糕实例左侧和右侧的玛芬蛋糕实例与背景中的大矩形相分离。

> **Ai** | **注意：** 您的玛芬蛋糕符号实例可能与图中所示的位置不同。这也是可以的。

7 选择画板中心的玛芬蛋糕实例。按住 Option+ Shift（macOS）或 Alt + Shift（Windows）组合键并将图稿的任意一角向外拖动以使其变大。调整了大小之后，将它拖动到想要的位置。使用数字作为参考线。保持它处于选中状态。

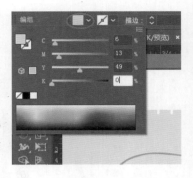

8　单击图稿上方控制面板中的"编辑符号"按钮，以隔离的方式编辑符号图稿，这样不会影响其他图稿。在出现的对话框中单击"确定"。

9　选择"选择" > "全部"。

10　按住 Shift 键并单击文档上方控制面板中的"填色"（图中的使用红色圈出的部分），并将 CMYK 颜色值更改为"C=6 M=13 Y=49 K=0"以更改玛芬蛋糕的填充颜色。按 Esc 键以关闭面板。

11　按 Esc 键退出编辑（隔离）模式，请注意其他玛芬蛋糕也改变了。

12　单击其中一个玛芬蛋糕实例，并选择"选择" > "相同" > "符号实例"以选择所有三个玛芬蛋糕实例。选择"对象" > "编组"。

Ai 　**提示**：您也可以在远离所选图稿的位置双击以退出隔离模式，如果 Esc 键不起作用的话。

13　选择"对象" > "排列" > "置于底层"。

0.22　创建剪切蒙版

剪切蒙版是一个遮挡其他图稿的对象，只有位于剪切蒙版形状内的区域是可见的。实际上，是将图稿剪切到蒙版的形状。接下来，您将复制背景矩形并使用副本来遮挡图稿。

Ai 　**注意**：第 14 课将介绍有关使用剪切蒙版的更多信息。

1　选中选择工具（▶），单击背景中的大矩形。

2　选择"编辑" > "复制"。

3　单击玛芬蛋糕组以选择玛芬蛋糕所在的图层。选择"编辑" > "贴在前面"以将矩形副本粘贴在与原图形相同的位置，但这次位于玛芬蛋糕顶部。

4　仍选中矩形，按住 Shift 键，并单击画板底部的玛芬蛋糕组以选中它。

5 选择"对象">"剪切蒙版">"制作"。

 注意：第 12 课将介绍有关效果的更多信息。

0.23 使用效果

效果会改变对象的外观，并且不会改变基底对象。接下来，您将为之前描摹的文字应用一种细微的投影效果。

 注意：在"效果"菜单的"Illustrator 效果"部分选择"风格化"选项。

1 选中选择工具（▶），单击文字 The Bakery。
2 选择"效果">"风格化">"投影"。在"投影"对话框中，设置以下选项（如果需要的话）。
   - 模式：正片叠底（默认设置）。
   - 不透明度：10%。
   - X 位移和 Y 位移：0.02in。
   - 模糊：0in。

3 选择"预览"以查看它应用于图稿的效果，然后单击"确定"。
4 选择"选择">"取消选择"。
5 选择"文件">"存储"，然后选择"文件">"关闭"。

第1课　了解工作区

本课概述

在本课中，您将探索工作区，并学习如何执行下列操作：

- 打开 Adobe Illustrator CC 文件；
- 使用工具面板；
- 使用面板；
- 重置和保存工作区；
- 使用视图选项更改显示放大倍率；
- 在多个画板和文档之间导航；
- 了解文档组；
- 查找有关如何使用 Illustrator 的资源。

 学习本课内容大约需要 45 分钟，请将素材 Lesson01 复制到您的硬盘中。

　　为了充分利用 Adobe Illustrator CC 丰富的绘图、上色和编辑功能，学习如何在工作区中导航至关重要。工作区由应用程序栏、菜单栏、工具面板、控制面板、文档窗口和一组默认面板组成。

1.1 Adobe Illustrator 简介

在 Illustrator 中，主要是创建和使用矢量图（有时称为矢量形状或矢量对象）。矢量图由一系列直线和曲线组成，数学中称之为矢量。用户可以随意移动或修改矢量图而不会丢失细节或清晰度，因为它们与分辨率无关。换句话说，无论是缩放矢量图、使用 PostScript 打印机打印、保存在 PDF 文件中，还是导入到一个基于矢量图的应用程序中，都可以很好地保存细节和边缘。因此，矢量图绝对最适合创作图稿，比如徽标，可用于各种尺寸和各种输出介质。

> **Ai** 提示：要了解更多关于位图，在 Illustrator 帮助（帮助 > 插图的帮助）搜索"导入位图图像。

Illustrator 还允许包含位图图像（在技术上称为光栅图像），由图像元素（像素）的矩形网格组成。每个像素都有其特定的颜色值和位置。可以在 Adobe Photoshop 等程序中创建光栅图像。

作为矢量图形绘制的徽标

作为光栅图像的徽标

1.2 启动 Illustrator 和打开文件

让我们先来了解 Illustrator。在本课中您将打开一些艺术文件，但在开始之前，您将恢复 Adobe Illustrator CC 的默认首选项。在本书的每一课开始时，都要恢复 Adobe Illustrator CC 的默认首选项，以确保工具和面板的功能与本书内容一致。

1. 要删除或停用（重命名）Adobe Illustrator CC 首选项文件，参见本书"入门"部分的"恢复默认设置"。

2. 双击 Adobe Illustrator CC 图标以启动 Adobe Illustrator。

Illustrator 打开后，您很可能会看到一个"开始"屏幕，显示了最近打开的文件清单和 Illustrator 的其他资源。

3. 选择"文件" > "打开"或者单击"开始"屏幕中的"打开"按钮。在硬盘上的 Lessons> Lesson01 文件夹中，选择 L1_start1.ai 文件，然后单击"打开"。

本课包含一个虚构的商业名称、地址和网址，它们都是针对本项目的目的构建的。

4. 选择"窗口" > "工作区" > "重置基本功能"。

此命令确保包含所有工具和面板的工作区设置为默认设置。

注意： 如果在"工作区"菜单中没有看到"重置基本功能"，请在选择"窗口">"工作区">"重置基本功能"之前选择"窗口">"工作区">"基本功能"。

5 选择"视图">"画板适合窗口大小"。

注意： 如果"库"面板位于工作区中并覆盖了文档的一部分，可以选择"窗口">"库"来隐藏它。

这会使当前画板适合文档窗口大小，以便您可以看到整个画板。您很快就会了解到，画板是包含可打印图稿的区域，类似于 Adobe InDesign 中的页。

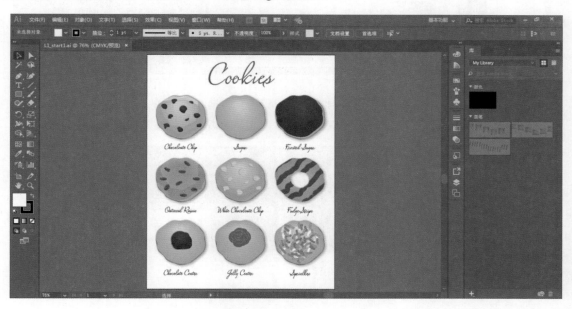

打开该文件后，Illustrator 软件便完全启动了，屏幕的窗口中包括应用程序栏、菜单栏、工具面板、控制面板和面板组。注意，停放在窗口右侧的是默认面板，以图标表示。Illustrator 还将很多常用的面板选项放在菜单栏下方的控制面板中，这减少了用户需要打开的面板数，从而增大了工作区空间。

下面将使用 L1_start1.ai 文件来练习导航、缩放操作，并研究 Illustrator 的文档和工作区。

1.3 了解工作区

创建和操作文档、文件时，可使用多种元素，比如面板、各种栏和窗口。这些元素的排列称为工作区。首次启动 Illustrator 时，看到的就是默认工作区，它还可以根据任务需要自行定制。例如，可以创建和保存两个分别用于编辑和查看的工作区，并实现在它们之间切换。

下面是默认工作区各组成部分的描述。

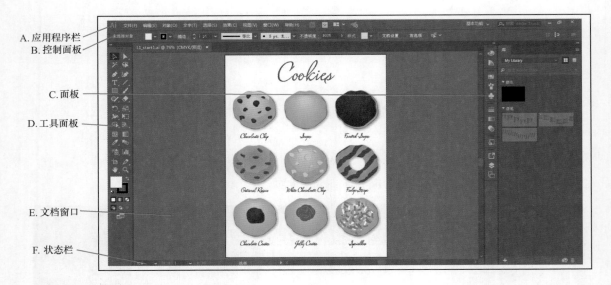

A. 应用程序栏
B. 控制面板
C. 面板
D. 工具面板
E. 文档窗口
F. 状态栏

A. 应用程序栏：默认位于工作区顶部，包括用于切换工作区的下拉菜单、菜单栏（在 Windows 操作系统上，菜单项与应用程序栏一起显示，参见下图）以及其他应用控件。

B. 控制面板：显示当前选定对象的选项。

C. 面板：帮助您监控和修改图稿。有些面板默认处于显示状态，但可从"窗口"菜单中选择显示任何面板。

D. 工具面板：包含用于创建和编辑图像、图稿、页面元素等各种工具。而相关的工具放在一组中。

E. 文档窗口：显示当前处理的文件。

F. 状态栏：位于文档窗口的左下角，包含各种信息、缩放情况和导航控件。

1.3.1 了解工具面板

工作区左侧的工具面板包括选择工具、绘图和上色工具、编辑工具、视图工具、填色与描边框、绘图模式以及屏幕模式。在本书的课程中，您将会学习每个工具的功能。

Ai 注意：本课中所展示的工具面板均为两列，也会出现一列的情况，这取决于个人计算机的屏幕分辨率和工作区的情况。

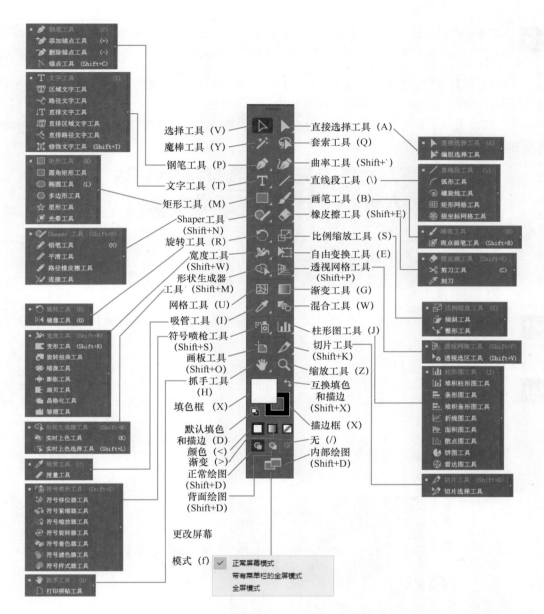

1　将指针放在工具面板的选择工具（▶）上。注意：工具提示中会显示名称（选择工具）和键盘快捷键（V）。

2　将鼠标指针放置在直接选择工具（▷）上，单击并按住鼠标左键按钮，直到工具菜单出现。释放鼠标左键按钮，然后单击编组选择工具以选择它。

　如果工具面板中工具的右下方显示一个小三角，说明该工具包含其他附加工具，这些附加工具也都可以使用这种操作方法。

3　单击矩形工具（▢）并按住鼠标左键按钮以显示更多工具。单击隐藏工具面板右边缘的箭头，将工具与工具面板分离，以便随时访问它们。

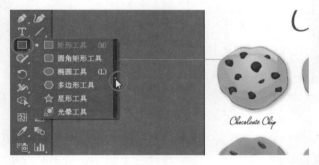

4　单击浮动工具面板标题栏左上角（macOS）或右上角（Windows）的关闭按钮（×）以关闭它。工具会返回到工具面板。

接下来，您将学习如何调整工具面板大小和使它浮动。在本课的图中，默认情况下，工具面板是两列。如前所述，您可能会看到一个单列工具面板，这取决于屏幕分辨率和工作区，也是没问题的。

5　单击工具面板左上角的双箭头，可将面板由一列扩展为两列或将两列折叠为一列（取决于屏幕分辨率）。

6　再次单击双箭头以扩展（或折叠）工具面板。

7　单击工具面板顶部的深灰色标题栏或标题栏下方的虚线，并将工具面板拖动到工作区中，这样工具面板就悬浮在工作区中。

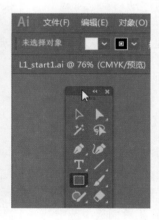

Ai 提示：还可以单击工具面板顶部的双箭头或者双击工具面板顶部的标题栏，切换单双列。只需小心些，不要单击到关闭按钮（×）。

8　若要再次停靠工具面板，请将其标题栏或其下方的虚线拖到应用程序窗口的左侧。当指针到达左侧边缘时，会出现一个带蓝色边框的半透明区（停放区）。此时，释放鼠标左键按钮即可将工具面板整齐地停放到工作区左侧。

自定义工具面板

您可能发现自己大部分时间都在使用一套特定的工具。在 Illustrator 中，您可以创建自定义工具面板来包含您最常使用的工具。

选择"窗口">"工具">"新建工具面板"，可以创建一个自定义工具面板。Illustrator 会保存它们，无论哪个文档打开，都可以打开或关闭自定义面板。它们是自由浮动的，也可以停靠并保存在所创建的自定义工作区中。每个新的自定义工具面板在底部都有填色和描边控件以及一个加号（＋），可以将工具从主工具面板拖到自定义面板上。

1.3.2 使用控制面板

控制面板是停靠在工作区顶部的面板，位于停靠的工具面板上方。它提供了快速访问与当前选定对象相关联的选项、命令和其他面板。您可以单击"描边"或"不透明度"等文字以显示相关面板。例如，单击"描边"将显示"描边"面板。

1 在工具面板中选中选择工具（▶），在图稿中单击"Cookies"中的字母"C"。

所选图稿的选项出现在控制面板中，包括编组、颜色选项、描边和更多选项。您也可以将控制面板移动到工作区中以适合您的工作方式。

2. 对于任何工具，将控制杆（左侧边缘的虚线）拖动到工作区中。

一旦控制面板变为自由浮动的，您可以拖动控制面板左侧边缘出现的深灰色控制杆，将其移到工作区的顶部或底部。

> **Ai** 提示：您还可以停靠控制面板，方法是在控制面板右侧从控制面板菜单（■）中选择"停放到顶部"或"停放到底部"。

3. 通过面板左侧边缘的控制杆拖动控制面板。当指针到达应用程序栏底部时，在工具面板的右侧会出现一条蓝色的线，表示拖放区。释放鼠标左键按钮时，面板将停靠在这里。

> **Ai** 提示：在默认工作区中，可以通过左侧的深灰色控制杆将控制面板拖动到应用程序窗口的底部。当指针（而不是面板）到达应用程序窗口的底部时，会出现一条蓝线，表示将停靠的停放区。然后释放鼠标按钮来停靠控制面板。

4. 选择"选择">"取消选择"，这样画板上的内容都不会被选中。

1.3.3　使用面板

面板位于"窗口"菜单中，通过它可以快速访问许多工具，让修改图稿变得更加容易。默认情况下，有些面板停放在工作区的右侧并显示为图标。

下面将练习隐藏、关闭和打开面板。

> **Ai** 注意：您可能会看到主面板面板右侧停靠的"库"面板，这是可以的。这取决于您的屏幕分辨率。

1. 在应用程序栏中，单击右上角的工作区切换按钮，选择"重置基本功能"，将面板重置到其原始位置。

2 选择"窗口">"色板"打开"色板"面板。

注意，"色板"面板与其他两个面板（"画笔"面板和"符号"面板）同时出现。这是由于它们同属于一个面板组。

3 单击"符号"面板选项卡以显示"符号"面板。

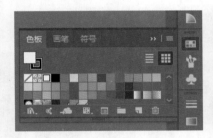 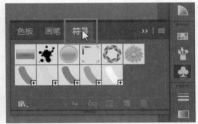

4 现在，单击停靠的"颜色"面板图标（）。

注意，会出现一个新的面板组，并且包含"色板"面板的面板组会折叠起来。

5 单击"颜色"面板底部的移驻夹列并将其向下拖动以调整面板大小，显示更多的色谱。

 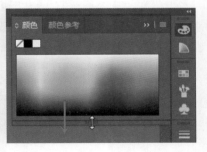

6 单击"颜色"面板选项卡或图标（），将面板组折叠起来。

7 单击停放区顶端的双箭头以展开面板。再次单击双箭头以折叠面板。

使用这种方法可以同时显示多个面板（或面板组）。面板在展开时可能看起来与此处不同，不过这没关系。

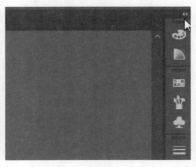

8 要增大停放区中所有面板的宽度，可向左拖动停靠面板的左边缘，直到出现文字。要缩小它的宽度，则单击并向右拖动停放面板的左边缘，直到文字消失。

Ai 提示：为了扩展或折叠面板停放区，您还可以双击顶部的面板停靠标题栏。

9 选择"窗口">"工作区">"重置基本功能"，以重置工作区。

1.3.4 使用面板组

您可以将面板从一个面板组移到另一个面板组中，这样可以创建自己常用面板的自定义面板组。接下来，您将调整和重组面板组，以便可以更容易地看到更重要的面板。

Ai 提示：要关闭面板，则将面板拖离停放区，然后单击面板标题栏中的关闭按钮（×）。也可以右键单击停靠的面板选项卡或面板图标，并从菜单中选择"关闭"。

1 将"色板"面板图标（▦）拖离停放区以从停放区删除面板，使它成为一个自由浮动面板。注意，当它是自由浮动的时候，面板会折叠为图标。

2　单击"色板"面板标题栏中的双箭头以展开面板，这样就可以看到它的内容。

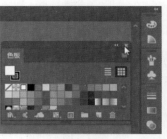

拖到"色板"面板　　　　　　　　　　展开面板　　　　　　　　　　结果

3　通过拖动面板选项卡、面板标题栏或面板选项卡后面的区域将"色板"面板拖动到"画笔"
面板（）和"符号"面板（）图标上。当看到面板图标和"画笔"面板组之间出现蓝
线后，释放鼠标左键按钮。

> **Ai** 提示：按 Tab 键可隐藏所有面板，再次按该键则会显示所有面板。按 Shift+Tab 组合键可
> 以隐藏除去工具面板和控制面板之外的所有面板；再次按该组合键，则会重新显示出来。

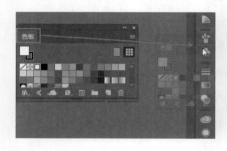

> **Ai** 注意：许多面板只需要双击选项卡两次即可最大化。如果双击三次，可能会使面板完
> 全展开。

下面将通过组织这些面板，为工作区腾出更多的空间。

4　从应用程序栏的工作区切换器中选择"重置基本功能"，确保面板重置为其默认状态。

5　单击停放区顶部的双箭头以展开面板。

6　单击"颜色参考"面板选项卡，以确保选中它。双击此面板选项卡，可以缩小此面板。再
次双击会使此面板最小化。当面板处于自由浮动状态时，也可以执行此操作。

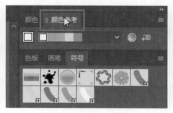
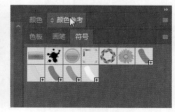

Ai 　**提示：**为了缩小和扩大面板，不用双击面板选项卡。如果面板左侧有小箭头图标，则可以通过单击小箭头图标来缩小或放大面板。

7 单击同一组中的"颜色"面板选项卡。拖动"颜色"面板组和"符号"面板组之间的分隔线，向上拖动可以调整组的大小。

 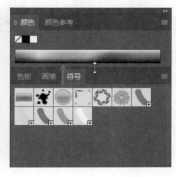

Ai 　**注意：**您可能无法将较大距离地拖动分割线，这取决于您的屏幕大小、屏幕分辨率和展开面板的数量。

8 从控制面板顶部应用程序栏最右侧的工作区切换器中选择"重置基本功能"。

9 选择"窗口">"库"，关闭"库"面板。

10 选择"窗口">"对齐"，打开"对齐"面板组。将"对齐"面板组的标题栏（"对齐"选项卡上方的栏）拖到工作区右侧的停靠面板上。将鼠标指针放在"符号"面板图标（▲）所在组的下方，直到组下方出现一条蓝线。释放鼠标左键按钮，在停放区中可以创建一个新组。

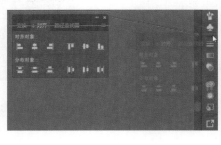 

Ai 　**注意：**如果将该面板组拖放到停放区中现有的面板上，两组面板组将合并。在这种情况下，可重置工作区并再次尝试该操作。

接下来，在停放区中，会将面板从一个面板组拖放到另一个面板组中。

11 向上拖动"变换"面板图标（▦），将其拖动到"颜色"面板图标（🎨）的下方，在"颜色"面板图标和"颜色参考"面板图标（◣）之间会出现一条蓝线，用蓝色包围"颜色"面板组，再释放鼠标左键按钮。

<table>
<tr><td>

Ai 提示：您还可以在工作区的左侧或右侧放面板彼此停放在一起。这是一种节约空间的好方法。

</td></tr>
</table>

<table>
<tr><td>

Ai 提示：要调整停放区中折叠面板组的排列顺序，可通过向上或向下拖动面板组顶部的灰色虚线来实现。

</td></tr>
</table>

根据需求排列面板并编组，有助于提高工作效率。

1.3.5 重置和存储工作区

您可以将工具面板和其他面板重置为默认位置。还可以通过创建工作区来存储面板的位置，以便之后轻松地访问该工作区。

<table>
<tr><td>

Ai 注意：要删除保存的工作区，选择"窗口">"工作区">"管理工作区"。选择工作区名称，然后单击"删除工作区"按钮。

</td></tr>
</table>

接下来，创建一个工作区，其中"库"面板已折叠。

1　从应用程序栏的工作区切换器中选择"重置基本功能"。

2　选择"窗口">"库"，关闭"库"面板。

3　选择"窗口">"工作区">"新建工作区"，在"新建工作区"对话框中将"名称"更改为 LibrariesHidden，并单击"确定"按钮。

工作区的名称可能是任何对您有意义的内容。现在，名为 LibrariesHidden 的工作区保存在 Illustrator 中，直到您删除它。

<table>
<tr><td>

Ai 提示：要更改已保存的工作区，可根据需要调整面板，然后选择"窗口">"工作区">"新建工作区"。在"新建工作区"对话框中，输入相同的工作区名称后，将出现询问是够覆盖现有工作区的提示，单击"确定"按钮即可。

</td></tr>
</table>

4　选择"窗口">"工作区">"基本功能"。

5　选择"窗口">"工作区">"重置基本功能"。注意，面板会返回到其默认位置。

6　选择"窗口">"工作区">LibrariesHidden。使用"窗口">"工作区"命令在两个工作区之间切换，并在开始下一个练习之前返回到"基本功能"工作区。

7 选择"窗口">"库"，关闭"库"面板。

1.3.6 使用面板菜单

大多数面板的面板菜单中都有更多的选项。单击面板右上角的面板菜单图标（），可以访问所选面板的其他选项，包括在某些情况下更改面板显示的选项。

接下来，您将使用面板菜单更改"符号"面板的显示方式。

1 单击工作区右侧的"符号"面板图标（）。还可以选择"窗口">"符号"来显示此面板。

2 单击"符号"面板右上角的面板菜单图标（）。

3 从面板菜单中选择"小列表视图"。

这将显示符号名称及其缩略图。由于面板菜单中的选项只应用于当前面板，因此只有"符号"面板受影响。

4 单击"符号"面板菜单图标（），选择"缩览图视图"以返回原始视图。

5 单击"符号"面板选项卡，再次隐藏面板。

除了面板菜单外，还有上下文菜单，它包含与当前工具、选定对象或面板相关的命令。通常上下文菜单中的命令在工作区的另一部分是可用的，但使用上下文菜单可以节省时间。

6 将鼠标指针放在文档窗口或面板的内容上，然后右键单击以显示特定选项的上下文菜单。

> **Ai** 注意：如果鼠标指针放到面板的选项卡或标题栏，并右键单击，则可以在出现的上下文菜单中关闭面板或面板组。

在这里，当右键单击画板的空白区域且没有选中任何内容时，会显示上下文菜单。

调整用户界面亮度

与 Adobe InDesign 或 Adobe Photoshop 类似，Illustrator 支持调整应用程序用户界面的亮度。这是一个程序首选项设置，允许您从 4 种预设水平中选择亮度设置。

要编辑用户界面亮度，可以选择 Illustrator CC >"首选项"选项 >"用户界面"（macOS）或"编辑">"首选项">"用户界面"（Windows）。

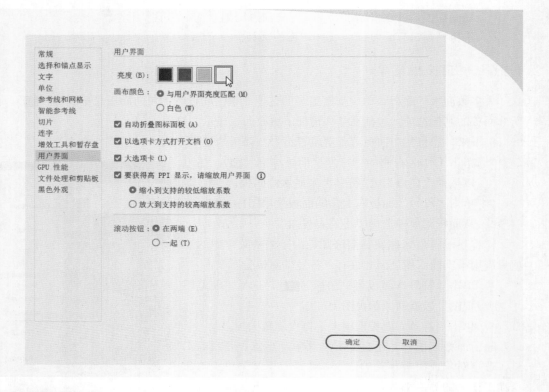

1.4 更改图稿的视图

处理文件时，可能会需要更改缩放比例，并在不同画板之间切换。软件中可使用的缩放比例为 3.13% ～ 64 000%，这既会在文档窗口左下角显示，也会在标题栏（或文档选项卡）中的文件名后面显示。

在 Illustrator 中，有很多种更改缩放级别的方式，本节将介绍几种最常用的方法。

1.4.1 使用视图命令

要使用视图菜单放大或缩小图稿视图，可以通过以下方式中的一种。

- 选择"视图">"放大"，放大图稿。
- 选择"视图">"缩小"，缩小图稿。

Ai 提示：可以使用键盘快捷命令 Command+ +（macOS）或 Ctrl + +（Windows）进行放大图稿；使用键盘快捷键 Command+−（macOS）或 Ctrl +−（Windows）进行缩小图稿。

每次选择缩放命令时，都将把图稿的大小重新调整为与之最接近的预设缩放比例。预设缩放比例位于文档窗口左下角的下拉菜单中，该下拉列表右侧有一个向下的箭头。如果已选中图稿，使用"视图">"放大"命令将放大所选内容。

注意：使用任何查看工具和命令只影响图稿的显示，而不是图稿的实际大小。

还可使用"视图"菜单让现用画稿适合屏幕、所有画板适合屏幕或处于它实际的大小。

1　选择"视图">"画板适合窗口大小"。

由于画布（画板外面的区域）最大为 227×227in，因此可能会找不到插图。通过选择"视图">"画板适合窗口大小"，或使用键盘快捷键 Command + 0（macOS）或 Ctrl + 0（Windows），图稿可以在可视区域中居中显示。

提示：还可以双击工具面板中的抓手工具（✋）让当前画板适合窗口大小。

2　选择"视图">"实际大小"，将以实际大小显示图稿。

图稿此时将以 100% 的比例显示。图稿的实际尺寸决定了此时在屏幕上可以看到图稿的多少内容。

提示：还可以双击工具面板中的缩放工具（🔍）以 100% 的比例显示图稿。

3　进入下一节前，选择"视图">"画板适合窗口大小"。

1.4.2　使用缩放工具

除了"视图"菜单选项外，还可以使用缩放工具（🔍）按预设缩放比例来缩放图稿。

1　选择工具面板中的缩放工具（🔍），然后将鼠标指针移动到文档窗口中。注意，缩放工具的中心有一个加号（+）。

2　将缩放工具放在画板右下角带有彩色糖粒的曲奇饼上，单击一次。

图稿将以更高的放大比例显示。请注意，单击的位置现在位于文档窗口的中心。

3　再单击带有彩色糖粒的曲奇饼两次。视图将进一步放大，您会注意到单击的区域被放大了。

4　仍然选中缩放工具，将鼠标指针放在带有彩色糖粒的曲奇饼上并按住 Option（macOS）或 Alt 键（Windows）。缩放工具中心会出现一个减号（−）。按住 Option 或 Alt 键，单击图稿两次以缩小图稿。

使用缩放工具，还可以在文档中拖动以进行放大和缩小。默认情况下，如果您的计算机满足 GPU 性能的系统要求并启用了 GPU 性能，则缩放是动态的。

5　选择"视图">"画板适合窗口大小"。

注意：如果您的计算机不符合 GPU 性能的系统要求，则可以选择缩放工具，并在想放大的区域周围拖动一个矩形选框。

6 仍然选中缩放工具，在文档中单击并从左向右拖动以进行放大，从右向左拖动以进行缩小。
7 双击工具面板中的抓手工具（✋），以便让画板适合文档窗口大小。

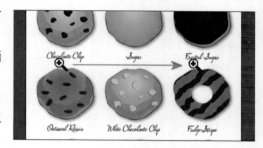

由于在编辑过程中经常使用缩放工具来缩放图稿，因此 Illustrator 允许用户随时通过键盘暂时切换到该工具，而不用先取消选择当前使用的工具。

- 要用键盘访问缩放工具，按住 Command（macOS）或 Ctrl（Windows）键并单击空格键。
- 要用键盘访问缩放工具，按住 Command+Option（macOS）或 Ctrl + Alt（Windows）组合键并单击空格键。

GPU 性能

图形处理单元（GPU）位于视频卡上，是显示系统的一部分，它是一个专门的处理器，能快速执行处理和显示图像的命令。GPU 加速计算提供为各种设计、动画和视频应用提供了更快速的性能。

Illustrator 中的 GPU 性能有一个预览模式，称为 GPU 预览，支持在图形处理器上渲染 Illustrator 图稿。

安装了 NVIDIA GPU 的 Windows 计算机和兼容 macOS 计算机提供了此功能。对于 RGB 和 CMYK 文档，此功能默认是启用的，并且可以通过单击应用程序栏的 GPU 性能图标来访问"首选项"的选项。

1.4.3 在文档中滚动

在 Illustrator 中，可以使用抓手工具（✋）滚动到文档的不同区域。使用该工具可随意移动文档，就像在桌上移动纸张一样。本节将介绍访问抓手工具的几种方法。

1 在工具面板中选择抓手工具（🖐），在文档窗口中向下拖动，这时图稿将随抓手一起移动。和缩放工具（🔍）一样，也可通过键盘暂时切换到该工具，而不取消当前使用的工具。

2 单击工具面板中除文字工具（T）之外的其他工具，将鼠标指针移动到文档窗口中。按住键盘的空格键暂时切换到抓手工具，然后拖动以便让图稿返回视图中心。

 注意： 当选中文字工具（T）且光标在文本中时，抓手工具（🖐）的空格键快捷方式不起作用。当光标在文本中时，要使用抓手工具，请按住 Option（macOS）或 Alt（Windows）键。

触控工作区

在 Adobe Illustrator CC 中，触控工作区是专为支持触控的 Windows 8 和 Windows 10（及更高版本）设备设计的。触控布局有一个干净的界面，支持使用手写笔或指尖访问触控工作区的工具和控件。

您可以创建徽标、创建图标，探索自定义字体和版式，以及创建 UI 线框等。触控工作区提供了传统的绘图模板和 French 曲线。这些形状拥有可以描摹的可扩展且可移动的轮廓，可以快速创建完美的曲线。

无论何时（在一个支持的设备上），都可以立即在触控工作区和传统工作区之间切换，使用所有 Illustrator 工具和控件。有关使用触控设备和 Illustrator 的更多信息，请访问帮助（单击"帮助"＞"Illustrator 帮助"）。

在触控设备 [直接触控设备（触控屏设备）或非直接触控设备（Mac 计算机）、触摸板或 Wacom intuos5 装置] 上，也可以使用标准触控手势（捏和轻扫）执行以下操作：

- 使用两指（如拇指和食指）捏放，可进行缩放操作；
- 使用两指在文档窗口上同时移动，可让图稿在文档中滑动；
- 在屏幕上滑动或轻击，可以切换画板；
- 在画板编辑模式中，还可以使用两指将画板旋转90°。

1.4.4 查看图稿

文档打开时，将自动以预览模式显示。这种视图显示了图稿将会如何打印。Illustrator 提供了查看图稿的其他方式，比如轮廓和栅格化。下面将介绍几种查看图稿的不同方式及其原因。

1 选择"视图"＞"画板适合窗口大小"。

处理大型或复杂插画时，可能会只想查看图稿中对象的轮廓（线框），这样在每次修改之后屏幕无须再次重绘图稿。这就是"轮廓"模式。另外，采用轮廓模式也有助于选择对象，在第 2 课中将会看到这一点。

2 选择"视图">"轮廓"。

这将只显示对象的轮廓。您可以使用这种视图查找并轻松选择在预览模式下可能看不到的对象。

 提示：可以按 Command + Y（macOS）或 Ctrl + Y（Windows）组合键在预览模式和轮廓模式之间切换。

3 选择"视图">"GPU 预览"（或"视图">"在 CPU 上预览"，如果不支持 GPU 预览），以便查看图稿的所有属性。

4 选择"视图">"叠印预览"，查看设置成叠印的任何线条或形状。

对于印刷工作人员来说，当印刷品设置成叠印时，这种视图可以很好地查看油墨是如何相互影响的。切换到这种模式后，会看到带有糖粒的曲奇饼外观发生了变化。

 注意：在视图模式之间切换时，视觉变化可能不是很明显。放大和缩小（"视图">"放大"和"视图">"缩小"）可能有助于您更轻松地看到差异。

5 选择"视图">"像素预览"。

了解图稿被栅格化并通过 Web 浏览器在屏幕上查看时的样子。

 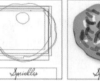

　　预览模式　　　　轮廓模式　　　　叠印模式　　　像素预览模式

6 选择"视图">"像素预览"，关闭像素预览。

7 选择"视图">"画板适合窗口大小"，以确保整个现用画板适合文档窗口，并保持文件打开。

使用导航器面板进行缩放和平移

　　要在包含单个或多个画板的文档中导航，另一种方法是使用"导航器"面板。如果当前处于放大视图下，则希望在窗口中看到文档的所有画板，并编辑任意一个画板，导航器面板是非常不错的选择。您可以选择"窗口">"导航器"，打开"导航器"面板。它位于工作区的悬浮组中。

　　您可以多种方式使用"导航器"面板，包括以下几种方式：

- "导航器"面板中的红色框称为代理预览区域，表示当前显示的文档区域；
- 键入缩放值或单击山脉图标，以便更改图稿的放大倍率；
- 将指针放在"导航器"面板的代理预览区域内，当鼠标指针变成抓手形状（✋）时，拖动平移以查看图稿的不同部分。

1.5　在多个画板之间导航

　　画板表示可打印图稿的区域（类似于 Adobe InDesign 程序中的页）。您可以将画板作为剪裁区域以满足打印或置入的需要；可以建立多个画板来创建很多内容，如多页 PDF、大小或元素不同的打印页面、网站的独立元素、视频故事板、组成 Adobe Flash 或 After Effects 动画的各个项目。通过创建多个画板，可以轻松地共享多个设计的内容，创建多页的 PDF 文件，以及打印多个页面。

　　Illustrator 支持一个文件拥有最多 100 个画板（取决于它们的大小）。最初创建 Illustrator 文档时可以添加多个画板，或者是在创建文档之后，添加、删除并编辑画板。下面将介绍如何在包含多个画板的文档中导航。

1　选择"文件">"打开"，在"打开"对话框中，浏览 Lessons>Lesson01 文件夹，并选择 L1_start2.ai 文件。单击"打开"，打开文件。

 注意：如果应用程序窗口的右上角出现"搜索 Adobe Stock"信息，则单击"关闭"以关闭它。

2　选择"视图">"全部适合窗口大小"，以便让所有画板适合文档窗口。注意，文档包含两个画板，分别包含明信片的正面和背面设计。

　　可以按任意顺序和朝向排列文档中的画板，或者调整画板的大小，甚至将它们重叠。假设要创建一个包含 4 页的小册子，可为每页创建一个不同的画板，每页的朝向和大小都相同。之后可将它们水平排列、垂直排列或者以任意方式排列。

3　在工具面板中选中选择工具（▶），单击以选择画板左侧的文本 GRAND OPENING CELEBRATION。

4　选择"视图">"画板适合窗口大小"。

选择图稿时，会使图稿所在的画板成为活动画板。通过选择"画板适合窗口大小"命令，当前的活动画板会适合窗口。文档窗口左下角的"画板导航"菜单会显示活动画板。

5 从左下角的"画板导航"菜单中选择"2 Back"，以便显示下一个画板。

Ai **注意**：第 5 课将介绍有关使用画板的更多信息。

注意"画板导航"菜单左侧和右侧的箭头。您可以使用这些箭头导航到第一个（◄|）画板、上一个画板（◄）、下一个画板（►）和最后一个画板（►|）。

6 在文档窗口中，单击"上一项"导航按钮（◄），以便查看的上一个画板（1 Front）。

7 选择"选择＞"取消选择"，取消选中文本。

使用"画板"面板

在多个画板之间导航的另一种方法是使用"画板"面板。"画板"面板列出了文档中所有画板。此面板允许您浏览画板，命名画板、添加或删除画板，以及编辑画板设置等。下面将打开"画板"面板并浏览文档。

1 选择"窗口">"画板"，显示停靠在工作区右侧的"画板"面板。

注意：在"画板"面板中双击画板名称，可以更改画板的名称。在"画板"面板中单击画板名称右侧的画板图标（▦或▣），可以编辑画板选项。

2 在"画板"面板中双击名称 Back 左侧的数字 2，这将会让画板 2 适合文档窗口。

3 在"画板"面板中双击名称 Front 左侧的数字 1，可以在文档窗口中显示第一个画板。注意，双击以转到一个画板时，此画板大小会适合文档窗口。

4 在停放区单击"画板"面板图标（▣）以折叠此面板。

1.6 排列多个文档

有时会一次打开多个 Illustrator 文档。打开多个 Illustrator 文档时，文档窗口将变成选项卡式的。您可以用其他方式排列打开的文档，比如并排排列，这样可以便于比较不同文档并将对象从一个文档拖放到另一个文档。还可以使用"排列文档"下拉列表以各种方式快速显示打开的文档。

您应该有两个 Illustrator 文件已打开：L1_start1.ai 和 L1_start2.ai。每个文件在文档窗口顶部都有一个选项卡，这些文档被视为一个文档组。您可创建多个文档组，以便将打开的文档松散地关联起来。

1 单击 L1_start1.ai 文档选项卡以在文档窗口中显示 L1_start1.ai。

2 单击 L1_start1.ai 文档选项卡，并将其拖动到 L1_start2.ai 文档选项卡的右侧。释放鼠标按钮，以查看新的选项卡顺序。

注意：拖动时请小心，否则会让拖动的文档悬浮，从而创建了一个新的文档组。此时，则需选择"窗口">"排列">"合并所有窗口"。

提示：可以按以下组合键来在打开的文档之间切换：Command+~（下一个文档）和 Command+ Shift + ~（上一个文档）（MacOS）或 Ctrl + F6（下一个文档）和 Ctrl + Shift + F6（上一个文档）（Windows）。

拖动文档选项卡可以更改文档的顺序。这在使用快捷键导航到上一个文档或下一个文档时非常有用。这两个文档是同一个公司的市场营销材料。要同时看到它们，或者是在两个文档之间复制徽标，可将文档窗口层叠或平铺。层叠让用户能够堆叠不同的文档组，而平铺则以各种排列方式同时显示多个文档窗口。

下面将平铺打开文档，以便能够同时看到它们。在 Illustrator 中，所有工作区元素组合成单个集成窗口，允许您将应用程序视为一个单元。如果移动应用程序框架或调整其大小，各个元素将会调节以免彼此重叠。

如果使用的是 macOS，并且喜欢传统的、自由的用户界面，可以关闭应用程序框架。其方法是选择"窗口">"应用程序框架"进行切换。

3 选择"窗口">"排列">"平铺"。

这让两个文档窗口以相同的模式排列。

Ai **注意**：文档窗口的平铺顺序可能与此不同，这没有关系。

---

4 在每个文档窗口中单击，激活相应文档。对于每个文档，选择"视图">"画板适合窗口大小"，并确保每个文档窗口中显示的是第一个画板。

平铺文档后，可以拖动文档窗口之间的分隔条，以显示特定文档中更多或更少的内容；还可以在文档间拖动图稿，将其从一个文档复制到另一个文档中。

Ai **注意**：在 Mac 操作系统中，菜单栏位于应用程序栏上方。在 Windows 系统中，菜单栏可能与应用程序栏合二为一，这取决于屏幕分辨率。

要更改平铺窗口的排列，可以将文档选项卡拖到新位置。但是，使用"排列文档"下拉列表

将会容易很多，这样可以快速地以各种方式排列打开的文档。

5 单击应用程序栏中的"排列文档"按钮（），显示"排列文档"下拉列表。单击"全部合并"按钮（☐），将所有文档组合在一起。

6 单击应用程序栏中的"排列文档"按钮（⊞▾），再次显示"排列文档"下拉列表。单击"排列文档"下拉列表中的"垂直双联"按钮（☐）。

7 单击选择 L1_start1.ai 选项卡。然后，单击 L1_start1.ai 文档选项卡的关闭按钮（×）以关闭文档。如果出现一个对话框，询问您是否保存此文档，单击"不保存"（macOS）或"否"（Windows）。

> **Ai** **提示**：还可以选择"窗口" > "排列" > "合并所有窗口"，让两个文档以选项卡的方式出现在一组。

8 选择"文件" > "关闭"，在不保存的情况下关闭 L1_start2.ai 文档。

查找有关如何使用 Illustrator 的资源

要获取有关使用 Illustrator 面板、工具以及其他应用程序功能的完整和最新信息，可以访问 Adobe 网站。选择"帮助" > "Illustrator 帮助"，将链接到 Adobe 社区帮助网站，从而搜索 Illustrator 帮助、支持文档以及其他可能会用到的网站。该社区可将现有 Adobe 产品的用户、Adobe 产品组成员、设计者和专家们联系在一起，从而给予最有帮助、最相关以及最新的关于 Adobe 的信息。

如果选择"帮助" > "Illustrator 帮助"，还可以通过单击下载链接，下载相关的 Illustrator 帮助的 PDF 文件。

数据恢复

Illustrator 程序崩溃后，重新启动它时可以选择恢复正在工作的文件，这样不会浪费之前的工作。已恢复的文件在打开时文件名前面会添加"已恢复"。

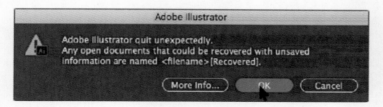

在程序首选项 [Illustrator CC > "首选项" > "文件处理与剪贴板"（macOS）或 "编辑" > "首选项" > "文件处理和剪贴板"（Windows）] 中，可以启用和关闭数据恢复，还可以设置选项，比如多久保存一次恢复数据。

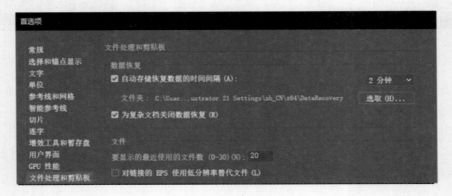

复习题

1 描述两种更改文档视图的方法。
2 在 Illustrator 中如何选择工具？
3 如何保存面板位置和可视状态？
4 描述在 Illustrator 中在画板之间导航的 3 种方法。
5 描述排列文档窗口的作用。

复习题答案

1 您可以从"视图"菜单中选择命令以放大或缩小文档或使其适合屏幕；也可以使用工具面板中的缩放工具（🔍），在文档中单击或拖动进行缩放。此外，还可以使用键盘快捷键来缩放图稿。也可以使用"导航器"面板在图稿中滚动或更改其缩放比例。
2 要选择一种工具，可以在工具面板中单击此工具，或者使用此工具的键盘快捷键。例如，可以按 V 键来选中选择工具（▶）。选定的工具会一直处于活动状态，直到选择另一个工具为止。
3 通过选择"窗口">"工作区">"新建工作区"，可以创建自定义工作区，并且方便更加轻松地找到所需的控件。
4 在 Illustrator 中，要在画板之间导航，可以从文档窗口左下角的"画板导航"下列列表中选择画板号；可以使用文档窗口左下角的"画板导航"箭头切换到第一个画板、上一个画板、下一个画板和最后一个画板；还可以使用"画板"面板浏览各个画板；或者也可以使用"导航器"面板中的代理预览区域，通过拖动来导航。
5 "排列文档"下拉列表可以平铺或层叠文档组。当使用多个 Illustrator 文件并且需要比较它们或者在它们之间共享内容时，这将很有用。

第2课　选择图稿的技巧

本课概述

在本课中，您将学习如何执行下列操作：

- 区分各种选择工具以及使用各种选择方法；
- 识别智能参考线；
- 存储选定对象，供以后使用；
- 隐藏和锁定对象；
- 使用工具和命令，将形状和点彼此对齐，并与画板对齐；
- 编组和取消编组；
- 在隔离模式下工作。

　　学习本课内容大约需要 45 分钟，请将素材 Lesson02 复制到您的硬盘中。

　　在 Adobe Illustrator 中，选择内容是需要做的重要
工作之一。在本课中，将会学习如何使用选择工具选
择对象，如何通过编组、隐藏和锁定对象来保护它们，
还将学习如何让一个对象与其他对象以及画板对齐。

2.1 开始本课

在 Illustrator 中创建和选择图稿是基础。在本课中，您将学习使用不同方法选择、对齐和编组图稿的基础知识。在后面的第 9 课中将为您介绍有关使用图层的更多高级选择技巧。

1 为了确保工具和面板的功能如本课所述，请删除或禁用（重命名）Adobe Illustrator CC 首选项文件。

2 启动 Adobe Illustrator CC。

3 选择"文件">"打开"，并打开硬盘上 Lessons>Lesson02 文件夹中的 L2_start.ai 文件。

4 选择"视图">"全部适合窗口大小"。

5 选择"窗口">"工作区">"基本功能"，确保选中"基本功能"，然后选择"窗口">"工作区">"重置基本功能"，重置工作区。

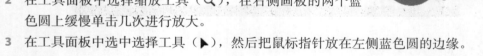

2.2 选择对象

在 Illustrator 中，无论是从头开始创建图稿还是编辑现有图稿，都必须能够熟练地选择对象。选择对象的方法有很多，本节将会探索一些常用的工具，包括选择工具（▶）和直接选择工具（▷）。

2.2.1 使用选择工具

工具面板中的选择工具（▶）可以选择、移动、旋转和缩放整个对象。这里将会通过各种操作熟悉该工具。

1 选择工具面板中的选择工具（▶），将鼠标指针移动到画板的不同图稿上，无须单击。

当鼠标指针经过对象时，则变为此图标（▶），这表明鼠标指针下面有可选择的对象。当鼠标指针悬停在对象上时，其周围将出现蓝色轮廓。

2 在工具面板中选择缩放工具（🔍），在右侧画板的两个蓝色圆上缓慢单击几次进行放大。

3 在工具面板中选中选择工具（▶），然后把鼠标指针放在左侧蓝色圆的边缘。

Ai | 提示：第 3 课将介绍有关智能参考线的更多信息。

可能会出现"路径"或"锚点"等文字，因为智能参考线默认是启用的。智能参考线是临时对齐参考线，有助于对齐、编辑和变换对象或画板。

4 在左侧蓝色圆内的任意位置单击以选中它，将出现一个带

8 个手柄的定界框。

定界框可用于更改图稿（矢量或光栅），比如将其缩放或旋转。它表明该对象被选中，可对其进行修改，并且定界框的颜色也表明被选中的对象位于哪个图层。有关图层的更多信息，请参见第 9 课。

5　使用选择工具单击右侧的蓝色圆。请注意，左侧的蓝色圆现在已取消选中，只选中了右侧的圆。

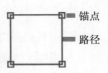

Ai　**注意**：要选择没有填色的对象，需要单击它的描边（边缘），或者使用一个选择框将其选中。

6　按住 Shift 键，单击左侧的蓝色圆以将其添加到选区中，然后释放 Shift 键。两个蓝色圆现在都被选中，而且出现了一个更大的定界框。

7　在任意一个蓝色圆内单击并拖动，将它们移动到文档的其他位置。由于两个圆都被选中，因此它们将一起移动。

拖动时将会出现洋红色线条，这被称为对齐参考线。它们可见是因为启用了智能参考线（"视图" > "智能参考线"），此时被拖动对象将对齐到画板中的其他对象。另外，鼠标指针旁边的度量标签（灰色框）还显示了被拖动对象离原始位置的距离，它的显示也是因为启用了智能参考线。

8　选择"文件" > "恢复"，返回到上一次保存的文档版本。在出现的对话框中，单击"恢复"。

2.2.2　使用直接选择工具

在 Illustrator 中绘制时，会创建由锚点和路径组成的矢量路径。锚点用于控制路径的形状，与固定电线的插脚类似。创建的形状（比如正方形）由角落的 4 个锚点和锚点之间的路径组成。直接选择工具（▷）用于选择对象中的锚点或路径段，使其改变形状。下面将使用直接选择工具、选择锚点和路径段。

1　选择"视图" > "全部适合窗口大小"。

2　在工具面板中选择缩放工具（🔍），在蓝色圆下面的红色和绿色形状上单击几次进行放大。

3　在工具面板中选择直接选择工具（▷）。不单击，将鼠标指针放置在绿色形状的左上角。"锚点"一词应该出现在鼠标指针旁边。

Ai　**提示**：也可以通过单击形状的中心来选择它，并查看边缘的锚点。这是查看锚点的一种简单方法，然后可以单击锚点以选择它。

当直接选择工具位于路径或对象的锚点上时，会出现"锚点"一词。"锚点"标签显示是因为启用了智能参考线（"视图" > "智能参考线"）。还要注意指针右侧的小白框。白框中心的小圆点表示光标位于锚点上。

4 单击选择锚点。

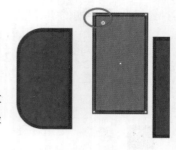

注意：该图显示了单击以选择锚点后的状态。

注意，只有选中的锚点是实心的，这表明它被选中，如果该形状上的其他点都是空心的，表明没有选中它们。移动锚点可以调整路径的形状。

5 仍选中直接选择工具，将选中的锚点向上拖动，编辑该对象的形状。

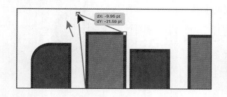 

6 尝试单击该形状边缘的其他锚点，注意到原来的点将会被取消选择。

注意：拖动锚点时将出现灰色度量标签，其中显示了 dX 和 dY。dX 表示锚点沿 X 轴（水平方向）移动的距离，dY 则表示锚点沿 Y 轴（垂直方向）移动的距离。

7 选择"文件">"恢复"，返回到上一次保存的文件版本。在出现的对话框中，单击"恢复"。

2.2.3 使用选框创建选区

另一种选择内容的方式是拖动出一个环绕内容的选框（称为一个选区），接下来要做的事情如下。

1 选择"视图">"全部适合窗口大小"。

2 在工具面板中选择缩放工具（🔍），在右侧的蓝色圆上缓慢单击 3 次。

3 在工具面板中选中选择工具（▶），将鼠标指针放在最左侧蓝色圆的左上方，然后向右下方拖动以创建一个覆盖两个圆的选框。

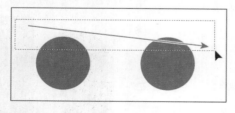 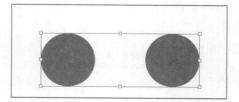

使用选择工具（▶）拖动时，只需覆盖对象的一小部分就可以选择整个对象。

4 选择"选择">"取消选择"，或者也可以单击没有对象的区域。

现在，可以使用直接选择工具来选择蓝色圆的多个锚点。其方法是在锚点周围拖动一个选框。

5 在工具面板中选择直接选择工具（▷）。从最左侧的蓝色圆左上方开始（见下图），拖过这两个蓝色圆的顶部边缘，这样做仅会选中顶部的锚点。

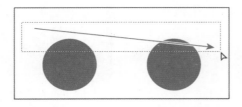 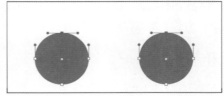

6 单击选中锚点中的任意一个，拖动可发现选中的锚点一起移动。

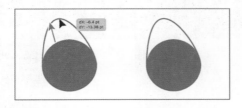 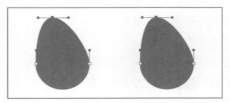

要选择多个锚点时可使用这种方法，这样就不需要一一单击要选择的锚点。

7 选择"文件">"恢复"，返回到上一次保存的文件版本。在出现的对话框中，单击"恢复"。

2.2.4 隐藏和锁定对象

有时，如果有对象堆叠在一起或在一个小区域内有多个对象，则选择图稿将变得很困难。在本节中，您将会学习如何锁定和隐藏内容，让选择对象变得更简单。

1 选择"视图">"全部适合窗口大小"。

接下来，您将尝试跨图稿拖动以选择它。

2 使用选择工具（▶），将鼠标指针放在雪人背后的蓝色区域（下图中的 × 处），将鼠标指针拖动过两个椭圆（雪人的眼睛）。请注意，您拖动的是大的蓝色形状。

3 选择"编辑">"还原移动"。

4 仍选中蓝色背景形状，选择"对象">"锁定">"所选对象"，或者按 Command + 2（macOS）或 Ctrl + 2（Windows）组合键。

锁定对象可以防止选择和编辑它们。

Ai 注意：用这种方法会选择选框中的所有图稿。

---

5 使用选择工具（▶），将鼠标指针放在雪人帽子左侧的蓝色区域，拖过雪人的头来选择整个头部（包括帽子）。

6 按住 Shift 键，并每次单击一只眼睛，从选区中删除它们。

7 选择"对象">"隐藏">"所选对象"，或按 Command + 3（macOS）或 Ctrl + 3（Windows）组合键。

所选形状会暂时隐藏，以便可以更轻松地选择其他对象。

8 选择"文件">"存储"，保存文件。

2.2.5 选择类似对象

使用"选择类似的对象"按钮或者"选择">"相同"命令，还可以根据类似的填色、描边颜色和描边粗细等内容选择图稿。对象的描边是轮廓（边界），描边粗细是描边的宽度。下面将选择填色和描边相同的对象。

1 选中选择工具（▶），然后单击选择右侧的一个蓝色圆。

2 在控制面板中单击"选择类似的对象"按钮（⬚⃗ ∨）右侧的箭头，显示一个菜单。选择"填充颜色"，选择任意画板上具有相同填充颜色（蓝色）的所有对象。

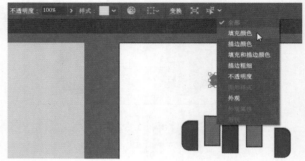

![Ai] **注意**：如果没有出现任何变化，则再次单击此按钮（不是右侧的箭头）。

注意，此时会选中具有相同蓝色填充的圆。

3 单击以选择蓝色圆下面的红色或绿色填充形状，然后选择"选择">"相同">"描边颜色"。

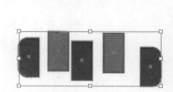

现在所有具有相同描边（边框）颜色的形状都已被选中。如果您知道可能需要重新选择一系列对象，与选择的对象一样，可以保存制作的选区，以便稍后可以轻松地调用它。

保存的选区仅与该文档一起保存。这是接下来要执行的操作。

![Ai] **提示**：根据用途或功能给选区命名很有帮助。例如，如果将选区命名为 1pt stroke，则以后修改对象的描边粗细后，该名称可能会令人误解。

4 仍选中这些形状，选择"选择">"存储所选对象"。在"存储所选对象"对话框中，将所选对象命名为"Scarf"，然后单击"确定"，以便以后可以选择此对象。

5 选择"选择">"取消选择"。

2.2.6 在轮廓模式下选择

默认情况下，Adobe Illustrator 将会显示所有彩色图稿（对象会显示它们的上色属性，如填色和描边）。但是也可以选择仅显示图稿的轮廓（或路径）。在本节中，将会在轮廓模式下选择对象。而对于在一系列堆叠对象中进行选择，这将非常有用。

1　选择"对象">"显示全部"，可以看到之前隐藏的图稿。

2　使用选择工具（▶），在其中的一个白色眼睛形状内单击选择它。由于形状有一个白色填充（对象内部填充有颜色、图案或渐变），因此，可以单击对象边框中的任何区域来选择它。

3　选择"视图">"轮廓"，以轮廓形式查看图稿。

4　使用选择工具，在另一只眼睛形状内单击。

注意，不能使用此方法选择对象。"轮廓"模式以轮廓形式显示图稿，没有任何填充。要选择"轮廓"模式，可以单击对象的边缘或者拖动选框以选择它。

5　选中选择工具，在两只眼睛形状的周围拖动一个选框。按几次向上箭头键，将两个形状稍微向上移动一点。

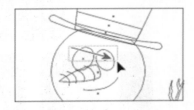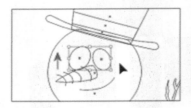

6　选择"视图">"GPU 预览"或"视图">"在 CPU 上预览"（或"预览"，如果"GPU 预览"不可用的话），可以查看绘制的图稿。

使用魔棒工具选择图稿

可以使用工具面板中的魔棒工具（ ✧ ）选择文档中具有相同属性（比如填充颜色）的所有对象。填充是应用于对象内部的颜色。可以自定义魔棒工具来根据选项选择工具，比如描边粗细和描边颜色等，方法是双击工具面板中的魔棒工具。

2.3　对齐对象

Illustrator 可以方便地将多个对象彼此对齐、与画板或关键对象对齐。本节将介绍对齐对象的各种不同选项。

2.3.1　使对象彼此对齐

一种对齐类型是将多个对象彼此对齐，这就是接下来将执行的操作。这可能很有用，例如，如果您想使一系列选中形状的顶部边缘对齐。

1　选择"选择">"Scarf"，以便重新选择右侧的红色和绿色形状。

2　单击文档窗口左下角的"下一项"按钮（ ▶ ），使具有选中的红色和绿色形状的画板适合窗口大小。

3 在工具面板中选择缩放工具（🔍），并（从左到右）拖动过红色和绿色形状进行放大。

4 在控制面板中从"对齐"按钮中选择"对齐所选对象"（▦▾），如果未选中此选项的话，则确保所选对象彼此对齐。

> **Ai** 注意：对齐选项可能没有出现在控制面板中（见图）。如果没有看到对齐选项，则单击控制面板中的"对齐"来打开"对齐"面板。控制面板中显示的对齐选项数取决于屏幕分辨率。

5 在控制面板（或"对齐"面板）中单击"垂直底对齐"按钮（▮▮）。

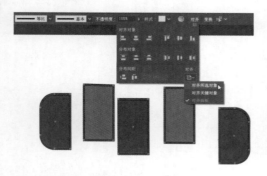 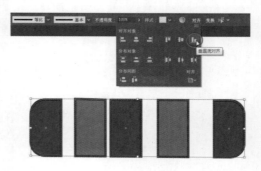

注意，所有选定对象的底部边缘会移动，与最低的选定对象对齐。

6 选择"编辑">"还原对齐"，让对象恢复到其原始位置。不要取消选择这些对象，留待下一节使用。

2.3.2 对齐到关键对象

关键对象是其他对象要与之对齐的对象。当您想要对齐一系列对象，并且其中一个对象的位置很好时，这非常有用。要指定关键对象，可选择要对齐的所有对象（包括关键对象），再单击关键对象。接下来，您将使用一个关键对象来对齐红色和绿色形状。

> **Ai** 注意：关键对象的轮廓颜色由所选对象的图层颜色决定。

1 选中这些形状，使用选择工具（▶）单击最左侧的形状。

> **Ai** 提示：在"对齐"面板中，还可以从面板菜单（▤）中选择"显示选项"，然后从"对齐"选项中选择"对齐关键对象"。前面的对象将成为关键对象。

选中此形状时，此关键对象有一个较粗的轮廓线，表示其他对象将与它对齐。此外，"对齐到关键对象"图标（▦▾）会出现在控制面板和"对齐"面板中。

2 在控制面板中单击"对齐"选项中的"垂直顶对齐"按钮（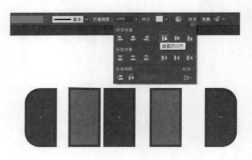）。

> **Ai** **注意：** 要停止对齐并取消关键对象，只需再次单击该关键对象以移除蓝色轮廓，或从"对齐"面板菜单（▤）中选择"取消关键对象"。

注意，所有选中的形状都会移动，与关键对象的顶部边缘对齐。

3 选择"选择">"取消选择"。

2.3.3 对齐锚点

下面将使用对齐选项对齐两个锚点。正如上一节中选择关键对象一样，可以自行设置其他锚点与关键锚点对齐。

> **Ai** **提示：** 选中直接选择工具，还可以在两个锚点之间拖动一个选框以选择它们。

1 选择"视图">"画板适合窗口大小"。

2 选择直接选择工具（▷），单击画板底部白色形状左下角的锚点。按住 Shift 键并单击，选择同一形状右下角的锚点（见下图）。

最后选中的锚点是关键锚点。其他锚点将与它对齐。

3 在控制面板中单击"垂直顶对齐"按钮（▯），选择的第一个锚点，与选择的第二个锚点对齐。

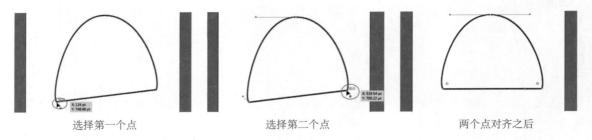

选择第一个点　　　　　　　　选择第二个点　　　　　　　　两个点对齐之后

4 选择"选择">"取消选择"。

2.3.4 分布对象

使用"对齐"面板来分布对象，可以选择多个对象，并使它们之间的间隔相等。下面将使用一种分布方式使红色和绿色形状之间的间距相等。

1 在工具面板中选中选择工具（▷）。选择"选择">"Scarf"，重新选择第二个画板上所有的红色和绿色形状。

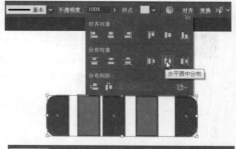

注意：使用"水平居中分布"或"垂直居中分布"按钮时，会使对象中心的间距相等。当选中的对象大小不一致时，可能会导致意料外的结果。

2 在控制面板中单击"水平居中分布"按钮（▊▊）。这将移动所有选中的形状，并使它们中心的距离相等。

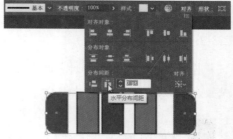

3 选择"编辑">"还原对齐"。

4 保持形状处于选中状态，单击最左侧的形状以使它成为关键对象。

5 在控制面板中单击"对齐"，以显示"对齐"面板（"窗口">"对齐"）。确保"分布间距"值为0（零），然后单击"水平分布间距"按钮（▊▊）。

注意：如果在"对齐"面板（"窗口">"对齐"）中没有看到"分布"选项，请从"对齐"面板菜单（▊）中选择"显示选项"。

"分布间距"分布选中对象之间的间距，而"分布对象"对齐分布选中对象的中心之间的间距。可以设置值来设置对象之间的间距。必须定义一个关键对象，然后才能输入一个值。

6 选择"选择">"取消选择"。

注意：水平分布对象时，确保最左侧和最右侧的对象处于所需的位置，再进行分布对象操作。垂直分布对象时，确保最上端和最下端的对象处于所需的位置，再进行分布对象操作。

2.3.5 对齐到画板

您可以将内容对齐到画板，而不是关键对象或其他对象。对齐到画板时，每个选中的对象都将分别与画板对齐。下面会将白色的半圆形状和雪人与画板对齐。

1 选中选择工具（▶），单击右侧画板底部的白色半圆形状以选择它。选择"编辑">"剪切"。

2 单击文档窗口左下角的"上一项"按钮（◀），以便导航到文档中的第一个（左侧）画板，其中包含的雪人。

提示：如果您需要复习"对齐所选对象"按钮，请参见"使对象彼此对齐"部分。

3 选择"编辑">"粘贴"，粘贴白色半圆。

4 在控制面板中单击"对齐所选对象"按钮（▊▊），从出现的菜单中选择"对齐画板"。现在，对齐的所有内容都将与画板对齐。

5　单击"水平居中对齐"按钮（▦）（在本例中），然后单击"垂直底对齐"按钮（▥），将白色半圆与画板的水平中心和垂直底部对齐。

6　选择"选择">"取消选择"。

2.4　使用编组

将多个对象编组后，它们将被视为一个整体。这样，可以同时移动或变换很多对象，而不会影响它们各自的属性和相对位置。它也可以使选择图稿变得更简单。

2.4.1　将对象编组

下面将选择多个对象并将它们编组。

1　选择"视图">"全部适合窗口大小"，以便查看两个画板。

2　选择"选择">"Scarf"，选择一系列的红色和绿色形状。

3　选择"对象">"编组"，将选中的图稿组合在一起。

4　选择"选择">"取消选择"。

5　选中选择工具（▶），单击新组中的一个形状。

由于它们被组合在一起，因此现在它们都被选中。

6　将这组形状拖到雪人头的下面。

这将成为雪人围巾的一部分。现在，拖动到雪人上的组位于其他图稿的后面。您很快就会修复这一问题。

7　选择"选择">"取消选择"。

2.4.2　在隔离模式下编辑组

隔离模式将编组或子图层隔离，可以在不取消编组的情况下选择和编辑特定对象或其一部分。使用隔离模式时，无须考虑对象位于哪个图层，也无须手工锁定或隐藏不希望编辑操作影响的对象。下面将使用隔离模式编辑一个组。

1　使用选择工具（▶），单击雪人的帽子。您会看到它选择了一组形状。

2　双击帽子中的一个形状，将进入隔离模式。

 提示：要进入隔离模式，也可以使用选择工具选中一个对象组，然后单击控制面板中的"隔离选中的对象"按钮（▣）。

注意，文档中的其余内容会变暗（不能选择它）。在文档窗口的顶部，会出现一个带有"Layer 1"和"＜编组＞"字样的灰色条，这表明您已经隔离了图层 1 的一组对象。第 9 课将介绍有关图层的更多信息。

3 单击以选中帽子中的红色形状。单击控制面板中的"填充颜色"，然后单击以选择其他颜色。我选择了绿色。

 提示：要退出隔离模式，也可以单击文档窗口左上角的灰色箭头，或者取消选择所有内容，在控制面板中单击"退出隔离模式"按钮（◄）。也可以在隔离模式下按 Esc 键，或者在文档窗口的空白区域双击，以退出隔离模式。

进入隔离模式后，对象组暂时取消了编组。这样可以在不永久取消编组的前提下，编辑组中的各个对象或添加新内容。

4 双击该组外的任意位置，退出隔离模式。

5 单击以选择帽子中的同一形状。请注意，它再次与帽子中的其他形状编组，同时也选中了该组中的其他对象。

2.4.3　创建嵌套组

对象组还可以嵌套，即将对象组与其他对象或对象组编组，从而形成一个更大的对象组。在设计图稿中，这是一个常用的技巧。这对将内容关联起来很有用。在本节中，将尝试如何创建嵌套组。

1 使用选择工具（▶），拖动选框选中雪人的帽子和头，选择"对象"＞"编组"。

这就创建了一个嵌套组（与其他对象或对象组组合，以形成一个更大的对象组）。

编组后，您可能会注意到，围巾组现在位于头形状的后面。这是由于对象的堆叠顺序，下一节将介绍堆叠顺序。

2 选择"选择"＞"取消选择"。

3 使用"选择工具"，单击帽子以选择嵌套组。

4 双击帽子以进入隔离模式。单击以再次选择帽子，注意，组成帽子的形状仍然是编组的。这是一个嵌套组。

选择组　　　　　　　　　进入隔离模式　　　　　　　　　选择嵌套组

 提示： 要选择组中的内容，不用取消编组或进入隔离模式，可以使用编组选择工具（▷）进行选择。编组选择工具嵌套在工具面板的直接选择工具（▷）中，允许您选择组中的对象、多个组中的一个组或图稿中的一组编组。

5 按 Esc 键退出隔离模式；然后单击画板的空白区域，以便取消选择对象。

2.5　了解对象的排列

创建对象时，Illustrator 将在画板上按创建顺序堆叠它们，首个创建对象位于最下方。堆叠顺序将会决定最终的显示结果。读者可以随时修改图稿中对象的堆叠顺序，只需使用"图层"面板或者"排列"命令。

2.5.1　排列对象

下面将使用"排列"命令来调整对象的堆叠顺序。

1 选择"视图">"轮廓"，以便更轻松地选择图稿。

2 使用选择工具（▷），拖动选框以便选择围巾的 3 个部分。

3 选择"视图">"GPU 预览"或"视图">"在 CPU 上预览"（或"预览"），如果"GPU 预览"，则不能用来显示绘制的图稿。

4 右键单击白色半圆以取消它，如果必要的话。

5 选择"对象">"排列">"置于顶层"，将围巾形状放在雪人身体形状的前面。

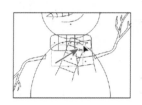  

2.5.2　选择位于下层的对象

对象堆叠在一起后，有时将难以选择位于下层的对象。下面将介绍如何在堆叠的对象里选中一个对象。

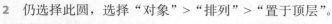

1　单击并将右侧画板上的一个蓝色圆拖动到雪人较小的一只眼睛上，再释放鼠标。

此圆消失了，但仍处于选中状态。它位于椭圆形（眼睛）的后面，因为它是先于眼睛形状创建的，这意味着它的堆叠顺序较低。

2　仍选择此圆，选择"对象">"排列">"置于顶层"。

这会使蓝色圆位于堆栈的顶部，使它成为最顶层的对象。

3　使用选择工具（▶），选择右侧画板的另一个蓝色圆，并将其拖到左侧画板上较大的一只眼睛形状上。此圆也会消失，但这一次，将取消选中此圆并使用另一种方法重新选择它。

4　选择"选择">"取消选择"。由于它位于较大的眼睛形状的后面，因此无法看到它。

5　将鼠标指针放在刚才取消选中的蓝色圆位置，按住 Command（macOS）或 Ctrl（Windows）键，然后单击，直到再次选择此圆（这可能需要单击几次）。

> **Ai**　**注意**：您可能会看到鼠标指针带有一个尖括号（）。

6　选择"对象">"排列">"置于顶层"，将圆置于眼睛上方。

> **Ai**　**注意**：要选择隐藏的蓝色圆，确保单击了此圆和眼睛重叠的位置。否则，将无法选择蓝色圆。

7　选择"文件">"存储"，然后选择"文件">"关闭"。

复习题

1 如何选择一个没有填色的对象？

2 除了选择"对象">"解除编组"的方式，再指出两种可以选择对象组中某个对象的方法。

3 选择工具（▶）和直接选择工具（▷），哪个可以编辑一个对象上的单个锚点？

4 创建了选区之后，如果将要重复使用它，则可以进行什么操作？

5 要将对象与画板对齐，在选择对齐选项之前，首先要在"对齐"面板或控制面板中选择什么？

6 有时无法选择一个对象，因为它位于另一个对象的下一层。请指出两种可以解决该问题的方法。

复习题答案

1 要选择没有填色的对象，可以单击其描边，或者拖动出一个选中该对象的选框。

2 可以取消对象组，或者双击组以进入隔离模式，按需要编辑各形状，然后通过按Esc 键或双击对象组外部来退出隔离模式。有关如何使用图层进行复杂选择的更多信息，请参见第 9 课。还可以使用编组选择工具（▶），单击一次以选择组内的各个对象。再次单击将下一个编组对象添加到选区中。

3 使用直接选择工具（▷），可以选择一个或多个锚点，并通过拖动锚点来改变对象的形状。

4 为了重复使用选区，可以选择"选择">"存储所选对象"，并为该选区命名，这使得以后可以很容易地从"选择"菜单中选择这些对象。

5 要将对象和画板对齐，首先要选择"对齐画板"选项。

6 要访问被阻挡的对象，可以选择"对象">"隐藏">"所选对象"来隐藏阻挡的对象。此对象不会被删除，它只是隐藏在相同的位置，选择"对象">"显示全部"时，它将重新出现。另一种方法是按住 Command（macOS）或 Ctrl（Windows）键，使用选择工具（▶）单击重叠区域，可以选择位于下层的对象。

第3课　使用形状创建明信片图稿

本课概述

在本课中，您将学习如何执行下列操作：

- 创建包含多个画板的文档；
- 使用工具和命令创建各种形状；
- 了解实时形状；
- 圆角矩形；
- 使用 Shaper 工具；
- 使用绘图模式；
- 使用图像描摹创建形状。

 　　学习本课内容大约需要 60 分钟，请将素材 Lesson03 复制到您的硬盘中。

　　基本形状是创建 Illustrator 图稿的
基础。在本课中，将会创建一个新文
档，然后使用形状工具为明信片创建和
编辑一系列形状。

3.1 开始本课

在本课中，将介绍几种使用形状工具创建图稿的不同方法，以及为明信片创建图稿的几种方法。

1　确保工具和面板的功能，如本课所述，请删除或禁用（重命名）Adobe Illustrator CC 首选项文件。

2　启动 Adobe Illustrator CC。

3　选择"文件">"打开"。打开 Lessons>Lesson03 文件夹中的 L3_end.ai 文件，将它复制到您的硬盘。

这是在本课中将创建的插图。

Ai　提示：在"新建文档"对话框中，您将看到一系列文档预置，您可以启动每个项目。

4　选择"视图">"全部适合窗口大小"，请将文件打开以供参考，并将该文件打开以供参考，或者选择"文件">"关闭"，关闭该文件。

3.2 创建新文档

现在您将为明信片创建一个包含两个画板的文档，每一个画板都具有稍后会组合的内容。

1　选择"文件">"新建"，创建一个未命名的新文档。在"新建文档"对话框中，更改下列选项。

- 选择对话框顶部的"打印"类别。
- 单击 Letter 选项。

在右侧的"预设详细信息"区域，更改下列选项。

- 名称：从"未标题 −1"更改为"Postcard"。
- 单位：将单位从"点"更改为"in"。
- 宽度：6in（不需要输入 in，因为单位已设置为 in）。
- 高度：4.25in。
- 方向：横向（■）（默认设置基于用户输入的宽度和高度值）。
- 画板：输入 2（创建两个画板）。
- 颜色模式：CMYK 颜色（默认设置）。

在"新建文档"对话框右侧的"预置详细信息"部分的底部，您将看到更多设置。单击更多设置将显示更多的文档创建设置，读者可以自己探索。

Ai　注意：通过使用文档配置文件，可根据不同的输出（如打印、Web、视频等）设置文档。例如，设计网页模板时，可使用文档配置文件"Web"，它将自动以像素为单位显示网页大小，将颜色模式设置为 RGB，并将栅格效果设置为"屏幕（72ppi）"。

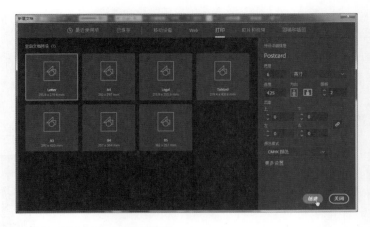

2 单击"新建文档"对话框中的"创建"。

> **Ai** **提示：** 要了解有关"新建文档"对话框选项的更多信息，请在 Illustrator 帮助（"帮助" > "Illustrator 帮助"）中搜索"新建文档对话框"。

3 选择"文件" > "存储为"，在"存储为"对话框中，确保该文件的名称是 Postcard.ai，并将它保存在 Lessons>Lesson03 文件夹中。将"格式"选项设置为 Adobe Illustrator（ai）（macOS）或"保存类型"选项设置为 Adobe Illustrator（*.AI）（Windows），然后单击"保存"。Adobe Illustrator（.ai）称为原生格式。这意味着它会保存所有 Illustrator 数据，包括多个画板。

4 在"Illustrator 选项"对话框中，让 Illustrator 选项保留其默认设置，并单击"确定"。

> **Ai** **注意：** 如果"文档设置"按钮没有出现在控制面板中，则可能表示文档中有内容被选中。还可以选择"文件" > "文档设置"。

"Illustrator 选项"对话框全是有关保存 Illustrator 文档的选项，从保存的版本以便嵌入与文档相链接的任意文件。如果您想了解有关这些选项的更多信息，请在 Illustrator 帮助（"帮助" > "Illustrator 帮助"）中搜索"保存图稿"。

5 单击控制面板中的"文档设置"按钮。

> **Ai** **注意：** 通过选择"文件" > "新建"，在"新建文档"对话框的"更多设置"中第一次设置文件时，就可以设置出血。

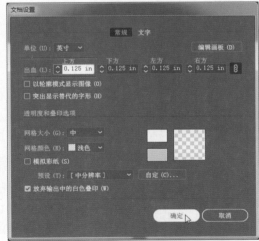

在文档创建后，在"文档设置"对话框中，可以更改画板的大小（单击"编辑画板"按钮）、单位、出血等。

6 在"文档设置"对话框的"出血"部分中，

将"上方"字段中的值更改为"0.125in",或者是单击该字段左侧的"向上箭头"一次或输入该值,并将更改所有 4 个值,单击"确定"。

注意,两个画板周围都有红线,它们表示出血区域。对于打印而言,典型的出血为 1/8in 左右,但它取决于印刷供应商。

3.3 使用基本形状

在本课的第一部分中,将会创建一系列的基本形状,比如矩形、椭圆形、圆角矩形和多边形等。创建的形状由锚点和连接锚点的路径组成。例如,基本的正方形是由 4 个角的 4 个锚点及连接锚点的路径组成(见右图)。形状被称为封闭路径。

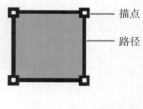
描点
路径

路径可以是封闭的,也可以是开放的,每个终端具有不同的锚点(称为端点)。开放路径和封闭路径都可以应用填色。

首先练习设置工作区。

封闭路径示例

1 选择"窗口">"工作区">"基本功能"(如果未选中的话),然后选择"窗口">"工作区">"重置基本功能"。

2 在文档窗口左下角的"画板导航"菜单中选择 2。

开放路径示例

3 选择"视图">"画板适合窗口大小",如果必要的话。

3.3.1 创建和编辑矩形

本课首先会创建一系列矩形,它们是明信片图稿的开始。所有的形状工具(除星形工具和光晕工具外)都会创建实时形状。实时形状具有宽度、高度、旋转、圆角半径和转角样式等属性,即使缩放或旋转该形状,这些属性仍然是可编辑的。

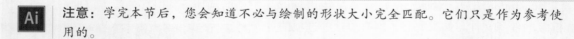

Ai **注意:**学完本节后,您会知道不必与绘制的形状大小完全匹配。它们只是作为参考使用的。

1 在工具面板中选择矩形工具(▢),将指针放在画板中心附近,单击并向右下方拖动。拖动直到矩形显示为宽约 1.25in 且高为 1.5in 时为止,如图所示。

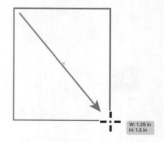
W: 1.25 in
H: 1.5 in

Ai **提示:**按住 Option 键(macOS)或 Alt 键(Windows)的同时,使用矩形、圆角矩形或椭圆形工具绘制形状时,将会从中心点开始绘制。

拖动以创建形状时,鼠标指针旁边出现的工具提示被称为度量标签,它是智能参考线的一部分("视图">"智能参考线"),本课稍后会介绍智能参考线。在默认情况下,形状具有白色填色和黑色描边(边框)。接下来,将通过输入值(比如宽度和高度)而不是绘制来创建另一个矩形。

使用任意形状工具时，都可以使用所选形状工具绘制形状或者是单击画板，并在对话框中输入值。

2　仍选中矩形工具，将鼠标指针置于绘制的矩形下方并单击。在"矩形"对话框中，您将看到与之前绘制的矩形完全相同的值。单击"确定"以创建一个与之前绘制的形状大小完全相同的新矩形。保持选中矩形，为下一步做准备。

 注意：值可能不是宽 1.25 和高 1.5，这没关系的。

3　选中新矩形，将鼠标指针放在矩形中心的小蓝点（称为中心点小部件）上。当鼠标指针变为⯈时，拖动形状，将它与其上方的矩形水平居中对齐。当形状对齐时，会出现一条洋红色的参考线。它应该仍位于上方矩形的下方。

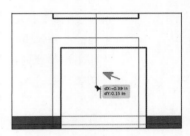

4　按住 Option（macOS）或 Alt（Windows）键，将所选矩形右侧的中央边界点向左拖动以调整到其到中心点的距离。当您看到度量标签的宽度为 0.7in 时，释放鼠标按键，然后释放 Option（macOS）或 Alt（Windows）键。

还可以通过输入特定值来更改所选形状的大小和位置等，下面将执行这些操作。

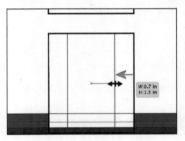

5　选择"窗口">"变换"，在"变换"面板中，确保"宽"和"高"右侧的"约束宽度和高度比例"是关闭的（看起来是这样的：⬚）。将"高"值更改为"0.1in"。按 Enter 键或 Return 键或者是在面板的另一个字段中单击以进行更改。

不必输入"in"，它是自动添加的。

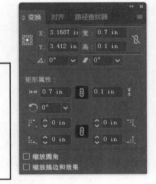

 提示：根据屏幕分辨率，在控制面板中可能还会看到一些变换选项，比如"宽"和"高"。"变换"面板包含实时形状的大多数变换属性。

6　选择"选择">"取消选择"，并关闭"变换"面板。

在"变换"面板中，可以更改实时形状的外观，包括其尺寸、旋转和角属性。有关"变换"面板和一般变换的更多信息，请参见第 5 课。

使用文档网格

文档网格可以在文档窗口中图稿的背后创建一系列非打印的水平和垂直参考线，让对象与这些参考线对齐，让您更精确地工作。要启用网格并使用其功能，请执行以下操作：

- 要显示网格或隐藏网格，选择"视图" > "显示网格 / 隐藏网格"。

- 要将对象对齐到网格线，选择"视图" > "对齐网格"，选择要移动的对象，并将其拖动到所需位置。当对象边界与网格线的距离不超过 2 个像素时，它将对齐到网格线。

- 要指定网格线的间距、网格样式（线或点）、网格颜色以及网格出现在图稿的上层还是下层，选择 Illustrator CC> "首选项" > "参考线与网格"（macOS）或"编辑" > "首选项" > "参考线和网格"（Windows）。

3.3.2 圆角矩形

圆化矩形的角很简单，因为您创建的形状是实时形状，这意味着可以使用几种方法轻松编辑圆角等属性。本节将介绍几种圆化所创建矩形的角的方法。

1 在工具面板中选中选择工具（▶），单击顶部（较大）的矩形以选择它。每个矩形的角落处会出现一个角小部件（◉）。将任意角小部件向矩形的中心拖动，以更改所有角的圆角半径，而不用担心现在的半径是多少。

> **Ai**　**提示**：缩小形状时形状小部件（比如角小部件）会隐藏，但是放大形状时形状小部件会自动出现。

> **Ai**　**注意**：如果将角小部件拖动得太远，则会出现一个红色圆弧，表明已经达到了最大的圆角半径。

2 双击任意角小部件以打开"变换"面板。在"变换"面板中，确保"链接圆角半径值"是启用的（⫴），并将任意半径值更改为 0.25。如果需要，请在另一个字段中单击或按 Tab 键，以查看所有角落的变化。

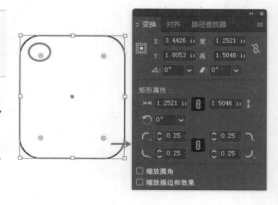

3 关闭"变换"面板。

4 选择直接选择工具（▶），双击左上角的小部件。在"边角"对话框中，将"半径"值更改为 0（零），然后单击"确定"。注意，只有那一个角发生了改变。

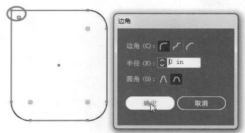

"边角"对话框支持编辑角类型和半径，但它还有一个额外的"圆角"选项，用于设置绝对圆角和相对圆角。"绝对"表示圆角是半径值。"相对"表示半径值基于角点的角度。

5 选择"选择">"取消选择"。

6 横穿矩形的右上角拖动以选择它。这样，只会选择将要使用的右上角。将右上角小部件拖离形状的中心，直到度量标签显示为 0，将需要拖过角点。

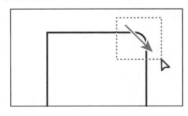
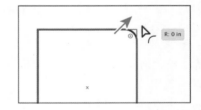

7 在工具面板中选中选择工具，然后选择"选择">"全部"。

8 在控制面板中单击"填色"（▢▾）。单击黑色以使用黑色填充两个矩形。

9 选择"选择">"取消选择"。

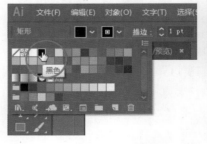

3.3.3 使用圆角矩形工具

接下来，您将使用圆角矩形工具创建圆角矩形。圆角矩形也是实时形状，这意味着您可以编辑属性，比如圆角半径。使用圆角矩形工具绘制时，可以编辑圆角矩形的圆角半径。

1 单击矩形工具（▢），按住鼠标按键，并在工具面板中选择圆角矩形工具（▢）。

Ai **提示**：还可以按住向下箭头或向上箭头键以使用更快的速度更改圆角半径。

2 将鼠标指针放在大矩形的右侧。单击并向右下方拖动，直到矩形的宽为 1.1in 且高为 2in，但不释放鼠标按键。仍按住鼠标按键，按几次向下箭头键，直到圆角半径变得不太圆为止。按上箭头键可以看到拐角变得更圆。不管角变得多么圆，释放鼠标按键。

Ai **注意**：在度量标签中看到的值可能与此图中的不一样，没关系的。

Ai **提示**：如果屏幕分辨率允许，也可以在控制面板中一次性地编辑所有角的圆角半径和类型。

3 选中圆角矩形和圆角矩形工具，拖动任意角小部件，直到度量标签显示值为 0.2。

可能很难看到角小部件，因为形状是使用黑色填充的。可能需要放大形状，或者可以选择"视图">"轮廓"来暂时删除形状的填充。

Ai **注意**：如果屏幕分辨率允许，可以在控制面板中单击"边角类型"按钮，并为矩形的 4 个角选择"倒角"。也可以双击形状的任意角小部件以打开"变换"面板，并编辑每个角的角类型。

4 在控制面板中单击"形状"，然后从边角类型中为所有 4 个角选择"倒角"。

5 选择"窗口">"色板库">"图案">"装饰">"装饰旧版"，在"装饰旧版"面板中，选择"水波颜色"来应用填充。当然，可以选择任意自己喜欢的颜色，但是这样图案将与本课有所不同。

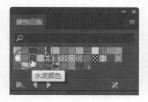
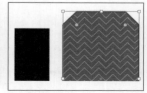

6 关闭"装饰旧版"面板。

7 在工具面板中选中选择工具（▶）。拖动使用水波颜色填充的矩形，使其与其左侧的矩形水平居中对齐，如图所示。当出现水平洋红色线（智能参考线）时，释放鼠标按键。

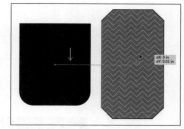

确保原始矩形和圆角矩形之间的水平距离与此图大致相同。下面将制作使用水波颜色填充的矩形的副本。

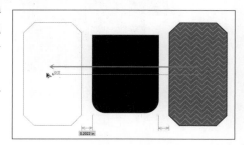

> **Ai** **提示**：可以更改智能参考线的颜色，方法是选择 Illustrator CC >"首选项">"智能参考线"（macOS）或"编辑">"首选项">"智能参考线"（Windows）。

8 选择"选择">"取消选择"。

> **Ai** **注意**：如果形状没有在画板上，则可能需要将它们移动到画板上。可以一次选择所有三个形状并移动它们。

9 按住"Shift+Option（macOS）"或"Shift+Alt（Windows）"组合键并将使用水波颜色填充的矩形向使用黑色填充的原始矩形的左侧拖动以进行复制。当出现等距参考线时，则表示这 3 个形状之间的距离是一致的，这是释放鼠标按钮和组合键。

Shift 键会将形状的移动限制为水平移动，而 Option（Alt）键则会复制形状。等距参考线是智能参考线（"视图">"智能参考线"）的一部分，默认是启用的。尝试对齐和分布图稿时，智能参考线很有用。

10 选择"选择">"取消选择"，然后选择"文件">"存储"。

3.3.4 创建和编辑椭圆

下面将使用椭圆工具（⬭）绘制和编辑椭圆。

1 在工具面板中单击圆角矩形工具（▢）并按住鼠标按键，选择椭圆工具（⬭）。

2 将鼠标指针置于黑色矩形上方并与左侧边缘对齐。对齐时将出现一条垂直的洋红色智能参考线。参见下图的第一个图。

3 单击并拖动以创建椭圆，其宽度为 1.25in，高度为 0.3in。

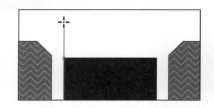
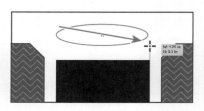

鼠标指针很可能将与黑色矩形的右侧边缘对齐，并出现一条垂直的洋红色参考线。

4 按 D 键以应用默认的白色填充和黑色描边。

5 拖动椭圆右侧外的饼小部件（◎），顺时针旋转椭圆。

> [Ai] **提示**：要将馅饼形状重置为椭圆，双击其中一个饼小部件。

拖动此小部件可以创建饼形状。最初拖动此小部件时，会看到第二个小部件。最初拖动的小部件将控制终点角度。现在出现在椭圆右侧的小部件将控制起点角度。

6 在控制面板中单击"形状"一词，并从"饼图终点角度"菜单中选择 180°。按 Esc 键以隐藏"形状"面板。

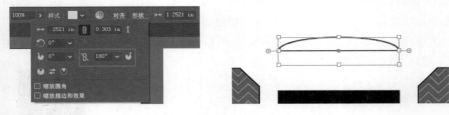

7 将椭圆的中心向下拖动，直到它与黑色矩形的顶部边缘对齐。

确保洋红色对齐参考线显示在黑色矩形的中央，确保它的中心与矩形的中心水平对齐。

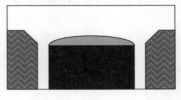

8 在控制面板中单击"填充颜色"，然后选择"灰色"。我选择了一种灰色，其工具提示为"C=0 M=0 Y=0 K=50。"

9 选择"选择" > "取消选择"，然后选择"文件" > "存储"。

3.3.5 创建和编辑圆

下面将使用椭圆工具（⬭）绘制和编辑一个完美的圆。

1 在文档窗口左下角的画板导航菜单中选择 1，如果有必要的话。

2 如果有必要，选择"视图" > "画板适合窗口大小"，查看整个画板。

提示：如果在绘制椭圆时没有按住 Shift 键，当宽和高相同时（圆形），在圆中将出现一个洋红色的"十字"。这使得 DR 成为可能。这就可以在没有按住 Shift 键的情况下绘制圆形（需要启用智能参考线）。

3　选中椭圆工具（  ），将鼠标指针放在画板的空白区域。向右下方拖动以开始绘制椭圆。拖动时，按住 Shift 键以创建完美的圆形。当宽和高都为大致 2in 时，释放鼠标按键，然后释放 Shift 键。

无须切换到选择工具，可以使用椭圆工具重新定位和修改椭圆，这是接下来要做的事情。

4　按 D 键以应用默认的白色填充和黑色描边。

Ai　注意：与矩形或圆角矩形一样，椭圆也是实时形状。

5　选中椭圆工具，将鼠标指针放在圆的左中边界点上。单击并拖离中心，使其更大。拖动时，按住 Shift +Option（macOS）或 Shift + Alt（Windows）组合键。拖动，直到度量标签显示宽度和高度大约为 3in。释放鼠标按键，然后释放组合键。

6　选中此圆，在控制面板中单击"填充颜色"，将颜色更改为工具提示为"C=70 M=15 Y=0 K=0"的蓝色。

7　拖动圆从中心到画板上的右下角，就像您看到下面的图。

8　选择"对象">"隐藏">"所选对象"，以便暂时隐藏圆。

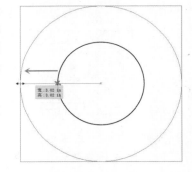

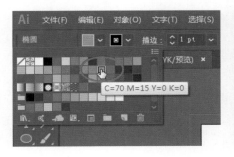

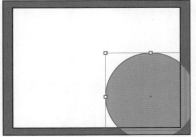

3.3.6　创建多边形

默认情况下，使用多边形工具（ ⬡ ）可以创建一个六边形。多边形在默认情况下是从中心开始绘制的，这与前面介绍的其他工具不同。现在，将使用多边形工具（ ⬡ ）创建一个三角形，将它添加到卫星图稿。

1　在文档窗口的左下角单击"下一项"按钮（ ▶ ）。

2　选择缩放工具（🔍），在画板底部附近单击几次。

3　在工具面板中单击椭圆工具（⬭）并按住鼠标按键，选择多边形工具（⬡）。

4　选择"视图">"智能参考线"，关闭智能参考线。

到目前为止，您一直在默认的"预览"模式下工作，这可以看到对象是如何进行填色和描边的。如果绘制属性看起来会让人分散注意力，则可以在"轮廓"模式下工作，这就是下面要做的事情。

5　按 D 键以应用默认的白色填充和黑色描边。

6　选择"视图">"轮廓"切换到轮廓模式。

Ai　**注意：**"轮廓"模式会临时删除所有绘制属性，比如颜色填充和描边，加快选择和重绘图稿的速度。无法通过在形状中心单击来选择或拖动形状，因为填充暂时消失了。

将鼠标指针放在画板的空白区域。向右拖动以开始绘制多边形，但不要释放鼠标按键。按向下箭头键一次，以将多边形的边数减少到 5，并且不要释放鼠标按键。按住 Shift 键以让形状直立。释放鼠标按键，然后释放组合键。

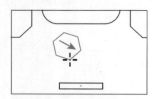 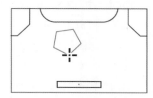 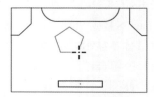

注意，此时不会看到灰色度量标签（工具提示），因为工具提示是关闭智能参考线的一部分。洋红色对齐参考线也不会显示，因为此形状没有与画板上的其他内容对齐。智能参考线在某些情况下可能很有用，例如当需要高精度时，可以在需要的时候打开或关闭参考线。

3.3.7　编辑多边形

多边形也是实时形状，这意味着大小、旋转、边数和更多属性仍然是可编辑的。下面将调整多边形的大小并对其进行编辑。

1　选择"视图">"智能参考线"，将它们重新打开。

2　将多边形的左下边界点拖离其中心，直到度量标签显示宽为 1in，且高为 0.8in。

这将导致多边形比例失衡，这表示所有边的长度不等。

下面将使用"变换"面板使所有边的长度相等。

Ai　**提示：**在控制面板中，也会找到"形状"面板中的"使边长相等"按钮。

3　选择"窗口">"变换"，打开"变换"面板。在"变换"面板中，单击"使边长相等"按钮。

4　仍选中多边形工具，拖动右侧的边小部件以将边数更改为 3。

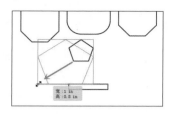 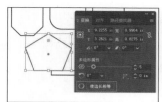 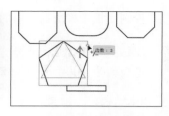

5 将三角形拖动到创建的第一个矩形下方。拖动，直到出现一条洋红色的垂直参考线为止，这表示三角形与矩形水平对齐，用数字作为参考线。

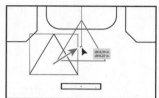

6 选择"选择">"取消选择"。

3.3.8　修改描边宽度和对齐方式

到目前为止，在本课中，主要编辑的是形状的填充，但没有太多的涉及描边（对象或路径的可见的轮廓或边界）。默认情况下，所有形状和路径的描边粗细都为1pt。但可以很方便地修改描边的颜色或粗细，使它更细或更粗，这是下面要做的事情。

1 在工具面板中选择缩放工具（🔍），单击三角形下方的小矩形几次，将其放大。确保您仍然可以看到它上方的三角形。

> **Ai** **注意：** 您的矩形可能位于三角形下方，这也是可以的，因为下一步会将它拖动到所需的位置。

2 选中选择工具（▶）。单击三角形下方的矩形边框以便选中矩形。按住 Command（macOS）或 Ctrl（Windows）键，临时切换到直接选择工具。拖将矩形左上方的锚点拖动到三角形左下角的锚点。当锚点出现（变大）时，则释放鼠标按键，然后释放组合键。

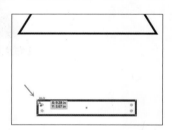 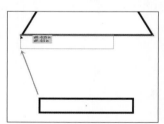

> **Ai** **提示：** 还可以通过选择"视图">"隐藏边缘"来关闭边界框，这样就可以使用选择工具选中锚点来拖动形状。

3 将矩形右上角的边界点向右侧拖动，直到右侧边缘与三角形的右侧边缘对齐。当对齐时，则会出现"锚点"一词。

4 选择"视图">"GPU 预览"或"视图">"在 CPU 上预览"（或"预览"），如果 GPU 预览不可用的话。

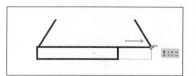

5 在控制面板中将所选矩形的描边粗细更改为 0，并将填充颜色更改为黑色，如有必要的话。

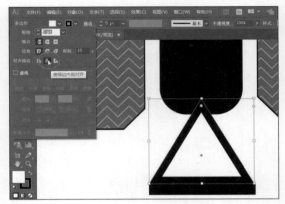

> **Ai** **注意**：也可以通过选择"窗口">"描边"，打开"描边"面板，但可能需要从面板菜单中选择"显示选项"（▤）。

6 选择"选择">"取消选择"。

7 单击选择三角形，然后在控制面板中单击"描边"，打开"描边"面板。在"描边"面板中，将描边的粗细更改为 5pt，并单击"使描边内侧对齐"按钮（▣）。这会将描边与三角形的内侧边缘对齐。

> **Ai** **注意**：接下来，您会发现在控制面板中打开一个面板时（比如这一步中的"描边"面板），将需要在移动之前隐藏它，可以通过按 Esc 键完成此操作。

> **Ai** **注意**：所选形状的填充颜色可能与图中所示的不一样，现在也是没关系的。

默认情况下，描边与路径边缘的中心对齐，但可以使用"描边"面板（"窗口">"描边"）来改变对齐方式。

8 仍选中三角形，在控制面板中单击描边颜色（"描边"一词的左侧），将描边颜色更改为工具提示为"C=0 M=0 Y=0 K=80"的灰色，在控制面板中将填充颜色更改为黑色。

9 选择"对象">"排列">"置于底层"。

10 选择"选择">"取消选择"。

3.3.9 绘制线条

下面将使用直线段工具创建线条和线段（称为开放路径）以完成卫星图稿。用直线段工具创建的线条是实时线条，类似于实时形状，它们有很多可编辑的属性。

1 选择"视图">"画板适合窗口大小"。

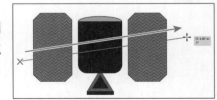

2 在工具面板中选择直线段工具（╱）。在图稿的左侧空白区域单击并向右拖动到画板的右侧空白区域。拖动时注意鼠标指针旁边的度量标签中的长度和角度。不要担心长度或角度。

3 选中新线段，将鼠标指针放在右端外。当鼠标指针更改为旋转箭头时（↻），单击并（向上或向下）拖动，直到指针旁边的度量标签中显示角度为 0。

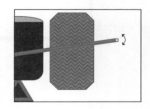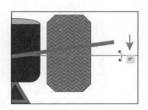

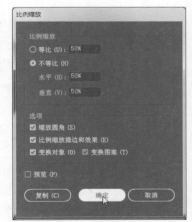

Ai **注意：** 智能参考线很有用，但在拖动线条末端时按住 Shift 键可以将移动限制为 45 度。

默认情况下，线段围绕其中心点旋转。也可以在"形状"面板或"变换"面板中更改线段的角度。

4 将线段的右端向左侧拖动以与矩形的右侧边缘对齐。参见下图的第一个图。如果直接向左拖动，会看到线段两侧出现"直线延长"和"位置"。它们是智能参考线的一部分，可以轻松地将一条线拖动得更长或更短，而不改变角度（它与原始路径的轨迹相同）。

5 将线段的左端横着向右拖动会与距离其最近的矩形的左侧边缘对齐，确保在该线段的另一端看到了"直线延长"一词。

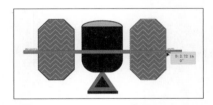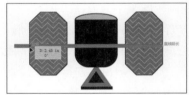

6 选中此线段，在控制面板中将描边粗细更改为 20pt，并将描边颜色更改为黑色。

7 选择"对象">"排列">"置于底层"。

8 选择"选择">"现用画板上的全部对象"，然后选择"对象">"编组"。

9 选中选择工具（▶），选择"对象">"变换">"缩放"，在"缩放"对话框中，更改下列内容。

- 等比：50。
- 缩放圆角：选中它。
- 比例缩放描边和效果：选中它。
- 变换对象：选中它。
- 变换图案：选中它

10 单击"确定"。

11 选择"视图">"全部适合窗口大小"，可以看到两个画板。

12 选中选择工具（▶），将组拖动到第一个画板。现在不用担心位置。

13 选择"对象" > "隐藏" > "所选对象"。

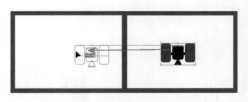

通过暂时隐藏卫星图稿，可以专注于创建需要的其他图稿。

3.3.10 创建星形

下面将使用星形工具（☆）创造几颗星星。星形工具（编写本书时）不会创建实时形状，这意味着编辑星形会比较困难。使用星形工具绘制时，将使用键盘修饰键得到您想要的点数并更改星形的半径。下面是在本节中绘制星形时使用的键盘修饰键及其作用。

- 箭头键：绘制时，按向上箭头键或向下箭头键分别添加或移除星形的臂长。
- Shift 键：使星形直立。
- Command（macOS）或 Ctrl（Windows）键：按住此键的同时拖动会生成一个可更改半径（使手臂更长或更短）的星形。

下面将创建一个星形。这将需要几个键盘命令，在选择这些命令时不要释放鼠标左键。

1 在文档窗口左下角的画板导航菜单中选择 1，如果有必要的话。选择"视图" > "画板适合窗口大小"。

2 在工具面板中单击"多边形工具"（⬡）并按住鼠标按键，选择星形工具（☆），将鼠标指针放在画板的某个地方。

3 单击并向右缓慢拖动以创建一个星形。注意，移动鼠标指针时，星形会改变大小并自由旋转。拖动直到度量标签显示宽约为 2in，然后停止拖动。不要释放鼠标左键！

4 按向上箭头键两次，将星形的点数增加到 7。不要释放鼠标按键！

5 按 Command（macOS）或 Ctrl（Windows）键，然后继续向右拖动一点。这使内半径恒定，而使手臂更长。拖动，直到看到宽度约为 2.7in 为止，停止拖动，而不释放鼠标左键。释放 Command 或 Ctrl 键，而不释放鼠标左键。

6 按住 Shift 键。当星形直立时，释放鼠标按键（最后），然后是 Shift 键。

7 在控制面板中将星形的描边粗细更改为 0。

8 在控制面板中将填充颜色更改为工具提示为"CMYK 黄色"的颜色。

9 选中选择工具（▶），并按住 Shift 键，并星形边界框的角向中心拖动。当星形的宽度约为 0.4in 时，松开鼠标左键，然后是 Shift 键。

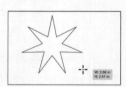

10 选择星形工具（），再绘制不同尺寸的 4 个星形，一共 5 个星形。注意，新星形的基本设置与绘制的第一颗星形基本相同。

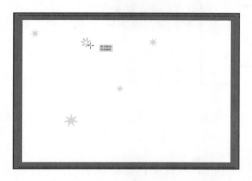

11 选择"选择"＞"现用画板上的全部对象"，然后选择"对象"＞"隐藏"＞"所选对象"。

3.4 使用 Shaper 工具

在 Illustrator 中，另一种绘制和编辑形状的方式是使用 Shaper 工具（✎）。Shaper 工具识别自然手势并根据这些手势生成实时形状。不用切换工具，就可以组合、删除、填充和变换创建的基本形状。在本节中，您将通过探索最常使用的功能来了解工具是如何工作的。

 注意：Shaper 工具在经典工作区的工具面板中。在触摸工作区，它是工具栏中的顶级工具。此工具适用于触控表面的手写笔，比如 Surface Pro 或 Wacom Cintiq，或通过 Wacom Intuos 等间接输入。

3.4.1 使用 Shaper 工具绘制形状

要开始使用 Shaper 工具，将会绘制一些简单的形状，最终形成月亮。

1 选择"视图"＞"画板适合窗口大小"，如果必要的话。

2 在工具面板中选择 Shaper 工具（✎）。

第一次选择 Shaper 工具时可能会看到一个窗口，简要描述此工具的功能。单击以关闭它。

3 在画板中心附近绘制一个粗略的矩形。使用下图作为指南。

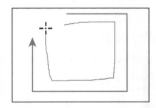 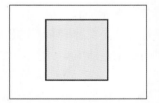

完成形状绘制时，手势将被转换为一个具有默认灰色填充的实时形状。使用 Shaper 工具可以绘制多种形状，包括但不限于矩形、正方形、椭圆（圆）形、三角形、六边形和线段等。

4 在刚绘制的形状上胡乱涂鸦，以便删除它。

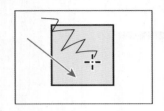

这个简单的手势是一种删除形状的简单方式。注意，可以在多个对象上胡乱涂鸦以便删除它们，只需要胡乱涂鸦图稿的一部分即可删除图稿。也可以在所创建的形状内单击以选择它，然后按 Backspace 键或 Delete 键来删除它。

5 在画板中心附近绘制一个椭圆。

如果形状不是椭圆（或圆），请胡乱涂鸦以便删除它，然后再试一次。

3.4.2 使用 Shaper 工具编辑形状

在形状创建后，您可以使用 Shaper 工具来编辑这些形状，而不必切换工具。下面将编辑之前创建的椭圆。

1 使用 Shaper 工具在椭圆内单击以选择它。拖动椭圆的一个角点以将它变为一个完美的圆形。洋红色的提示十字（智能参考线）将出现在中心，表明椭圆已成为圆（宽度和高度相等的椭圆）。

使用 Shaper 工具绘制的形状是实时形状，并且是可以动态调整的，因此，无须在工具之间切换就可以直观地绘制和编辑这些形状。注意，不会出现度量标签来表示形状大小。使用 Shaper 工具变换形状时，不会显示度量标签，即使是在智能参考线开启的情况下也是如此。

2 将形状拖动到画板的左上角，用数字作为参考线。

3 选中选择工具（ ），单击以再次选择圆。按住 Shift 键并拖动圆的右下边界点，使其宽度和高度约为 1in。

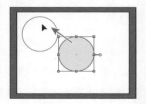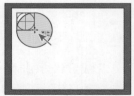

3.4.3 使用 Shaper 工具冲压形状

Shaper 工具不仅可以绘制形状，还可以组合、删减并不断编辑它们。下面将绘制更多形状，并使用 Shaper 工具从原始圆中添加并删减它们，创建一个月亮。

1. 选择缩放工具（🔍），然后在左上角的圆上单击几次进行放大。

2. 在工具面板中选择 Shaper 工具（✅）。在现有圆的右侧绘制一个圆，与原始圆重叠一点。

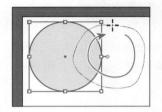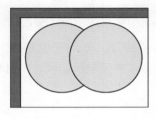

> **Ai** 　提示：也可以按 Command + +（ macOS ）或 Ctrl + +（ Windows ）组合键来放大所选图稿。

---

3. 将鼠标指针放到圆的右侧。在右侧的圆上胡乱涂鸦，在鼠标指针到达右侧圆的左边缘时停止。释放按键时，右侧的圆将被删除，两个圆的重叠区域也会被删除。

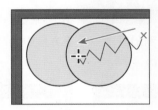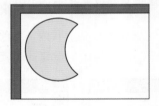

4. 将鼠标指针放置在生成的灰色形状上，观察两个原始形状的轮廓。使用 Shaper 工具单击灰色形状，选择合并后的组，称为 Shaper 组。

> **Ai** 　提示：也可以双击一个 Shaper 组以选择基本形状。

---

5. 单击 Shaper 组右侧的箭头小部件（⬇）以选择基本形状。单击箭头小部件后，Shaper 组处于构造模式。

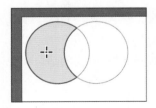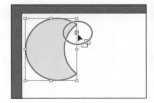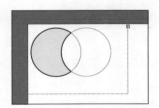

Shaper 组的所有形状仍是可编辑的，甚至是冲压出或合并的部分形状也是可编辑的。

6　单击右侧圆的边缘以选择它。从圆的中心点小部件拖动，使它如图所示。

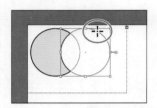 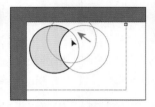 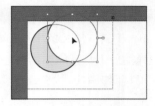

　　注意，所拖动的圆仍从另一个圆冲压出来。在 Shaper 组中，不仅可以重新定位各个形状，还可以调整其大小，进行旋转等。甚至还可以使用 Shaper 工具来变换（调整大小、重新调整形状）、冲压或组合使用其他绘制工具绘制的形状。下面将使用 Shaper 工具添加月亮形状。

3.4.4　使用 Shaper 工具组合形状

下面使用 Shaper 工具将一些形状与刚创建的月亮组合起来。

1　选中 Shaper 工具（✏），在与月亮左侧边缘重叠的位置绘制两个小正方形（或矩形）。参见下图的第一个图。

> **Ai**　**注意**：如果试图选择形状，而您取消了选择，可重复之前的步骤。右侧的圆现在没有任何填充，因此，可以在其中单击以选择它。

2　将鼠标指针放在灰色的月亮形状内，在绘制的其中一个正方形中胡乱涂鸦，在正方形的边缘处停止。为绘制的其他矩形重复此步骤。

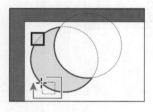 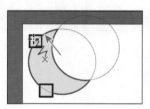 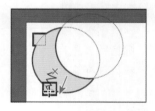

> **Ai**　**注意**：如果胡乱涂鸦的地方太多（画到了空白区域），则形状可能会消失。

3　从黑色形状向位于前面的形状的重叠区域进行胡乱涂鸦时，会合并形状。
在灰色的月亮形状内单击选择它。单击"Shaper 组"右侧的箭头小部件（▼），选择基本形状。

4　在其中一个小方形中单击选择它。将鼠标指针远离角放置，当鼠标指针变为（↶）时，则拖动以进行旋转。从中心拖动正方形，使其如下图所示，如果有必要的话。

> **Ai**　**注意**：为了看到角小部件，需要将形状放大到足够大。

5　拖动任意角小部件以使角变得更圆一些，如下图的第三个图所示，可能需要放大。

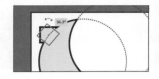 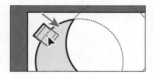 

6　为绘制的其他正方形重复上一步操作。

7　在远离形状的空白区域单击以取消选择它们。单击灰色的月亮形状，选择 Shaper 组。再次单击，会看到交叉影线，这意味着 Shaper 组现在处于表面选择模式并被称为"Shaper 组选择"。您也可以更改合并组的区域的颜色。

8　在控制面板中将填充颜色更改为工具提示为"C=5 M= 0 Y=90 K=0"的黄色。

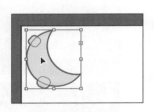 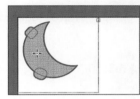 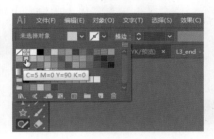

9　选择"视图">"全部适合窗口大小"。

10　选择"对象">"显示全部"，显示迄今为止创建的所有图稿。

3.5　使用绘图模式

Illustrator 有 3 种不同的绘图模式，在工具面板底部可以找到它们：正常绘图、背面绘图和内部绘图。绘图模式允许以几种不同的方式绘制形状。3 种绘图方式如下所示。

正常绘图——内部绘图
背面绘图

　注意：要了解有关剪切蒙版的更多信息，请参见第 14 课。

- 正常绘图模式：每个文档开始时都是在正常模式下绘制形状，并且形状将彼此堆叠。
- 背面绘图模式：能够在选定对象的下层绘制图像，而不需考虑图层或堆叠顺序问题。
- 内部绘图模式：能够在其他对象内部绘制对象或置入图，包括实时文本，这会自动为所选对象创建剪切蒙版。

3.5.1　使用背面绘图模式

在本课中，一直在默认的正常绘图模式下工作。下面将使用背面绘图模式在其他内容后面绘制一个覆盖画板的矩形。

1　选择"视图">"画板适合窗口大小",以便具有月亮的画板适合窗口大小。
2　在工具面板的底部单击背面绘图按钮（■）。

> **Ai** **注意**：如果看到的工具面板显示为单个列，则可以单击工具面板的底部"绘图模式"按钮（■），从出现的菜单中选择"背面绘图"。

只要选择了此绘图模式，使用所学的不同方法创建的每个形状都将在此页的其他形状后面创建。背面绘图模式还会影响位置置入的内容（"文件">"置入"）。

3　在工具面板中单击"星形工具"（☆）并按住鼠标按键，选择矩形工具（■）。将鼠标指针放在画板左上角与红色的出血参考线交叉的位置。单击画板右下角并将其拖动到与红色出血参考线交叉的位置。

4　选择新矩形，在控件面板中单击填充颜色，并将填充颜色更改为深灰色，按 Esc 键以隐藏色板面板。

> **Ai** **注意**：如果图稿被选中，单击"背面绘图"按钮将允许在选定的图稿后绘制图稿。

5　如有必要，在控制面板中将描边粗细更改为 0。
6　选择"对象">"锁定">"所选对象"。

3.5.2　使用内部绘图模式

接下来，您将会学习如何使用内部绘图模式在所选形状内部添加图稿。需要隐藏（遮挡）一部分画稿时，这将非常有用。

1　在工具面板中选中选择工具（▶），单击选择蓝色圆。
2　单击内部绘图按钮（■），靠近工具面板底部。

> **Ai** **注意**：如果您看到的工具面板显示为单个列，则可以单击工具面板底部的"绘图模式"按钮（■），从出现的菜单中选择"内部绘图"。

此按钮在选择单个对象（路径、复合路径或文本）时是活动的，它允许您仅在所选对象内绘制。请注意，圆周围有一个开放的虚线矩形，这表明，如果您绘制、粘贴或置入内容，内容将位于圆内，即使选择"选择">"取消选择"也是如此。

3　选择"选择">"取消选择"。

注意，圆周围仍然开放的虚线矩形，这表明内部绘图模式仍然是活动的。您将要绘制的形状不需要被选中。

4　在工具面板中单击"矩形工具"（■）并按住的鼠标按键，选择"椭圆工具"（⬭）。按 D

键以设置默认的填充颜色（白色）和描边颜色（黑色）。单击并拖动以创建一个与蓝色圆重叠的椭圆。参见下图的第二个图。

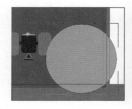 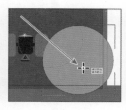 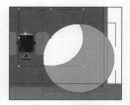

刚才绘制的椭圆位于圆内，它的一部分被隐藏了。

5 选择"编辑">"还原椭圆"，删除椭圆。

也可以在内部绘图模式开启时将内容置入或粘贴进形状。

> **Ai** 提示：有关置入图像的更多信息，请参见第 14 课。

6 选择"文件">"置入"，在"置入"对话框中，选择硬盘上 Lessons>Lesson03 文件夹中的 map.ai 文件。请确保选择了"链接"选项，然后单击"置入"。

> **Ai** 注意：您可能需要单击"选项"按钮来查看"链接"选项。

7 单击蓝色圆左侧，以便置入地图图像，参见右图。

矢量地图内容被放置在蓝色圆内。

8 单击工具面板底部的"正常绘图"按钮。

> **Ai** 提示：还可以在可用的绘图模式之间切换，方法是按 Shift + D 组合键。

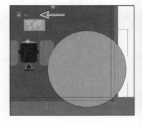 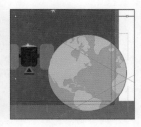

在形状内完成内容绘制后，可以单击"正常绘图"按钮（），则所创建的任何新内容都会被正常绘制（堆叠而不是在内部绘制）。

9 选择"选择">"取消选择"。

编辑内部绘图的内容

下面将会编辑蓝色圆内的地图图稿，以了解稍后如何编辑内容。

> **Ai** | **提示**：可以通过选择"对象">"剪切蒙版">"释放"来分隔形状。这将会使两个对象彼此堆叠起来。

1 选中选择工具（▶），然后单击选择地图图稿（位于蓝色圆内）。请注意，它会选择蓝色圆。

> **Ai** | **提示**：还可以双击蓝色圆以进入隔离模式，并按 Esc 键退出。

蓝色圆现在是一个蒙版，也称为剪切路径。地图图稿和圆一起构成剪切组，现在被视为一个对象。如果查看控制面板的左端，将看到两个按钮，允许您编辑剪切路径（蓝色圆）或内容（地图图稿）。

2 单击控制面板左端的"编辑内容"按钮（◉），选择地图图稿。

> **Ai** | **提示**：有时在隔离模式下，选择"视图">"轮廓"更容易看到和选择形状。

3 在地图边界内拖动地图图稿，以便显示任何想要的地图部分。

4 单击控制面板左端的"编辑剪切路径"按钮（▣），再次选择蒙版（蓝色圆）。

5 选择"选择">"取消选择"，然后选择"文件">"存储"。

3.6 使用图像描摹

在本节中，将会学习如何使用图像描摹命令。图像描摹对现有图稿（如来自 Adobe Photoshop 的光栅图片）进行描摹，从而能够将图片转换为矢量路径或实时上色对象。这对于将一幅图画转换为矢量图稿、描摹光栅徽标、描摹图案或纹理，将很有帮助。

> **Ai** | **提示**：使用 Adobe Capture CC 在您的设备拍摄任何对象、设计或形状，并通过几个简单的步骤将它转换为矢量形状。在 Creative Cloud Libraries 中存储生成的矢量图形，在 Illustrator 或 Photoshop 中访问或完善它们。Adobe Capture 目前可用于 iOS（iPhone 和 iPad）和 Android。

1 选择"文件">"置入"，在"置入"对话框中，从硬盘上的 Lessons>Lesson03 文件夹中选择 rocket-ship.jpg 文件，单击"置入"。在画板的任意位置单击以置入图像。

2　在控制面板中单击"图像描摹"按钮。您看到的描摹结果可能与此处略有
　　不同，没关系的。

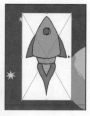

> **Ai** **提示**：描摹较大的图像或更高分辨率的图像将很可能生成更好的结果。

这会将图像转换为使用默认描摹选项的图像描摹对象。这意味着无法编辑矢量内容，但可以改变描摹设置或最初置入的图像，然后可以查看更新。

3　从控制面板左端的"预设"菜单中选择"6 色"。

> **Ai** **注意**：还可以选择"对象">"图像描
> 摹">"建立"，选中光栅内容，或从"图
> 像描摹"面板（"窗口">"图像描摹"）
> 开始开始描摹。

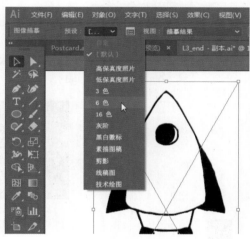

Illustrator 中设有预设描摹选项，可以应用于使用图像描摹的对象。如有需要，可以开始使用"[默认]"的预设选项，之后再自行更改描摹设置。

图像描摹对象是由源图像和描摹结果（即矢量图稿）组成的。默认情况下，只有描摹结果可见。但是，为了满足需要，也可以更改源图像和描摹结果的显示情况。

4　在控制面板中单击"图像描摹面板"按钮（▤），
　　在"图像描摹"面板中，单击面板顶部的"自
　　动着色"按钮（🖐）。

> **Ai** **提示**：通过选择"窗口">"图像描摹"，
> 也可以打开"图像描摹"面板。

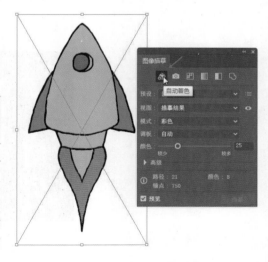

"图像描摹"面板顶部的按钮是保存的设置，用于将图像转换为灰度和黑白等模式。在这些按钮下面，将看到"预设"和"视图"选项。它们与控制面板中的那些选项相同。"模式"选项允许更改生成的图稿的颜色模式（彩色、灰度或黑白）。"调板"选项也适用

于限制调色板或从颜色组中分配颜色。

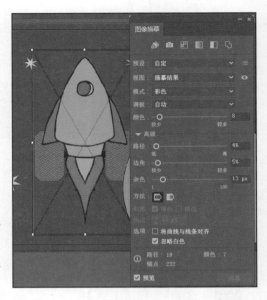

5 在"图像描摹"面板中，单击"高级"选项左侧的切换箭头以显示它们。仅更改下列选项，使用这些值作为起点。

- 颜色：8。
- 路径：4%。
- 边角：5%。
- 杂色：13 px。
- 忽略白色：选中它。

6 关闭"图像描摹"面板。

7 仍选中火箭图像描摹对象，在控制面板中单击"扩展"按钮。

火箭不再是一个图像描摹对象，而是由组合在一起的形状和路径组成。

8 选中选择工具，将鼠标指针放在火箭边界框的一角外。当鼠标指针改变时（↗），将火箭旋转 30°（逆时针方向）。

Ai **提示：** 旋转图稿与使用旋转工具（↻）或选择工具（▶）旋转图稿时，按 Shift 键会将旋转限制为 45°。记住在释放 Shift 键之前释放鼠标左键。

9 将所有图稿拖动到位，如图所示。

10 选择"文件">"存储"，然后选择"文件">"关闭"。

复习题

1 有哪些创建形状的基本工具？

2 什么是实时形状？

3 如何选择一个没有填色的形状？

4 Shaper 工具是什么？

5 如何将光栅图像转换为可编辑的矢量形状？

复习题答案

1 有 6 种形状工具：矩形、圆角矩形、椭圆、多边形、星形和光晕。如第 1 课所述，要将工具组与工具面板分离，将鼠标指针指向工具面板中的工具，然后按住鼠标左键，直到工具组出现后，单击工具组右侧的三角形，单击后再松开鼠标左键。

2 使用形状工具绘制了矩形、圆角矩形、椭圆或多边形后，可以继续修改其属性，比如宽度、高度、圆角、边角类型和半径（各个或总体）。这就是所谓的实时形状。稍后，在"变换"面板、控制面板中可以编辑圆角半径等形状属性。

3 要选择没有填色的项目，可以单击其描边或拖动一个选框。

4 在 Illustrator 中另一种绘制和编辑形状的方式是使用 Shaper 工具。Shaper 工具识别自然手势并根据这些手势生成实时形状。无须切换工具，就可以变换所创建的各个形状，甚至执行冲压和组合等操作。

5 可以通过描摹的方式将光栅图像转换为可编辑的矢量形状。要将描摹结果转换为路径，可单击控制面板中的"扩展"按钮或者选择"对象">"图像描摹">"扩展"。如果要将描摹结果的组成部分作为独立的对象进行处理，则可以使用这种方法，得到的路径也将会被编组。

第4课 编辑和合并形状与路径

本课概述

在本课中，您将学习如何执行下列操作：

- 使用剪刀工具剪切；
- 连接路径；
- 使用刻刀工具；
- 使用橡皮擦工具；
- 使用形状生成器工具；
- 使用路径查找器命令创建形状；
- 创建复合路径；
- 使用宽度工具编辑描边；
- 轮廓化描边。

 学习本课内容大约需要 45 分钟，请将素材 Lesson04 复制到您的硬盘中。

开始创建简单的路径和形状后不久，您很可能希望进一步使用它们来创建更复杂的图稿。在本课中，您将探索如何编辑和合并形状与路径。

4.1 开始本课

第 3 课介绍了创建和编辑基本形状。在本课中，您将学习基本形状和路径，并学习如何编辑并合并它们，以创建新的图稿。

Ai 注意：*本项目的图稿是由 Dan Stiles 创建的。*

1 确保工具和面板的功能如本课所述，请删除或禁用（重命名）Adobe Illustrator CC 首选项文件。
2 启动 Adobe Illustrator CC。
3 选择"文件">"打开"，从硬盘上找到 Lessons>Lesson04 文件夹中的文件 L4_end.ai，此文件包含完成的图稿。
4 选择"视图">"全部适合窗口大小"，留下文件打开以供参考，或者选择"文件">"关闭"（我关闭了它）。
5 选择"文件">"打开"。在"打开"对话框中，浏览到 Lessons>Lesson04 文件夹，并选择硬盘上的 L4_start.ai 文件。单击"打开"，打开此文件。

Ai 提示：*默认情况下，.ai 扩展名在 Mac 操作系统上显示，但在"存储为"对话框中可以在任意一个平台上添加此扩展名。*

6 选择"文件">"存储为"，在"存储为"对话框中，将名称更改为 BirdInTheHand.ai，并选择 Lesson04 文件夹。将"格式"选项设置为 Adobe Illustrator（ai）（macOS）或"保存类型"选项设置为 Adobe Illustrator（*.AI）（Windows），并单击"保存"。
7 在"Illustrator 选项"对话框中，保留默认设置，并单击"确定"。

4.2 编辑路径和形状

在 Illustrator 中，可通过各种方式编辑和合并路径与形状，实现想要的图稿。有时，为了得到想要的图稿，会从简单的路径和形状开始，然后利用不同的方法实现更复杂的路径。这包括使用剪刀工具（✂）、刻刀工具（🖊）、宽度工具（🖌）、形状生成器工具（◔）、路径查找器效果和橡皮擦工具（◆）；轮廓化描边；连接路径以及更多。

Ai 注意：*第 5 课将介绍转换图稿的其他方法。*

4.2.1　使用剪刀工具剪切

有多种工具可以剪切和分割形状。您将从剪刀工具（✂）开始，它在锚点或线段上分割路径，并使路径成为开放路径。下面将使用剪刀工具来剪切路径以重新调整形状。

1　选择"视图">"全部适合窗口大小"。

2　选择"视图">"智能参考线"，并确保它们是开启的。

3　在文档窗口左下角从画板导航菜单中选择"2 Bird 1"。选择"视图">"画板适合窗口大小"。

4　在工具面板中选择缩放工具（🔍），在画板上右上角的红色形状处单击两次进行放大。

5　在工具面板中选中选择工具（▶），单击红色形状选择它。

> **Ai**　**注意**：如果使用剪刀工具单击闭合形状（比如圆）的描边，它会简单地剪切路径，使其开放（有两个端点的路径）。

6　选择此形状，在工具面板中，单击橡皮擦工具（◆）并按住鼠标左键，选择剪刀工具（✂）。将鼠标指针放在左侧路径的蓝色锚点上（参见右图），当您看到"锚点"一词时，在此点切断路径单击。

如果不是在锚点或路径上单击，将会看到一个警告对话框。只需单击"确定"并再试一次。使用剪刀工具进行剪切时必须位于线段或曲线而不是开放路径的端点上。使用剪刀工具单击时，会创建一个新锚点并选中它。

7　选择"视图">"智能参考线"，以便关闭智能参考线。

8　选择直接选择工具（▶），将刚刚单击的锚点向左拖动。

9　拖动另一个锚点，从最初剪切路径的位置向左上方拖动（参见右图）。

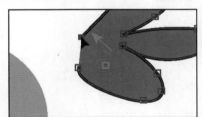

注意，描边（黑色边界）并没有完全包围红色形状。那是因为使用剪刀工具剪切将它变为开放路径。圆和矩形都是闭合路径示例，而线条和 S 形状是开放路径示例（终点是没有连接）。如果只是想使用颜色填充形状，它不必是一条闭合路径。就像我以前说过的那样，开放路径可以有颜色填充。然而，如果想要描边包围整个填充区域，则路径必须是闭合的。

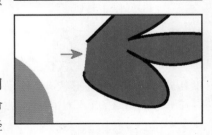

4.2.2　连接路径

假设绘制一个 U 形，然后决定要闭合形状，实际上会使用一条直线路径连接 U 的两端。如果选择路径，可以使用连接命令在端点之间创建一个线段，闭合路径。当选中多个开放路径时，可以连接它们以便创建闭合路径。也可以连接两个独立路径的端点。下面将连接红色路径的两端以创建一个闭合形状。

1　在工具面板中选中选择工具（▶），在红色路径外单击取消选择它，然后在红色填充内单击重新选择它。

这一步很重要，因为上一节只选择了一个锚点。如果在只选中一个锚点时选择连接命令，则会出现一条错误信息。如果选择整个路径，则应用连接命令时，Illustrator 会简单地寻找路径的两端并使用一条直线连接它们。

> **Ai**　提示：如果想连接不同路径的特定锚点，选择锚点，然后选择"对象">"连接">"路径"或者按 Command + J（macOS）或 Ctrl + J（Windows）组合键。

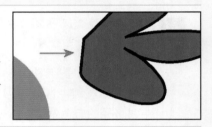

2　选择"对象">"路径">"连接"。

3　选择"选择">"取消选择"，以便查看闭合路径。

为两个或更多开放路径应用"连接"命令时，Illustrator 首先会寻找端点距离最近的路径并连接它们。每次应用"连接"命令时，都会重复此过程，直到所有路径连接起来。

> **Ai**　提示：第 6 课将介绍连接工具（ ），它允许连接一个边角的两条路径，并保持原来的曲线完整。

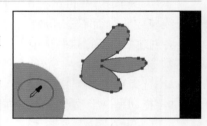

4　单击红色路径，以便再次选择它。

5　在工具面板中选择吸管工具（ ），单击画板中心的蓝色圆。

> **Ai**　提示：第 7 课将介绍有关吸管工具的更多信息。

吸管工具会从单击的位置对描边和填色等外观属性进行取样，并将它们应用于所选图稿。

6　选择"选择工具"，并将之前的红色形状拖动到如图所示的位置。

7　选择"选择">"取消选择"。

4.2.3　使用刻刀工具剪切

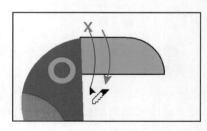

另一种剪切形状的方法是使用刻刀工具（ ）。要使用刻刀工具进行剪切，横跨形状进行拖动，结果会生成两个闭合路径。

1　在文档窗口左下角从画板导航菜单中选择"3 Bird 2"。

2　单击剪刀工具（✂）并按住鼠标左键，选择刻刀工具（ ）。

3　将刻刀鼠标指针（ ）放在画板顶部的绿色形状上方，

从此形状上方开始（参见图中的红色 ×），横跨形状向下拖动，将形状切割成两个形状。

使用刻刀工具横跨形状拖动时，会形成非常自由的切割，切割处不是直线。

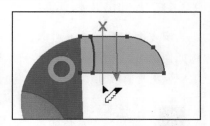

4　将鼠标指针置于绿色形状上方，刚才切割位置的右侧。按住 Option +Shift（macOS）或 Alt + Shift（Windows）组合键，并横跨形状向下拖动，将其切割为两个形状，这次是直线切割。释放鼠标左键，然后释放组合键。

按住 Option（macOS）或 Alt（Windows）键可以直线切割。按住 Shift 键还可以将切割限制为 45°。

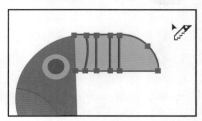

5　按住上一步中的组合键时，试着在刚才做的切割右侧，再进行两次切割。

不要担心生成的形状的宽度完全相同。参见右图可以了解大概切割位置。

6　选择"选择" > "取消选择"。

7　选中选择工具（▶），然后单击左侧的第一个绿色形状选择它。在控制面板中从填色中选择"CMYK Cyan"。

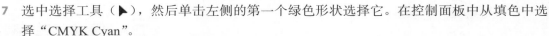

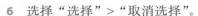

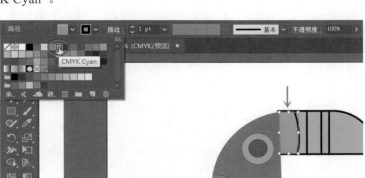

将鼠标指针悬停在显示面板的颜色上时，可以看到颜色名称和黄色的工具提示。

8　单击最右侧的绿色形状选择它。在控制面板从填色中选择红色。这里选择了"C=15 M=100 Y=90 K=10"，参见右图中的形状。

9　剩下 3 个绿色形状，单击中间的绿色形状选择它。在控制面板中单击填色，选择名为"C=0 M= 80 Y=95 K=0"的橙色。

10　横跨所有切割的形状拖动以选择它们。在控制面板中将描边粗细更改为 0。

11 选择"选择">"现用画板上的全部对象"，然后选择"对象">"编组"。

12 选择"选择">"取消选择"，然后选择"文件">"存储"。

4.2.4 使用橡皮擦工具

橡皮擦工具（◆）可以擦除矢量图稿的任意区域，无论结构如何。可以对路径、复合路径、实时上色组内的路径和剪切内容使用橡皮擦工具。下面将使用橡皮擦工具修改几个形状。

 注意： 不能擦除光栅图像、文本、符号、图形和渐变网格对象。

1 在文档窗口左下角从画板导航菜单中选择"2 Bird 1"。

2 使用选择工具（▶），选择画板左上角较小的白色圆。

通过选择此白色形状，将只会擦除此形状。如果保持取消选中所有对象，则可以擦除所有图层上橡皮擦工具接触的任意对象。

3 在工具面板中单击刻刀工具（✏）并按住鼠标按键，选择橡皮擦工具（◆）。

4 双击橡皮擦工具（◆）以编辑工具属性。在"橡皮擦工具选项"对话框中，将"大小"更改为 20pt，单击"确定"。

5 将鼠标指针放在白色圆的左上角以外（图中的红色 × 处）。单击并以 U 形拖动以擦除顶部的半圆。

释放鼠标左键时，圆的上半部分被擦除，并且此圆仍是一个闭合路径。

6 在控制面板中，将描边粗细更改为 0，并从填充颜色中选择蓝色。这里选择了名为"C=85 M=50 Y=0 K=0"的蓝色。

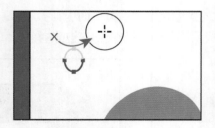 

也可以用直线擦除，这就是接下来要做的事情。

7 选中选择工具（▶），在画板上单击右下角的白色圆。

8 在工具面板中选择橡皮擦工具（◆）。按住 Shift 键，从白色圆的左侧外开始，横跨上半部
分圆进行拖动。释放鼠标按键，然后释放 Shift 键。

现在白色圆是两个独立的形状，但都是闭合路径。

9 横跨顶部的剩余形状进行拖动，将其完全擦除。可能需要拖动几遍才能完全擦除它。

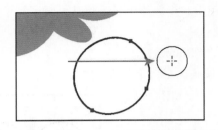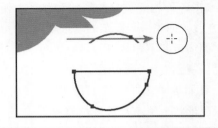

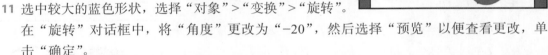
Ai 提示：如果需要擦除形状的很大一部分，可以始终使用"橡皮擦工具选项"对话框或
按任意一个方括号键（[或]）来调整橡皮擦大小。

看起来可能像是擦除了部分蓝色形状，但因为它没有被选
中，所以它不会被擦除。

10 仍选中剩余的部分圆，在工具面板中选择吸管工具（✐），
并单击（画板左上角）之前擦除了部分的小蓝色圆。

这会从小形状将填色和描边等外观属性复制到较大的形状。

11 选中较大的蓝色形状，选择"对象">"变换">"旋转"。
在"旋转"对话框中，将"角度"更改为"−20"，然后选择"预览"以便查看更改，单
击"确定"。

12 在工具面板中选中选择工具。从每个形状的中心拖到将其拖动到画板中心的大蓝色圆上，
以创建一个鸟（参见下图以供参考）。

13 选择"选择">"现用画板上的全部对象"，然后选择"对象">"编组"。

14 选择"文件">"存储"。

4.3 合并形状

很多时候，与使用钢笔工具等绘制工具创建更复杂的形状相比，从较简单的形状创建更复杂
的形状更简单。在 Illustrator 中，可通过各种方式合并矢量对象以创建形状。而得到的路径和形状

因合并路径的方法而异。本节将介绍几种合并形状的常用方法。

4.3.1 使用形状生成器工具

第一种方法合并形状的方法是使用形状生成器工具（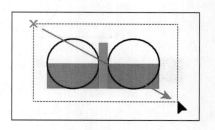）。此工具可以直接在图稿中合并、删除、填充和编辑各种相互重叠的形状和路径。使用形状生成器工具，将从一系列简单的形状（比如圆形和正方形）创建一个复杂的鸟形状。

1. 在文档窗口左下角从画板导航菜单中选择"4 Butterfly"。
2. 选择"视图"＞"画板适合窗口大小"，以便确保它符合文档窗口大小。
3. 在工具面板中选择缩放工具（🔍），在画板左侧的红色和绿色形状上单击几次进行放大。
4. 选中选择工具（▶），横跨红色/橙色矩形、白色圆和绿色矩形拖动一个选框，选择画板上的形状。

为了使用形状生成器工具（）编辑这些形状，需要选中这些形状。使用形状生成器工具，您现在将合并、删除和绘制这些简单的形状，创建蝴蝶翅膀的一部分。

> **Ai** **提示**：也可以在横跨一系列形状拖动一个选框时按住 Shift 键以合并形状。按住 Shift + Option（macOS）或 Shift + Alt（Windows）组合键，拖动一个选框以选择形状，并选择形状生成器工具（），这样可以删除选框中的一系列形状。

5. 在工具面板中选择形状生成器工具（）。将鼠标指针放在形状的左上角外，从图中的红色 × 处向右下方的红色/橙色矩形拖动。释放鼠标左键合并形状。

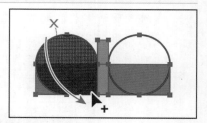

选择形状生成器工具时，重叠形状会暂时分离成单独的对象。从一个部分拖动到另一个部分时，会出现红色轮廓线，表示合并后形状的样子。新的合并形状应该与之前创建的鸟形状具有相同的蓝色。如果不是这样，不要担心。稍后可以更改颜色。

6. 将鼠标指针放在形状的右上角之外，从图中的红色 × 处向左下方的红色/橙色矩形拖动。释放鼠标左键以便合并形状。下面将会删除一些形状。

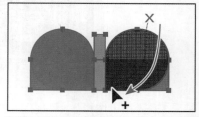

> **Ai** **注意**：您最终的合并形状可能具有不同的描边和/或填色，这没关系。稍后可以更改它们。

7. 仍选中形状，按住 Option（macOS）或 Alt（Windows）键。注意，按住修饰键，鼠标指针会显示一个减号（▶－）。单击红色形状，一次一个地删除它们。

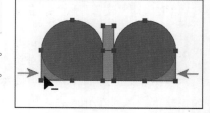

Ai **注意**：将鼠标指针悬停在形状上时，请确保在单击"删除"之前，可以在这些形状中看到网格。

8 在工具面板中双击形状生成器工具。在"形状生成器工具选项"对话框中，从"所选对象"选项中选择"直线"。单击"确定"关闭对话框。

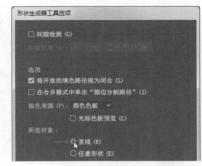

默认情况下，形状生成器工具可以自由方式横跨形状进行拖动。"直线"选项允许以直线在形状上进行绘制。

9 仍选中这些形状，按住 Option（macOS）或 Alt（Windows）键并横跨中央的绿色形状从上到下进行拖动的删除它。释放鼠标左键，然后是 Option 或 Alt 键。

Ai **注意**：按住 Option（macOS）或 Alt（Windows）修饰键可以启用形状生成器工具的擦除模式。

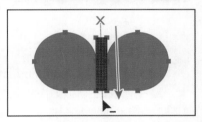

10 选中选择工具（▶）。仍选中蓝色形状，在控制面板中将填充颜色更改为名为"C=0 M=90 Y=85 K=0"的橙色/红色。

11 选择"对象">"编组"，将现在的橙色形状组合在一起。

12 选择"视图">"画板适合窗口大小"。

13 将组中的其中一个橙色形状向画板右侧拖动，拖动到黄色形状上方。参见下图以了解如何放置它们。

14 将橙色/黄色形状（图中箭头指向的位置）拖动到翅膀形状的中心。

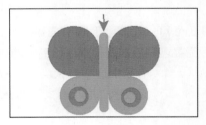

Ai **注意**：如果发现将形状拖动到位很困难，则始终可以使用"对齐"面板练习对齐。

15 选择"选择">"取消选择"，然后选择"文件">"存储"。

4.3.2 使用"路径查找器"面板

"路径查找器"面板是以不同方式合并形状的地方。当应用一种形状模式（比如联集）时，选中的原始对象会被永久地转换，但可以按住修饰键，这样原始的基本对象会被保留下来。

当应用"合并"等路径查找器效果时，选中的原始对象会被永久地转换，并且会自动将它们编组在一起。

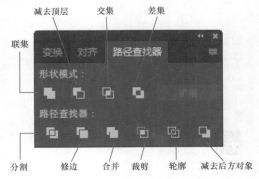

1 在文档窗口左下角从画板导航菜单中选择"5 Bird 3"。

2 选择"窗口">"路径查找器",打开"路径查找器"面板。

3 选中选择工具（▶），按住 Shift 键，单击红色椭圆形及其下方的蓝色矩形选中它们。

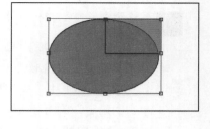

需要创建一个看起来像鸟翼的形状。将使用"路径查找器"面板和这些形状来创建最终图稿。

4 选中这些形状，在"路径查找器"面板中，单击"形状模式"部分中的"减去顶层"按钮（■），从底部形状永久减去顶部形状。

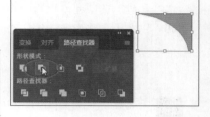

Ai 注意："路径查找器"面板中的"联集"按钮与形状生成器工具生成的结果类似，会将多个形状合并成一个形状。

5 选择"编辑">"还原相减"，撤销"减去顶层"命令，还原两个形状，保持选中它们。

"路径查找器"面板中的形状模式

"路径查找器"面板中的顶部按钮称为形状模式，与"路径查找器"效果一样创建路径，但它们还可以用来创建复合形状。当选中几个形状时，按住 Option（macOS）或 Alt（Windows）键并单击形状模式会创建一个复合形状，而不是路径。复合形状的原始底层对象会保留下来。因此，仍然可以在复合形状中选择每个原始对象。使用形状模式创建复合形状可能会很有用，如果您认为自己稍后需要检索原始形状的话。

1 仍选中这些形状，按住 Option（macOS）或 Alt（Windows）键，然后单击"路径查找器"面板中"形状模式"部分的"减去顶层"按钮（■）。

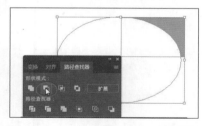

这将创建一个复合形状，描摹从底部蓝色形状减去顶部红色形状后留下的轮廓。仍然可以单独编辑这两个形状。

2 选择"选择">"取消选择"，查看最终形状。

3 使用选择工具，双击蓝色形状进入隔离模式。

也可以双击（现在）白色椭圆形，但现在很难看到此形状。

Ai 提示：要编辑类似此复合形状中的原始形状，还可以用直接选择工具（▶）单独选择它们。

4 选择"视图">"轮廓"，以便查看两个形状的轮廓，然后单击椭圆形状的边缘或横跨路径拖动选择它。

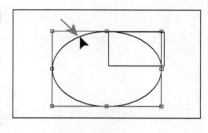

5 选择"视图">"GPU 预览"或"视图">"在 CPU 上预览"。

6 将白色椭圆形从中间向左稍微拖动一点。

7 按 Esc 键退出隔离模式。

现在将扩展翅膀形状。扩展复合形状会保持复合对象的形状，但无法再选择或编辑原始对象。想要修改外观属性和其内部特定元素的其他属性时，通常会扩展对象。

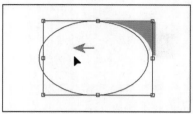

 注意：如果发现很难进行选择，还可以按箭头键来移动形状。

8 在形状外单击取消选择它，然后单击再次选择它。

9 在"路径查找器"面板中单击"扩展"按钮。关闭"路径查找器"面板组。

10 将蓝色翅膀形状拖动到鸟的上方，如图所示。

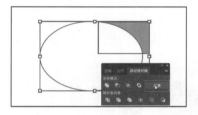
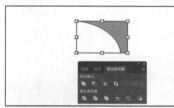
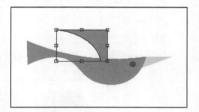

11 选择"选择">"现用画板上的全部对象"，然后选择"对象">"编组"。

4.3.3 创建复合路径

复合路径支持您使用矢量对象在另一个矢量对象上钻一个孔。每当我想到复合路径时，都会想到环形（它可以由两个圆组成）。路径重叠的位置会出现孔。复合路径被视为一个组，复合路径中的各个对象仍然是可编辑或释放的（如果您不希望它们是复合路径了）。下面将创建一个复合形状以便为蝴蝶添加图案。

1 在文档窗口左下角从画板导航菜单中选择"4 Butterfly"。

2 选择"视图">"画板适合窗口大小"，如果必要的话。

3 选中选择工具（▶），选择具有黑色描边的白色圆。把它拖动到其上方较大的橙色圆中，稍微偏离中心一点。

4 拖动鼠标选择这两个形状。

5 将这两个形状拖动到蝴蝶的大橙色翅膀上。选中的形状应该位于顶部。

如果不是这样，选择"对象">"排列">"置于顶层"。

6 选择"对象">"复合路径">"建立",并保持选中图稿。

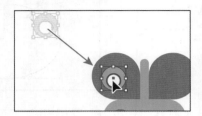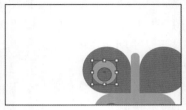

Ai **提示**：您仍然可以像这样编辑复合路径中的原始形状。要编辑它们，请用直接选择工具单独选择每个形状（▷）或双击复合路径与选择工具进入隔离模式并选择各个形状。

现在可以看到白色圆已经消失了，可以透过形状看到蝴蝶翅膀的红橙色。白色圆被用来在橙色形状上形成一个孔。仍选中形状，应该在文档窗口顶部的控制面板左侧看到"复合路径"一词。

7 按住 Option（macOS）或 Alt（Windows）键并将新的复合路径拖动到橙色翅膀形状的右侧。释放鼠标左键，然后释放 Option 或 Alt 键。

8 选择蝴蝶的所有形状，方法是选择"选择">"现用画板上的全部对象"。

9 选择"对象">"编组"。

10 选择"对象">"变换">"旋转"，在"旋转"对话框中，将"角度"更改为"−45°"，确保选择了"预览"，然后单击"确定"。

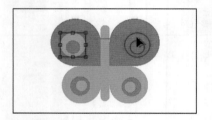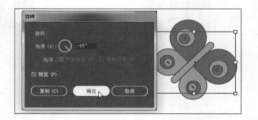

11 选择"文件">"存储"。

使用 Shaper 工具合并路径

第 3 课介绍了 Shaper 工具。Shaper 工具不仅可以用来创建路径和形状，还可以用不同的方式合并路径和形状。

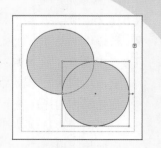

使用 Shaper 工具合并图稿时，结果是 Shaper 组。原始路径仍可以访问并被视为一个合并组，但外观属性会应用于整个 Shaper 组。

要了解有关使用 Shaper 工具合并路径的更多信息，请在 Illustrator 帮助（"帮助">"Illustrator 帮助"）中搜索"Shaper 工具"。

4.4　使用宽度工具

与第 3 课一样，使用宽度工具（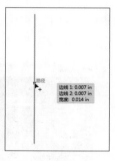）或通为描边应用宽度配置文件，不仅可以调整描边的粗细，还可以更改常规描边宽度。这样就可以沿着路径描边创建可变的宽度。下面将使用宽度工具创建一只鸟。

1　在文档窗口左下角从画板导航菜单中选择"6 Bird 4"。
2　选择"视图">"画板适合窗口大小"，如果必要的话。
3　选择"视图">"智能参考线"，启用智能参考线。
4　在工具面板中选择宽度工具（）。
　　将鼠标指针放在垂直蓝线的中间，注意鼠标指针旁边有一个加号（）。如果单击并拖动，则会编辑描边的宽度。在蓝线外单击并向右拖动。请注意，拖动时，是以相等的距离向左和向右伸展描边。当度量标签显示边线1 和边线 2 大约为 0.5in 时，释放鼠标左键。

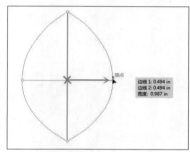

您刚才在路径上创建了一个可变的描边，而不是一个形状填充。原始路径上具有蓝色填充的新点被称为宽度点数。从宽度点数延伸的线条是手柄。

5　在画板的空白区域单击取消选择路径。

| Ai | **提示**：如果单击以选择宽度点数，则可以按 Delete 键删除它。如果描边上只有一个宽度点数，则移除该点将完全移除宽度。 |

6　将鼠标指针放在路径的任意位置，刚才创建的新宽度点数（下图第一部分中箭头指向的位置）将会出现。鼠标指针指向的宽度点数就是单击可创建的新点。将鼠标指针放在原来的宽度点数上，当您看到它延伸出一条线并且鼠标指针变为时，单击并将其向上拖动一点。

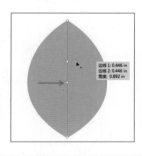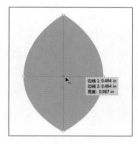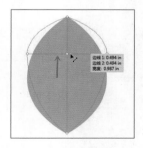

| Ai | **注意**：无须将鼠标指针放在此线条的中心并拖动，以便创建另一个宽度点数。可以从描边区域的任何地方拖动。 |

除了单击和拖动以为路径添加宽度点数之外，还可以在对话框中双击并输入值。这就是下一步要做的事情。

7 将鼠标指针放置在蓝色线的顶部锚点上，注意鼠标指针旁边有一条波浪线（ ）并且会出现"锚点"一词（参见下图的第一部分）。双击该点以便创建一个新的宽度点数，并打开"宽度点数编辑"对话框。

Ai **提示**：可以双击路径的任意位置，添加新的宽度点数。

8 在"宽度点数编辑"对话框中，单击"按比例调整宽度"按钮，这样"边线 1"和"边线 2"会一起改变。将"边线 1"的宽度设置为"0.18in"，然后单击"确定"。

"宽度点数编辑"对话框可以设置更高的精度一起或单独调整长度宽度点数手柄。此外，如果选择"调整邻近的宽度点数"选项，则所选择的宽度点数的任意更改，都会影响邻近宽度点数。如果愿意，也可以复制一个宽度点数，这是接下来要做的事情。

Ai **提示**：可以将一个宽度点数拖动到另一个宽度点数上方，创建一个不连续的宽度点数。如果双击一个不连续的宽度点数，"宽度点数编辑"对话框允许编辑这两个宽度点数。

9 将鼠标指针置于创建的原始锚点上。按住 Option（macOS）或 Alt（Windows）键，向下拖动以复制宽度点数。利用下图的第一部分了解拖动效果。释放鼠标左键，然后释放 Option 或 Alt 键。

10 将鼠标指针放在宽度点数手柄的右侧，然后向左拖动，直到看到边线 1 和边线 2 的宽度大约为 0.3in 为止。可能需要选择刚才创建的宽度点数，以便查看手柄。

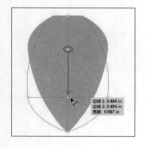 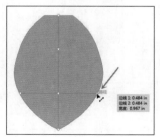 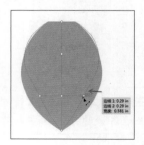

11 在图板的空白区域单击取消选择路径。

取消选择路径只是因为它有助于获得选择宽度点数的一些实践。在实际情况下不需要取消选择。

12 将宽度工具鼠标指针放在蓝色路径上。宽度点数将出现在路径上。将鼠标指针放在刚刚复制的点上，然后在宽度点数手柄出现时单击。

要选择宽度点数，可以单击宽度点数、宽度点数手柄和手柄结束点。

13 按住 Option（macOS）或 Alt（Windows）键并将左侧的宽度点数手柄（蓝色路径区域的左边缘）向右拖动，直到度量标签中边线 2 大约为 0.23in 为止。释放鼠标左键，然后是 Option 或 Alt 键。

> **Ai** 提示：定义描边宽度后，可以将可变宽度保存为"配置文件"，稍后可以从"描边"面板或控制面板中重用它。要了解有关可变宽度配置文件的更多信息，请在 Illustrator 帮助（"帮助">"Illustrator 帮助"）中搜索"具有填色和描边的绘制"。

轮廓化描边

默认情况下，诸如直线等路径只有描边颜色，而没有填色。在 Illustrator 中创建直线时，如果要应用描边和填色，可将描边轮廓化，这将把直线转换为闭合形状（或复合路径）。下面将轮廓化使用宽度工具编辑的蓝色线条的描边。

1 使用选择工具（▶），选择使用宽度工具编辑的蓝色路径，然后选择"对象">"路径">"轮廓化描边"。

这将创建一个填充的形状，该形状是一个闭合路径。

> **Ai** 注意：如果轮廓化描边，则会在控制面板左侧的选择指示器中显示"编组"，并且此直线有一个填色集。如果图稿是一个编组，则选择"编辑">"还原轮廓化描边"，为路径应用 [无] 填色，再试一次。

> **Ai** 提示：轮廓化描边后，拥有的形状可能由许多锚点组成。可以选择"对象">"路径">"简化"，尝试简化路径，这通常意味着更少的锚点。

2 保持选中形状，选择"对象">"变换">"旋转"。在"旋转"对话框中，将"角度"更改为"45°"，单击"确定"。

3 将形状拖动到如图所示的位置。

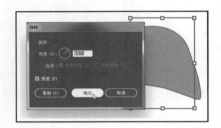 

4 选择"选择">"现用画板上的全部对象"，然后选择"对象">"编组"。

4.5 完成插图

要完成插图，会将在每个画板上编组的图稿拖动到主插图的左侧。

1 选择"视图">"全部适合窗口大小"。

2 选择"视图">"智能参考线"，关闭智能参考线。

3 将每个图稿组拖动到主插图中，如图所示。

可能需要调整每个组的大小，以便它们更好地适合现有图稿。使用选择工具，可以按住 Shift 键并拖动一个角点来按比例调整图稿。完成调整后，释放鼠标左键，然后释放 Shift 键。

4 选择"视图">"智能参考线"，启用智能参考线，供下一课使用。

5 选择"文件">"存储"，然后选择"文件">"关闭"。

复习题

1 描述将几个形状合并为一个形状的两种方式。
2 剪刀工具（✂）和刻刀工具（🔪）的区别是什么？
3 如何使用橡皮擦工具（◆）以直线进行擦除？
4 在"路径查找器"面板中，形状模式和"路径查找器"效果之间的主要区别是什么？
5 为什么要轮廓化描边？

复习题答案

1 使用形状生成器工具（🖱），可以直接在图稿中合并、删除、填充和编辑各种相互重叠的形状和路径。还可以使用"路径查找器"效果（可以在"效果"菜单或"路径查找器"面板中找到此效果）来根据重叠对象创建新的形状。如第 3 课所述，还可以使用 Shaper 工具合并形状。
2 剪刀工具（✂）用于在锚点或线段中分割路径、图形框架或空文本框。刻刀工具（🔪）会沿着使用工具绘制的路径剪切，分割对象。使用剪刀工具剪切形状时，它会变为开放路径。使用刻刀工具剪切形状时，它们会变为闭合路径。
3 要使用橡皮擦工具（◆）以直线进行擦除，在使用橡皮擦工具拖动之前，需要按住 Shift 键。
4 在"路径查找器"面板中，应用联集等形状模式时，选中的原始对象会永久地转换，但可以按住修饰键，这样原始底层对象会保留下来。应用"合并"等"路径查找器"效果时，选中的原始对象会永久地转换。
5 在默认情况下，诸如直线等路径只有描边颜色，而没有填色。在 Illustrator 中创建直线时，如果要应用描边和填色，则可将描边轮廓化，这将把直线转换为闭合形状（或复合路径）。

第5课　变换图稿

本课概述

在本课中，您将学习如何执行下列操作：

- 在现有文档中添加和编辑画板、对画板进行重命名和重排序；
- 在画板之间导航；
- 使用标尺和参考线；
- 精确地调整对象的位置；
- 使用智能参考线定位和对齐内容；
- 使用各种方法移动、缩放、旋转、镜像和倾斜对象；
- 使用自由变换工具来扭曲对象；
- 创建 PDF。

学习本课内容大约需要 60 分钟，请将素材 Lesson05 复制到您的硬盘中。

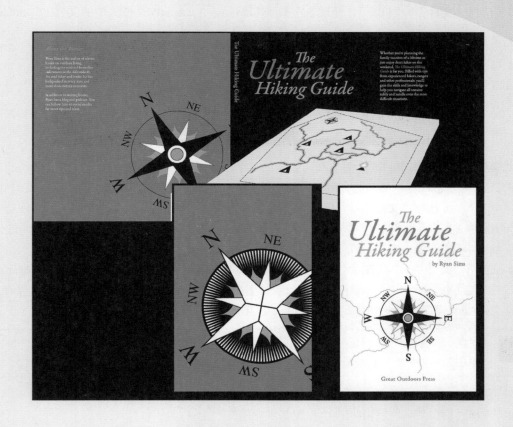

　　创建图稿时，可以使用众多方式修改对象，
包括快速精确地控制对象的大小、形状和朝向。
在本课中，将通过创建多个图稿来探索如何创建
和编辑画板、使用各种变换命令和专用工具。

5.1 开始本课

在本课中，将会变换图稿并使用它作为图书封面。首先，恢复 Adobe Illustrator 的默认首选项，然后打开本课完成后的图稿观察将要创建的内容。

1 确保工具和面板的功能如本课所述，请删除或禁用（重命名）Adobe Illustrator CC 首选项文件。

2 启动 Adobe Illustrator CC。

3 选择"文件">"打开"，从硬盘上找到 Lessons > Lesson05 文件夹中的文件 L5_end.ai。

此文件包含组成本书封面、封底和防尘套的 3 个画板。

4 选择"视图">"全部适合窗口大小"，并在工作时让图稿显示在屏幕上。若不想让该文件打开，可选择"文件">"关闭"（不会保存）。首先，将打开一个现有的艺术文件。

5 选择"文件">"打开"，在"打开"对话框中，打开 Lessons>Lesson05 文件夹，选择 L5_start.ai 文件。单击"打开"，打开此文件。

6 选择"文件">"存储为"，在"存储为"对话框中，将文件重命名为 BookCover.ai，选择文件夹 Lesson05，保留"格式"选项为 Adobe Illustrator（ai）（macOS）或"保存类型"为 Adobe Illustrator（*.AI）（Windows），单击"保存"。

> **Ai** 注意：如果在"工作区"菜单中没有看到"重置基本功能"，可在选择"窗口">"工作区">"重置基本功能"之前，选择"窗口">"工作区">"基本功能"。

7 在"Illustrator 选项"对话框中，接受默认设置，然后单击"确定"。

8 选择"窗口">"工作区">"重置基本功能"。

5.2 使用画板

画板表示包含可打印图稿的区域。它类似于 Adobe InDesign 的页面或 Adobe Photoshop 的画板。可使用多个画板来创建各种内容，比如多页 PDF 文件、大小和元素不同的打印页面、网站或应用的独立元素或视频故事板。

5.2.1 在文档中添加画板

在文档中工作时，可随时添加和删除画板。也可以使用画板工具（⌐）或"画板"面板（"窗口">"画板")来创建不同尺寸的画板,调整其大小或将画板放在文档窗口的任意位置。每个画板都有其对应的编号,还可以指定它的名称。下面将为 BookCover.ai 文档添加两个画板。

1. 选择"视图">"画板适合窗口大小",然后按 Command+–（macOS）或 Ctrl+–（Windows）组合键来进行缩小。

2. 按空格键暂时切换到抓手工具（✋）。将画板向左拖动,直到看到超出画板右侧边缘的画布。

3. 在工具面板中选择画板工具（🗄）。

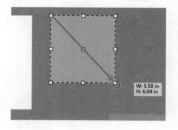

将画板工具鼠标指针指向现有画板右侧并与其上边缘水平对齐（将会出现洋红色对齐参考线）。向右下方拖动,当度量标签显示宽约为 5.5in 且高约为 6in 时,则释放鼠标按键。

> **Ai** | 提示:您可能会发现很难与每个步骤中的值完全相同。完成创建画板后,始终可以在控制面板中更改宽度或高度值。

4. 单击工作区右侧的"画板"面板图标（🗄）,打开"画板"面板。

"画板"面板允许查看目前文档包含多少个画板。还允许重新排列、重命名、添加和删除画板,并选择与画板相关的许多其他选项。注意,面板中突出显示了"画板 2"。在此面板中,现用（选中的）面板始终是突出显示的。下面将使用此面板创建"画板 2"的副本。

5. 单击面板底部的"新建画板"按钮（🗄）,制作画板 2 的副本,称为"画板 3",会将它放在画板 2 的右侧。

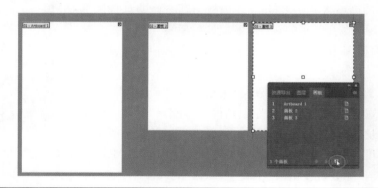

> **Ai** | 提示:还可以通过在控制面板中单击"新建画板"按钮（🗄）来创建新画板。这允许您创建最后选中的画板的副本。单击此按钮后,将指针放在画布区域并单击以创建新画板。

6. 选择"视图">"全部适合窗口大小",查看所有画板,并保持选中画板工具。

5.2.2 编辑画板

创建画板后,可随时使用画板工具（🗄）、菜单命令或"画板"面板来编辑或删除画板。下面将使用多种方法调整多个画板的位置和大小。

1　按 Command+–（macOS）或 Ctrl+–（Windows）组合键两次，进行缩小。

　注意：拖动包含内容的画板时，在默认情况下，图稿将随画板一起移动。如果只想移动画板，而不移动其中的内容，可选择画板工具（凸），在控制面板中，单击取消选择"移动 / 复制带画板的图稿"按钮（⬚）。

2　仍选中画板工具（凸），将画板 3（最右侧）拖动到原始画板（画板 1）的左侧。确保不要离画板 1 太近，我们不希望一个画板的内容与另一个画板重叠。

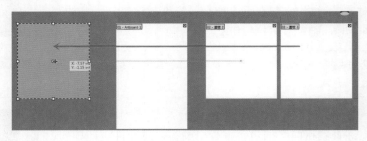

可以随时重新调整画板的位置，甚至是将它们重叠起来，如果有必要的话。

　提示：选中画板工具（凸），可以按住 Shift 键来按比例调整画板大小，或者是按住 Option（macOS）或 Alt（Windows）键并拖动，以便从中心调整画板大小。

3　仍选中画板工具，向下拖动画板下边缘中央的手柄，直到度量标签显示的高度大约为 8.5in。底边将与其右侧的画板底部对齐，并出现一条洋红色的对齐（智能）参考线。

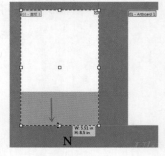

另一种调整画板大小的方法是在控制面板中输入值，这就是接下来要做的事情。

4　单击画板 2，在"画板"面板中会突出显示"画板 2"。在控制面板中，选择参考点定位器左上角的点（▦）。确保"约束宽度和高度比例"（⬚）是关闭的，这样就可以单独更改画板的宽度和高度。在控制面板中，将高度（H）更改为 8.5 并将宽度（W）更改为 17.5，并按 Enter 键或 Return 键接受这些值。

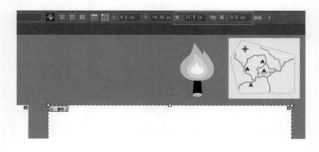

注意：如果在控制面板中没有看到"宽"（W）和"高"（H）字段，请在控制面板中单击"画板选项"按钮（▣），并在出现的对话框中输入值。

选择左上角的点（▦）支持从画板的左上角调整画板大小。默认情况下，是从画板中心调整画板大小的。

提示：要删除画板，使用画板工具（亡）选择画板，再按 Delete 键，单击控制面板中的"删除画板"按钮（▣）或单击画板右上角的删除图标（☒）。可以不断删除画板，直到最终只留下一个画板。

在控制面板中，选中画板工具，将看到编辑目前现用画板的许多选项。"预设"菜单可将选定画板调整为某种预设尺寸。注意："预设"菜单中包含了典型打印尺寸、视频尺寸、平板电脑尺寸和 Web 尺寸等各种尺寸。还可以让画板适合图稿边界或适合选中的图稿，这非常适合用于让画板适合徽标大小。控制面板中的其他选项包括能够切换方向，重命名或删除画板，甚至是显示其他有用的参考线，比如中心点标记或视频安全区域。

5　选中选择工具（▶），选择"视图">"全部适合窗口大小"。

注意画板 2 周围的黑色边框，（文档窗口左下角）的画板导航菜单中显示"2"并且"画板"面板中突出显示了"画板 2"，所有这一切都表明"画板 2"目前处于活动状态。每次只能有一个画板处于活动状态。而诸如"视图">"画板适合窗口大小"之类的命令针对的就是处于活动状态的画板。

5.2.3　重命名画板

默认情况下，画板被指定编号和名称。在文档的画板之间导航时，给画板命名将会更有帮助。下面将给画板重命名使其更有意义。

1　在"画板"面板中，双击名称"Artboard 1"。将名称更改为 Book Front Cover，并按 Enter 键或 Return 键。

提示：还可以在工具面板中双击画板工具（亡）来更改画板的名称，这样做会在"画板选项"对话框中更改现用画板的名称。要让画板处于活动状态，即成为现用画板，可使用选择工具（▶）单击它。

下面将会重命名其他所有的画板。

2　在"画板"面板中双击"画板 2"右侧的"画板选项"图标（▣），打开"画板选项"对话框。

提示：在"画板"面板中，"画板选项"图标（▣）出现在每个画板名称的右侧。它不仅允许访问每个画板的画板选项，还表示画板的朝向（横向或纵向）。

注意：如果面板中的画板名称已突出显示，则只需要单击此图标。

3 在"画板选项"对话框中，将"名称"更改为 Dust Cover，单击"确定"。

"画板选项"对话框拥有很多额外的画板选项以及一些已经见过的选项，比如宽度（W）和高度（H）。

4 在面板中双击"画板 3"，将名称更改为 Book Back Cover，按 Enter 键或 Return 键，以便接受名称。

5 选择"文件">"存储"，并保留"画板"面板，以便下节使用。

5.2.4 调整画板的排列顺序

在文档中导航时，画板的排列顺序很重要，尤其是在使用"上一项"（◀）和"下一项"（▶）按钮时即可体现出来。在默认情况下，画板的排列顺序与其创建顺序相同，但是也可更改它们的顺序。下面将在"画板"面板中调整画板的顺序。

1 打开"画板"面板，双击名称"Book Front Cover"左侧的数字"1"。

这会使名为 Book Front Cover 的画板处于活动状态并使其适合文档窗口大小。

2 单击画板名称"Book Back Cover"并将其向上拖动，直到 Book Front Cover 画板上方出现一条线为止。释放鼠标按键。

这样做会将 Book Back Cover 画板移至顶部，使其成为列表中的第一个画板。

 提示：要调整画板的排列顺序，也可以选中"画板"面板中的一个画板，然后单击该面板底部的"上移"按钮（⬆）或"下移"按钮（⬇）。

3 如果需要的话，在"画板"面板中双击名称"Book Back Cover"的左侧或右侧，使此画板适合文档窗口大小。

4 在文档窗口左下角单击"下一项"画板按钮（▶），导航到下一个画板"Book Front Cover"。这将使 Book Front Cover 画板适合文档窗口。

如果还未在"画板"面板中更改画板的顺序，则单击"下一项"画板按钮会显示 Dust Cover 画板。

5 选择"文件">"存储"。

现在设置好了画板，下面将会重点介绍如何变换图稿来创建项目中的内容。

编辑文档设置选项

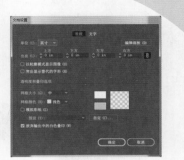

在"文档设置"对话框中可以更改画板的默认设置选项，比如单位、出血参考线、文字设置（如语言）以及其他更多信息。有两种方式可以访问"文档设置"对话框：

- 选择"文件">"文档设置"。
- 如果在文档窗口中未选中任何内容，则在控制面板中单击"文档设置"按钮。

5.3 使用标尺和参考线

要开始本课的变换，您将要了解使用标尺和参考线对齐和测量内容。标尺有助于精确地放置和测量对象。标尺位于文档窗口的左边缘和上边缘，可选择显示或隐藏它。在 Illustrator 中标尺有两种类型：画板标尺和全局标尺。默认为画板标尺，此标尺的原点与现用画板的左上角对齐。全局标尺则是不论哪个画板处于活动状态，总将标尺的原点与文档的第一个画板的左上角对齐。参考线则是非打印直线，有助于对齐对象。

 注意：要在画板标尺和全局标尺之间转换，可以选择"视图">"标尺">"更改为全局标尺"或"更改为画板标尺"（取决于目前选中了哪个选项），但现在暂时请不要转换标尺类型。

5.3.1 创建参考线

下面将会创建一些参考线，以便稍后可以更精确得对齐图书护封的内容。

1 选择"视图">"标尺">"显示标尺"，如果在文档窗口的左边缘和上边缘没有看到标尺的话。

2 选择"视图">"全部适合窗口大小"。

3 选中选择工具（▶），一一单击每个画板，同时，观察垂直和水平标尺（文档窗口的上边缘和左边缘）的变化。

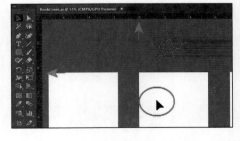

注意到每个标尺的 0 刻度处总是位于现用（被选中的）画板的左上角。每个（垂直和水平）标尺的 0 刻度处被称为标尺原点。在默认情况下，标尺原点位于现用画板的左上角，两个标尺上的 0 点对应于现用画板的边缘。

4 使用选择工具，在最右侧的画板 Dust Cover 中单击，选择"视图">"画板适合窗口大小"。

这样做会将第一个画板设置为现用画板，并将标尺原点（0,0）设置为同一画板的左上角。

5 打开"图层"面板，方法是选择"窗口">"图层"，选择名为 Guides 的图层如果未选中它的话。

参考线与绘制对象的相似之处在于，可以选择并重新调整它们的位置，或按 Backspace/Delete 键删除它们。它们还在"图层"面板中的活跃图层上列了出来，因此，选中了名为 Guides 的图层。

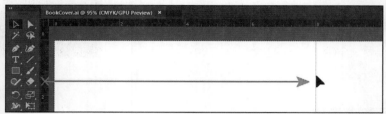

6 按住 Shift 键，并将左侧的垂直标尺向右拖动，在水平标尺（画板上方的标尺）的 8in 处创建一条垂直参考线。当参考线到达标尺的 8in 处时，则释放鼠标按键，然后释放 Shift 键。

拖动时按住 Shift 键会将参考线与标尺上的度量单位对齐。当选中参考线时，则它的颜色会与其相关的图层颜色（在本例中是红色）匹配。

 注意：如果控制面板中没有 X 值，可单击"变换"字样或者打开"变换"面板（"窗口">"变换"）。

7 选中参考线（在本例中，如果选中，它将是红色的），在控制面板中将 X 值更改为 8.75in，并按 Enter 或 Return 键。

 提示：要更改文档的单位（英寸、点等），可以右键单击标尺并选择新单位。

5.3.2 编辑标尺原点

在每个标尺（垂直和水平）上显示 0 的位置称为标尺原点。在默认情况下，标尺原点位于现用画板的左上角。在水平标尺上，0 的右侧为正值，0 的左侧为负值。在垂直标尺上，0 往下为正值，0 往上为负值。可以将标尺原点移动到另一个位置进行水平和 / 或垂直测量，这就是接下来要做的事情。

1 将鼠标指针放在文档窗口的左上角，也就是两条标尺相交的位置（▦）；将鼠标指针拖动到刚才设置的参考线与画板顶部相交的位置。

这会将标尺原点（0,0）设置到画板的顶部中央位置。

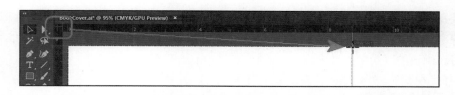

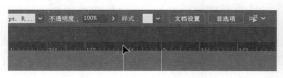 

Ai 提示：如果按住 Command（macOS）或 Ctrl（Windows）键并从标尺相交的位置拖动，则会在释放这些按键的位置创建相交的水平和垂直标尺。

2 选择缩放工具（🔍），在画板的顶部中央位置缓慢单击几次，直到在标尺上看到 1/4in 为止。

3 选中选择工具（▶），按住 Shift 键并双击画板顶部水平标尺 0 左侧的 1/4in 标记处。参见下图的第一个图。这样做会在距离标尺原点（标尺原点左侧是负 X 值）0.25in 的位置创建一条垂直参考线。

4 按住 Shift 键并双击画板顶部水平标尺 0 右侧的 1/4in 标记处。

5 将鼠标指针放在创建的第一条参考线上。当鼠标指针旁边出现"参考线"一词时，单击选择此参考线。按 Backspace 或 Delete 键删除它。

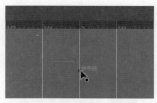

6 将鼠标指针放在文档窗口的左上角，也就是两条标尺相交的位置（▦），双击将标尺原点重置回画板的左上角。

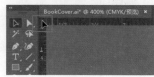

Ai 提示：可以按 Command+;（macOS）或 Ctrl+;（Windows）组合键隐藏和显示参考线。

7 选择"视图">"参考线">"锁定参考线"以防止选中它们。

Ai 注意：此时参考线没有被选中，默认情况下，其颜色为浅绿色。

5.4 变换内容

第 4 课介绍了如何制作简单的路径和形状，并通过编辑和合并它们来创建更复杂的图稿。本课将介绍如何使用各种方法以其他方式（缩放和旋转等）来变换内容。

5.4.1 使用"变换"面板放置图稿

无论是相对于其他对象，还是相对于画板，有时需要更加精确地放置某个对象。如第 2 课所述，可以使用对齐选项，但也可以使用智能参考线和变换面板，将对象精确地移到画板的 X 轴和 Y 轴上的特定坐标处，还可控制对象相对于画板边缘的位置。

下面将在画板的背景中添加内容，然后指定其的精确坐标。

1 选择"视图">"全部适合窗口大小"。

2 按 Command+–（macOS）或 Ctrl+–（Windows）组合键（或"视图">"缩小"），缩小视图。您应该能从画板底部边缘看到图稿。

3 单击中央的原始画板（画板名为 Book Front Cover），以便确保它是现用画板（检查标尺的原点并确保 0,0 处位于画板的左上角）。

4 选中选择工具（▶），在 Book Front Cover 画板正下方单击选择包含文本"The Ultimate Hiking Guide..."的文本对象。

5 在控制面板中单击参考点定位器（▦）左上角的点。然后，将 X 值更改为 0.45in 并将 Y 值更改为 1in。

现在此内容将会相对于画板的左上角精确地放置在画板中。

Ai | **注意：** 再次说明，根据您的屏幕分辨率，"变换"选项可能不会出现在控制面板中。如果没有出现"变换"选项，可单击"变换"一词以查看"变换"面板或者可以选择"窗口">"变换"。

---

6 在工作区右侧的"画板"面板中，选择名为 Book Back Cover 的画板，使其成为现用画板。

7 选择画板下方左侧的绿色矩形（不是与其他内容组合在一起的绿色矩形）。可能需要缩小或向下滚动才能看到它。

Ai | **提示：** 在本例中，还可以将选中的图稿与画板对齐，首先设置参考点定位器（▦）。

---

8 在控制面板中仍选中参考点定位器（▦）左上角的点，将 X 值更改为 0，并将 Y 值更改为 0。

Ai | **提示：** 还可以使用可用的对齐选项将形状与画板对齐。您会发现在 Illustrator 中至少有几种方式来完成大多数任务。

Ai | **注意：** 再次说明，根据您的屏幕分辨率，"变换"选项可能不会出现在控制面板中。如果没有出现"变换"选项，可单击"变换"一词以查看"变换"面板或者可以选择"窗口">"变换"。

形状的左上角将位于画板的左上角，覆盖整个画板。

5.4.2 使用智能参考线放置图稿

开启智能参考线（"视图">"智能参考线"）后，移动对象时鼠标指针旁将出现度量标签并显示移动距离（分为 X 轴和 Y 轴）。下面将使用该功能来精确控制对象相对于画板边缘的位置。

1 选中选择工具（▶），在 Dust Cover（最大的）画板中单击，使其成为现用画板。选择"视图"＞"画板适合窗口大小"。

2 选择"视图"＞"缩小"，直到看到画板下方一组包含绿色矩形、黑色矩形和以"The Ultimate Hiking Guide..."开头的文本的图稿为止。

3 单击选择此组，选择"视图"＞"隐藏定界框"。

此命令会隐藏此组的定界框，从而无法使用选择工具拖动边界点来调整此组的大小。

Ai 注意：仍选中此组，您可能象牙在"变换"面板或控制面板中检查 X 值和 Y 值以确保它们都设置为 0。

---

4 使用选择工具，将鼠标指针放在选定组的左上角。将此组拖动到 Dust Cover 画板的左上角，融入左上角。

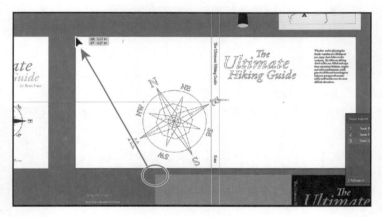

5 选择"视图"＞"显示定界框"。

6 单击选择画板下方以文本"About the Author..."开头的文本框。

7 在控制面板中仍选中参考点定位器（▦）左上角的点，将 X 值更改为 0 并将 Y 值更改为 0。

8 按 Command++（macOS）或 Ctrl++（Windows）组合键（或"视图"＞"放大"），以便放大选中的文本对象。

9 选择"视图"＞"隐藏边缘"，以便能看到图稿的定界框。

选择"隐藏边缘"会隐藏图稿的内部边缘，而不是定界框。

这样移动和放置图稿将变得更简单。

Ai 提示：在本例中，还可以选择"视图"＞"轮廓"，以便进入轮廓模式。这样做可以轻松查看绿色背景上的选中图稿。

---

10 选中选择工具（▶），将文本对象缓慢地向画板中心拖动。当度量标签显示 dX：约为 0.5in

且 dY：约为 0.6in 时，释放鼠标按键。保持选中图稿。

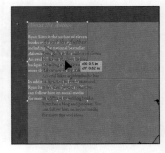

dX 表示锚点沿 X 轴（水平方向）移动的距离，dY 则表示锚点沿 Y 轴（垂直方向）移动的距离。如果不能获得相同的值，没关系，到目前为止，它很难缩小。此外，由于画布上还有其他内容，智能参考线尝试对齐它。始终可以在控制面板或"变换"面板中更改 X 值和 Y 值。

11 选择"视图">"全部适合窗口大小"，然后选择"文件">"存储"。

5.4.3 缩放对象

到目前为止，都在使用选择工具来缩放大多数的图稿内容。在本课中，将会使用一些其他的方法来缩放图稿。

1 按 Command+−（macOS）或 Ctrl+−（Windows）组合键（或"视图">"缩小"）几次以缩小视图，直到看到画板底部边缘外的条形码为止。有时需要向下滚动才能看到它。

2 选中选择工具（▶），单击以选择条形码，并在工具面板中双击缩放工具（⊡）。

Ai | 提示：还可以选择"对象">"变换">"缩放"来访问"缩放"对话框。

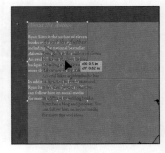

3 在"比例缩放"对话框中，将"等比"更改为 40%，并选择"比例缩放描边和效果"。切换"预览"以查看大小的变化，单击"确定"。

这种缩放图稿的方法很有用，例如，如果有很多重叠图稿，而且精度非常重要时，则需要不等比的缩放内容等。

4 选中选择工具（▶），将条形码拖动到名为 Dust Cover 的画板上，参见下图。

5 按 Command++（macOS）或 Ctrl++（Windows）组合键（或"视图">"放大"），放大所选的条形码。

6 拖动条形码使其顶部与画板底部对齐，并且右侧边缘靠近最左侧的参考线。

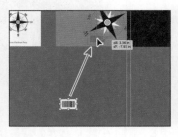 

7 选择"视图">"全部适合窗口大小"。

8 选中选择工具，单击原始画板（Book Front Cover）上方的"地图"图稿。

注意，控制面板中的"描边"粗细显示为 1pt。

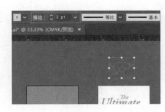

9 按 Command++（macOS）或 Ctrl++（Windows）组合键（或"视图">"缩小"），缩小所选的地图图稿。

10 打开"变换"面板（"窗口">"变换"），在控制面板中单击 X、Y、宽或高（或"变换"字样，如果它出现在控制面板中）。选择"缩放描边和效果"，参见下图。

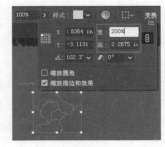

在默认情况下，描边和效果（比如投影）不会随对象一起缩放。例如，如果放大一个具有 1pt 描边的圆，则描边仍然是 1pt。通过在缩放之前选择"缩放描边和效果"，然后缩放对象，则相对于应用于对象的缩放数量，1pt 的描边将缩放（更改）。

11 在"变换"面板中，在控制面板中单击参考点定位器（▦）的中间参考点。确保"约束宽度和高度比例"设置为 🔗，并在"宽："字段中键入 200%，然后按 Enter 键或 Return 键来增加图稿的大小。

Ai 注意：此图显示了按 Enter 键或 Return 键之前的"宽："值。

Ai 注意：以上"变换"面板的选项可能没有出现在控制面板中，这取决于所使用屏幕的分辨率。此时，可以单击控制面板中的"变换"字样，或者选择菜单"窗口">"变换"，以打开变换面板。

选中"缩放描边和效果"并缩放后，此图稿的描边粗细现在是 2pt。

Ai 提示：键入值来变换内容时，可以键入不同的单位，比如百分比（%）或像素（px），并且它们会转换为默认的单位，在本例中是 in。

12 选中选择工具，将此图稿拖动到 Book Front Cover 画板的底部。

5.4.4 创建对象的镜像

Illustrator 基于一条不可见的水平或垂直轴创建对象的镜像。同旋转和缩放一样，执行镜像操作时，可指定镜像参考点，也可默认使用对象中心点。下面将使用镜像工具（▷◁）沿垂直轴翻转并复制指南针图稿。

1 选中选择工具（▶），单击选择 Book Front Cover 画板下方指南针图稿中的小白色形状（参见下图）。

2 按 Command++（macOS）或 Ctrl++（Windows）组合键（或"视图">"放大"），放大所选图稿。

3　选择"编辑">"复制"，然后选择"编辑">"就地粘贴"，在所选形状的顶部创建一个副本。

4　选择镜像工具（▷◁），它嵌套在工具面板的旋转工具（↻）中。单击所选形状的顶部边缘（可能会出现"锚点"或"路径"一词）。这会设置形状的镜像参考轴，而不是默认的中心轴。

> **Ai** 提示：要原地翻转对象时，可以在"变换"面板菜单（▤）中选择"水平翻转"或"垂直翻转"。

5　仍选中此图稿，将鼠标指针指向其右侧边缘并顺时针拖动。拖动时按住 Shift 键以在创建镜像时将旋转的角度限制为 45°。当度量标签显示为 180°（可能无法看到角度），则释放鼠标按键，然后释放修正键。保持图稿处于选中状态。

> **Ai** 提示：可以使用一个步骤设置参考点、镜像和复制。选中镜像工具（▷◁），按住 Option（macOS）或 Alt（Windows）键并单击以设置参考点，打开"镜像"对话框，在这里可以设置选项（在本例中是"水平"）和复制。

现在保留新图稿的位置，稍后将移动它。

> **Ai** 提示：如果在拖动时想复制图稿并创建镜像，可使用镜像工具拖动图稿。拖动时，按住 Option（macOS）或 Alt（Windows）键。当图稿处于理想位置时，则释放鼠标按键，然后释放修正键。按 Shift+Option（macOS）或 Shift+Alt（Windows）组合键将复制镜像并将镜像角度设置为 45°。

5.4.5　旋转对象

旋转对象指的是使其绕指定参考点转动。有多种旋转对象的方法，从精确角度旋转到粗略旋转，方法不一而足。在之前的课程中，学习了使用选择工具选择所选的内容。在默认情况下，会围绕内容中心的指定参考点旋转对象。在本节中，将介绍旋转工具和"旋转"命令。

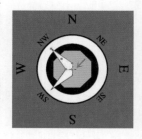

1　仍选中上一节的图稿，在工具面板中选择旋转工具（↻）（在镜像工具 [▷◁] 下）。将鼠标指针放在所选图稿（黄色形状的中心）的右边缘，单击以设置旋转点。参见右图以了解单击的位置。

> **Ai** 提示：要将参考点重置到图稿的中心，可以取消选中图稿，然后在重新选择图稿。

在默认情况下，旋转点是所选图稿的中心。旋转工具支持以不同的参考点旋转内容。

2 开始顺时针向下拖动。拖动时，按住 Option+Shift（macOS）或 Alt+Shift（Windows）组合键以在旋转时，复制图稿并将旋转限制为 45°。当度量标签显示 –90° 时，则释放鼠标按键和组合键。

Ai | 注意：您所看到的度量标签可能与此图不同，没关系的。

3 选中新图稿，在控制面板中单击"变换"，显示变换面板。

Ai | 注意：根据您的屏幕分辨率，"变换"选项可能出现在控制面板中。

应该会看到"旋转"值为 90°。变换面板（或控制面板）是精确旋转图稿的另一个地方。始终可以看到每个对象的旋转角度并稍后进行更改。

4 选择"对象">"变换">"再次变换"，对所选形状重复应用之前的变换。

5 仍选中此形状，选中选择工具（▶），按住 Shift 键并单击其他 3 个白色形状，选择所有 4 个白色形状。

6 选择"对象">"编组"。

7 仍选中此组，在工具面板中双击旋转工具。在出现的"旋转"对话框中，将"角度"值更改为 45°，并单击"复制"。

Ai | 提示：使用各种方法（包括旋转）变换内容后，可能会注意到定界框也旋转了。可以选择"对象">"变换">"重置定界框"来重置图稿的定界框。

8 仍选中此新图稿，选择"对象">"变换">"缩放"，在"比例缩放"对话框中，将"等比"设置为 145%，并单击"确定"。

5.4.6 使用效果来扭曲对象

可以通过使用不同的工具和方法来扭曲原始对象的形状。现在将使用效果来扭曲指南针部分。

这些是不同类型的变换，因为它们作为效果应用，这表示稍后可以编辑效果或在"外观"面板中删除效果。

> **Ai** | **注意**：要了解有关效果的更多信息，请参见第 12 课。

1. 选中选择工具（▶），单击以选择指南针的黄色八角形形状。
2. 选择"效果" > "扭曲和变换" > "收缩和膨胀"。
3. 在"收缩和膨胀"对话框中，选择"预览"，将滑块向左拖动，以便将值更改为大约 –25%，这样做会扭曲形状，单击"确定"。

应用于形状的效果是实时的，这表示可以随时编辑或删除它们。可以在"外观"面板（"窗口" > "外观"）中访问应用于所选图稿的效果。

4. 单击选择黄色八角形后面的黑色圆。
5. 选择"效果" > "扭曲和变换" > "波纹效果"。
6. 在"波纹效果"对话框中，更改下列选项。
   - 大小：0.6in。
   - 绝对：选中它（默认设置）。
   - 每段的隆起数：60。
   - 尖锐：选中它（默认设置）。
7. 选择"预览"，查看效果，然后单击"确定"。
8. 拖动选择整个指南针图稿，选择"对象" > "编组"。
9. 将指南针图稿拖动到 Book Front Cover 画板。可能需要按几次 Command+–（macOS）或 Ctrl+–（Windows）组合键（或"视图" > "缩小"）来缩小图稿。

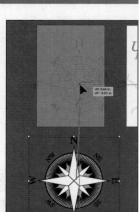

10. 将鼠标指针放在指南针角边界点外。当鼠标指针更改为旋转箭头（↻）时，单击并逆时针拖动，直到度量标签显示为大约 35° 为止。

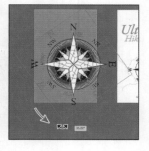

11. 选择"视图" > "显示边缘"，然后选择"选择" > "取消选择"。
12. 选择"视图" > "全部适合窗口大小"。按 Command+–（macOS）或 Ctrl+–（Windows）组

合键（或"视图" > "缩小"）一次以缩小视图。

5.4.7 倾斜对象

倾斜对象指的是沿指定轴倾斜对象的某些边，同时保持其对边平行，但使对象不再对称。下面将复制并倾斜图稿。

1 选择缩放工具（🔍），放大画板上方的火焰图稿。确保还可以看到火焰图稿右侧的整个地图。

2 选中选择工具（▶），单击选择火焰下方的黑色形状。

3 选择"编辑" > "复制"，然后选择"编辑" > "粘在前面"，在原始图稿顶部（火焰形状后面）创建一个副本。

4 选择倾斜工具（📐），嵌套在工具面板的比例缩放工具（🔲）中。将鼠标指针放在此形状的顶部并单击。参见下图的第一个图。

> **Ai** | **提示**：可以使用一个步骤设置参考点、倾斜和复制。选中倾斜工具（📐），按住 Option（macOS）或 Alt 键（Windows）并单击以设置参考点并打开"倾斜"对话框，可以在这里设置选项和复制，如果需要的话。

这会在形状顶部设置一个参考点，这样此形状的顶部仍在原位并且会相对于形状顶部进行倾斜。

5 按住 Shift 键以将图稿限制为其原始宽度，从形状底部向右拖动。当看到倾斜角度（S）大约为 35° 时，则释放鼠标按键和 Shift 键。

> **Ai** | **注意**：完成倾斜图稿后，可能会看到提示"扩展了形状"。这表示组成组的形状不再是实时形状了。

6 选择"对象" > "隐藏" > "所选对象"，暂时隐藏倾斜的图稿。

7 选中选择工具，单击原始的黑色形状选择它。

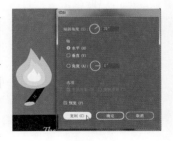

> **Ai** | **提示**：还可以在"变换"面板（"窗口" > "变换"）中以数字形式应用倾斜。

8 在工具面板中双击倾斜工具，在"倾斜"工具框中，可以看到"倾斜角度"与上一个形状的相同（大约为 –35）。将"倾斜角度"更改为 35，选中并取消选中"预览"几次，单击"复制"，查看此形状的副本并倾斜它。

9 选中选择工具并开始向左拖动此形状。拖动时，按住 Shift 键以限制移动。当看到形状如何所示时，则释放鼠标按键和 Shift 键。

10 选择"对象">"显示全部"。

11 拖动选择所有火焰形状（包括倾斜图稿上方的黄色/绿色火焰），并选择"对象">"编组"。

12 按住 Shift 键，拖动火焰图稿的一角来缩小图稿。当度量标签显示宽度为大约 0.25in 时，则先释放鼠标按键，然后释放 Shift 键。

5.4.8 使用自由变换工具进行变换

自由变换工具（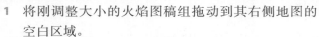）是一种多用途工具，除用于扭曲对象外，还可用于移动、缩放、倾斜、旋转对象和扭曲视角（透视扭曲或自由扭曲）。自由变换工具还是可触控的，这意味着可以使用特定设备上的触控方式来变换对象。

1 将刚调整大小的火焰图稿组拖动到其右侧地图的空白区域。

2 拖动选择地图，并选择"对象">"编组"。

3 选择"视图">"全部适合窗口大小"。将地图图稿拖动到 Dust Cover 画板上，如图所示，并保持选中它。

4 按 Command++（macOS）或 Ctrl++（Windows）组合键（或"视图">"放大"）几次，直接放大所选地图。

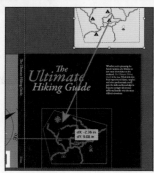

5 选中地图，在工具面板中选择自由变换工具（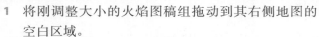）。

选中自由变换工具后，文档窗口中会出现自由变换部件。该悬浮的部件可以调整位置，且包含了可改变自由变换工具工作方式的选项。在默认情况下，自由变换工具可以移动、倾斜、旋转和缩放对象。通过选择其他选项，如透视扭曲，可以改变该工具变换对象的方式。

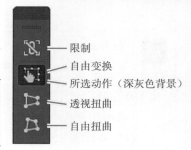
限制
自由变换
所选动作（深灰色背景）
透视扭曲
自由扭曲

6　将鼠标指针指向图稿定界框的顶部中央点，鼠标指针会改变外观（ ），这表明此时可以进行倾斜或扭曲操作。向右拖动，拖动时按住 Option（macOS）或 Alt（Windows）键以一次性更改两个边。当度量标签显示宽度大约为 7in 时，则释放鼠标按键，然后释放修正键。

Ai | **注意**：您可能想要放大地图，使其可以轻松变换。

7　将鼠标指针放在所选图稿的左上角并在鼠标指针变为 时进行双击。这样做会移动参考点并确保图稿围绕它旋转。顺时针拖动右上角，直到度量标签显示为 –10° 为止。

 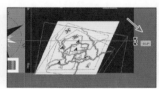

　与其他变换工具一样，按住 Shift 键后再使用自由变换工具拖动对象，可以约束大多数变换操作的方向。如果不想按住 Shift 键，还可以通过选择控件中的"限制"选项以达到这种效果。拖动完成后，"限制"选项也会自动取消选择。

Ai | **提示**：可以拖动参考点以设置其位置。还可以双击参考点以重新设置其位置。

8　在自由变换工具仍被选中的情况下，单击自由变换部件中的"透视扭曲"选项（ ，图中使用红色圈出的位置）。

9　将鼠标指针放在定界框的左下角，当鼠标指针变为 时，向左拖动，直到如图所示。

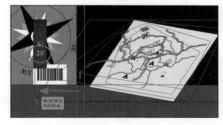

Ai | **注意**：部分左侧地图很可能挡住指南针。要避免这种情况，可以遮挡住覆盖指南针的部分地图。第 14 课将介绍如何进行遮挡。

10　将地图拖动到 Dust Cover 画板上，确保它不会遮住条形码。

11 选择"文件">"存储"。

5.5 创建 PDF

便携文档格式（PDF）是一种通用的文件格式，这种文件格式保留在各种应用程序和平台上创建的字体、图像和版面。Adobe PDF 是对全球使用的电子文档和表单进行安全可靠的分发和交换的标准。Adobe PDF 文件小而完整，任何使用免费 Adobe Reader 软件的人都可以对其进行共享、查看和打印。

可以从 Illustrator 中创建不同类型的 PDF 文件。可以创建多页 PDF、分层的 PDF 和 PDF/x 兼容的文件。分层的 PDF 可让您存储一个包含可在不同上下文中使用的图层的 PDF。PDF/X 兼容的文件可减少颜色、字体和陷印问题的出现。下面会将此项目保存为 PDF，以便将它发送给其他人进行查看。

1 选择"文件">"存储为"，在"存储为"对话框中，从"格式"菜单（macOS）中选择 Adobe PDF (pdf) 或者从"保存类型"（Windows）中选择 Adobe PDF（*.PDF）。导航到 Lessons > Lesson05 文件夹，如果需要的话。注意，在此对话框底部，拥有在 PDF 中保存全部画板或部分画板的选项。单击"保存"。

2 在"存储 Adobe PDF"对话框中，单击"Adobe PDF 预设"菜单以便查看所有可用的 PDF 预设。确保选中了 [Illustrator 默认值]，并单击"存储 PDF"。

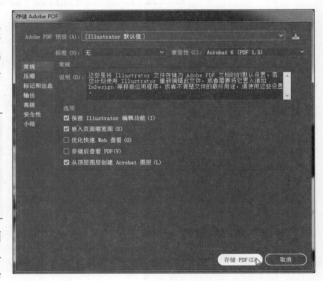

Ai 注意：如果想了解"存储 Adobe PDF"对话框中的选项和其他预设，请选择"帮助">"Illustrator 帮助"并搜索"创建 Adobe PDF 文件"。

有许多方式来自定义 PDF 的创建。使用 [Illustrator 默认值] 预设创建 PDF 会创建一个保存所有 Illustrator 数据的 PDF 文件。使用此预设创建的 PDF 文件，可以被 Illustrator 重新打开并且不会丢失任何数据。如果打算出于特定目的（比如在网络上查看或打印）保存 PDF 文件，则可能想要选择另一种预设或调整选项。

Ai 注意：您可能注意到目前打开的文件是 PDF 文件（BookCover.pdf）。

3 选择"文件">"存储"，如果需要的话，然后选择"文件">"关闭"。

复习题

1 指出两种更改现用画板大小的方法。
2 什么是标尺原点？
3 画板标尺和全局标尺之间有什么区别？
4 简要描述"变换"面板中"缩放描边和效果"选项的作用。
5 指出至少 3 种使用自由变换工具的变换方法。

复习题答案

1 要更改现用画板的大小，可以执行下列操作：
   - 双击画板工具（ ），在"画板选项"对话框中编辑现用画板的尺寸。
   - 选择画板工具，将鼠标指针放在画板的边缘或边角，再拖动以调整其大小。
   - 选择画板工具，在文档窗口中单击画板，在控制面板中更改尺寸。
2 标尺原点是每个标尺 0 刻度的交点。在默认情况下，标尺的原点位于现用画板左上角的 0 刻度处。
3 标尺有两种类型：画板标尺和全局标尺。默认为画板标尺，此标尺的原点与现用画板的左上角对齐。全局标尺则是不论哪个画板处于活动状态，总将标尺的原点与文档的第一个画板的左上角对齐。
4 "变换"面板中的"缩放描边和效果"选项（或 Illustrator CC >"首选项" >"常规" [macOS] 或"编辑" >"首选项" >"常规" [Windows]）可以在缩放对象的同时缩放其所有描边和效果。可以根据需要开启或关闭此选项。
5 自由变换工具（ ）可以实现多种变换操作，包括移动、缩放、旋转、倾斜或扭曲（透视扭曲和自由扭曲）对象。

第6课 使用绘图工具创建插图

本课概述

在本课中，您将学习如何执行下列操作：

- 了解路径和锚点；
- 使用钢笔工具绘制曲线和直线；
- 编辑曲线和直线；
- 添加和删除锚点；
- 使用曲率工具绘图；
- 删除和添加锚点；
- 在平滑点和尖角之间转换；
- 创建虚线并添加箭头；
- 使用铅笔工具绘画和编辑；
- 使用连接工具。

 学习本课内容大约需要 90 分钟，请将素材 Lesson06 复制
到您的硬盘中。

　　如之前的课程所述，除了使用形状创建图稿之外，还可以使用绘图工具（比如铅笔工具、钢笔工具和曲率工具）创建图稿。借助这些工具，可以精确绘图，包括绘制直线、曲线和各种复杂的形状。本课将从钢笔工具开始介绍，然后使用所有这些工具来插图。

6.1 开始本课

在本课的第一部分中，您将了解路径并使用钢笔工具进行大量的练习。

1　确保工具和面板的功能如本课所述，请删除或禁用（重命名）Adobe Illustrator CC 首选项文件。

2　启动 Adobe Illustrator CC。

3　选择"文件">"打开"，从硬盘上找到 Lessons>Lesson06 文件夹并打开 L6_practice.ai 文件。

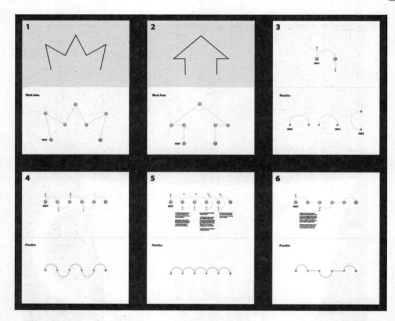

该文件由六个画板组成，画板编号为 1～6。在本课的第一部分中，将要求您在画板之间切换。

4　选择"文件">"存储为"，在"存储为"对话框中，导航到 Lesson06 文件夹，并打开此文件。将此文件重命名为 PenPractice.ai。从"格式"菜单（macOS）选择 Adobe Illustrator（ai），或从"保存类型"菜单选择 Adobe Illustrator（*.AI）（Windows），单击"保存"。

5　在"Illustrator 选项"对话框中，保留默认设置，然后单击"确定"。

6　选择"窗口">"工作区">"重置基本功能"。

> **Ai**　**注意：** 如果在菜单中没有看到"重置基本功能"，就请在选择"窗口">"工作区">"重置基本功能"之前选择"窗口">"工作区">"基本功能"。

7　选择"窗口">"库"，以便隐藏"库"面板。

6.2 使用钢笔工具绘制简介

钢笔工具（🖉）是 Illustrator 的主要绘图工具之一，主要用于绘制自由形状或精确图稿。它在编辑现有矢量图稿中也起到非常关键的作用。在使用 Illustrator 时，了解钢笔工具非常重要。需要大量的练习，才能熟练使用钢笔工具！

 提示：Adobe 有一个简单的游戏，可供学习钢笔工具。

在本节中，将会探索使用钢笔工具。之后，则会使用钢笔工具、其他工具和命令来创建图稿。

1 在文档窗口左下角的画板导航菜单中选择"1"。

2 选择"视图">"画板适合窗口大小"。

3 在工具面板中选择缩放工具（🔍），并在画板上半部分单击两次进行放大。

4 选择"视图">"智能参考线"，关闭智能参考线。在绘制时智能参考线很有用，但现在不需要它们。

5 在控制面板中，单击填充颜色并选择"无"（▢）。然后，单击描边颜色并确保选择了黑色，确保在控制面板中"描边粗细"为 1pt。

使用钢笔工具绘制时，通常最好不要在创建的路径上进行填色，因为填色可能会覆盖尝试创建的路径的某些部分。以后必要时，可再添加填色。

6 在工具面板中选择钢笔工具（✎）。将鼠标指针放在画板区域，并注意钢笔图标旁边的星号（✎*），这表明还没有选择路径的起点。

7 在名为 Work Area 的区域中，单击标签为 1 且旁边有 start 的点，以便设置第一个锚点。

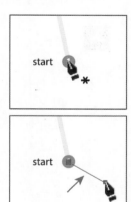

 注意：如果看见的是 ✕ 而不是钢笔图标（✎），Caps Lock 键是启用的。Caps Lock 键会将钢笔工具图标变为 ✕ 以提高精度。开始绘图后，启用 Caps Lock 键，钢笔工具图标看起来就是这样的（÷）。

8 移动鼠标指针以远离刚才创建的点，会看到一条线连接第一个锚点和鼠标指针，无论将鼠标指针移动到何处都是如此。

这条线被称为钢笔工具预览（或橡皮筋）。稍后，当您创建曲线路径时，它会使绘制更简单，因为它可以预览路径的外观。此外，还要注意，当鼠标指针旁边的星号消失时，表示正在绘制路径。

9 将鼠标指针放在标签为 2 的点上，单击创建另一个锚点。

刚刚创建了一个路径。一个简单的路径由两个锚点和一个连接两个锚点的线段组成。使用锚点可以控制线段的方向、长度和曲度。

 注意：如果路径看起来是弯曲的，但无意中使用钢笔工具进行了拖动，请选择"编辑">"还原钢笔"，然后再次单击而不进行拖动。

10 继续在点 3 至 7 上单击，每次单击创建锚点后，释放鼠标按键。

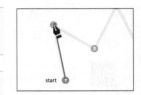

Ai **注意**：只有最后一个锚点有填色（而其他锚点则是空心的），这表明此时该锚点是选中的。

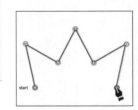

Ai **提示**：可以切换钢笔工具预览，方法是选择 Illustrator CC>"首选项">"选择和锚点显示"（macOS）或"编辑">"首选项">"选择和锚点显示"（Windows），打开"首选项"对话框。在此对话框中，会显示"选择和锚点显示"选项，取消选中"为以下对象取消橡皮筋：钢笔工具"。

11 选择"选择">"取消选择"。

6.2.1 选择路径

在上一节中创建的锚点类型被称为尖角。尖角不像曲线那样光滑；相反，它们会在锚点位置创建一个角。现在已经可以创建尖角了，接下来将添加其他类型的点（比如平滑点）以在路径中创建曲线。但首先，将学习选择路径的一些技术。

第 2 课介绍了使用选择工具和直接选择工具选择内容。接下来，将会了解使用这两种工具选择图稿的更多方法。

1 在工具面板中选中选择工具（▶），将鼠标指针放在刚创建路径的一条直线上。

当鼠标指针旁边有一个实心黑色框时（▶□）进行单击。

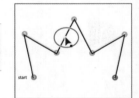

Ai **提示**：还可以使用选择工具拖动选框，以便选择路径。

这样做会选择路径和所有锚点。所有锚点都变成了实心的。

2 将鼠标指针放在路径的其中一条直线上。当鼠标指针变为▶□时，将路径拖动到画板的另一个新位置。

所有锚点会一起移动并保持路径的形状。

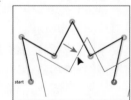

3 选择"编辑">"还原移动"，将路径移回其原始位置。

4 选中选择工具，在画板的空白区域单击取消选择路径。

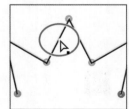

Ai **提示**：如果仍选中钢笔工具（✐），可以按住 Command（macOS）或 Ctrl（Windows）键并在画板的空白区域单击取消选择路径。这会暂时选择直接选择工具。释放 Ctrl 或 Command 键时，会再次选择钢笔工具。

5 在工具面板中选择直接选择工具（▶）。将鼠标指针放在锚点之间的路径上。当鼠标指针变为▶时，单击路径显示所有锚点。

您刚刚选择了一个线段（路径）。如果刚才按了 Backspace 或 Delete 键（不要这样做），则只有这两个锚点之间的路径会被删除。

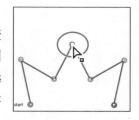

6　将鼠标指针放在标签为 4 的锚点上；与其他锚点相比，此锚点将变得大一些，并且鼠标指针旁边将显示一个具有点的小方框（ ，如图所示）。这两个都表明，如果单击会选择锚点，则单击选择锚点，选中的锚点被会填色（看起来是实心的），而其他锚点仍是空心的（未选中）。

> **Ai　注意：** 将鼠标指针放在未选中的线段上时，直接选择工具鼠标指针旁边会出现一个黑色的实心正方形，表示将选择此线段。

7　将此锚点向上拖动一点，重新定位它。

此锚点会移动，但其余锚点则保持静止。

这是编辑路径的一种方法，如第 2 课所述。

8　单击画板的空白区域，取消选择此锚点。

9　将直接选择鼠标指针放在锚点 5 和锚点 6 之间的路径上。当鼠标指针变为 时，单击选择此路径。选择"编辑">"剪切"。

> **Ai　注意：** 如果整个路径消失了，则选择"编辑">"还原剪切"，然后再试一次。

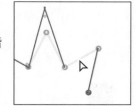

这将删除锚点 5 和锚点 6 之间选择的线段。下面将介绍如何再次连接路径。

10　选择钢笔工具（ ），并将鼠标指针放在锚点 5 上。请注意，钢笔工具显示了一个斜杠（ ），表示如果单击，将继续从该锚点进行绘制。单击此锚点。

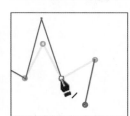

11　将鼠标指针放在与剪切线段连接的锚点 6 上，现在鼠标指针旁边会显示一个合并符号（ ），表示正在连接到另一条路径。单击此锚点，重新连接路径。

12　选择"文件">"存储"。

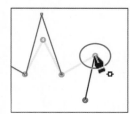

6.2.2　使用钢笔工具绘制直线

在之前的课程中，了解了使用形状工具创建形状时，通过结合使用 Shift 键和智能参考线可约束对象的形状。这也适用于钢笔工具，可将直线路径角度限制为 45° 的整数倍。下面将介绍如何绘制直线并在绘制时限制角度。

1　在文档窗口左下角的画板导航菜单中选择 2。

2　在工具面板中选择缩放工具（ ），并在画板的下半部分单击两次进行放大。

3　选择"视图">"智能参考线"，打开智能参考线。

4 选中钢笔工具（✐），在名为 Work Area 的区域中，单击标签为 1 且旁边有 start 的点，以便设置第一个锚点。

智能参考线很可能会将创建的锚点与画板上的其他内容对齐，这可能会使在所需位置添加锚点变得更困难。这是预期行为，也是有时在绘制时关闭智能参考线的原因。

5 将鼠标指针向原始锚点上方的点 2 处移动，当鼠标指针旁边的灰色度量标签显示 1.5in 并且出现一个小 X 时，表明鼠标指针和创建的第一个锚点是对齐的，单击设置另一个锚点。

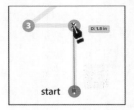

如之前的课程所述，度量标签和对齐参考线是智能参考线的一部分。有时，使用钢笔工具绘图时，显示距离的度量标签很有用。

6 选择"视图" > "智能参考线"，关闭智能参考线。

如果未选中智能参考线，为了对齐锚点，需要按住 Shift 键，这是接下来要做的事情。

7 按住 Shift 键，单击锚点 3。

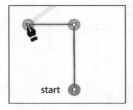

智能参考线关闭时，没有度量标签，此锚点只与上一个锚点对齐，因为按住了 Shift 键。

Ai　**注意**：您设置的锚点不必与画板顶部路径的位置完全相同。

---

8 单击设置锚点 4，然后单击设置锚点 5。

如您所见，如果不按住 Shift 键，则可以在任何地方设置锚点。路径的角度不会限制为 45°。

9 按住 Shift 键，然后单击设置锚点 6 和锚点 7。

10 选择"选择" > "取消选择"。

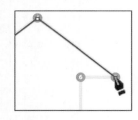
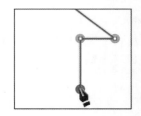

6.2.3　曲线路径简介

在本节中，您将会学习如何使用钢笔工具绘制曲线。在诸如 Illustrator 等矢量绘图软件中，可以通过使用锚点和方向手柄来绘制曲线，这种曲线称为贝塞尔曲线。通过设置锚点和拖曳方向手柄，可自行定义曲线的形状。这种带有方向手柄的锚点类型被称为平滑点。要熟练使用这种方法虽然需要一段时间的练习，但在绘制路径时，这种方法提供了最大程度的控制权和灵活性。这个练习的目的不是创建任何具体的内容，而是习惯于创建贝塞尔曲线的感觉。首先将了解如何创建一个曲线路径。

平滑点与角点

　　路径可以具有两类锚点：角点和平滑点。在角点，路径突然改变方向。在平滑点，路径段连接为连续曲线。

——摘自 Illustrator 帮助

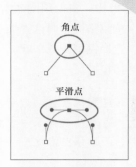

1　在文档窗口左下角的画板导航菜单中选择 3。将在名为 Practice 的区域中绘制。

2　在工具面板中选择缩放工具（🔍），并在画板上半部分单击两次进行放大。

3　在工具面板中选择钢笔工具（✒）。在控制面板中，确保填充颜色为无（▨）并且描边颜色是黑色。此外，确保控制面板中的描边粗细仍然是 1pt。

4　选择钢笔工具，在画板的空白区域中单击创建一个起始锚点。

5　将鼠标指针拖离原始锚点，单击并拖离此点会创建一条曲线路径。

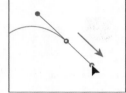

请注意，在单击并拖曳时，出现了方向手柄。方向手柄由两端带有圆形方向点的方向线组成，其角度和长度决定了曲线的形状和长度。方向手柄不会打印出来。

6　继续将鼠标指针拖离刚才创建的锚点，以便查看橡皮筋。稍微移动鼠标指针查看曲线是如何变化的。

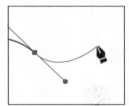

7　继续单击并在不同区域拖动，创建一系列锚点。

8　选择"选择">"取消选择"。保留此文件为打开状态，以方便下节使用。

路径的组成部分

　　在绘图时，可以创建称作路径的线条。路径由一个或多个直线或曲线线段组成。每个线段的起点和终点由锚点（类似于固定导线的销钉）标记。路径可以是闭合的（例如，圆圈）；也可以是开放的并具有不同的端点（例如，波浪线）。通过拖动路径的锚点、方向点（位于在锚点处出现的方向线的末尾）或路径段本身，可以改变路径的形状。

——摘自 Illustrator 帮助

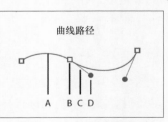

A. 线段　　　　　　B. 锚点
C. 方向线　　　　　D. 方向点

6.2.4　使用钢笔工具绘制曲线

在本节中，将使用刚才学到的绘制曲线知识来使用钢笔工具描摹曲线形状。

1　按空格键暂时选择抓手工具（✋），向下拖动直到您看到当前画板（画板 3）顶部的曲线。

2　选择钢笔工具（✎），单击锚点 1 并向上方的红点拖动，然后释放鼠标按键。

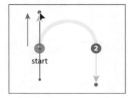

 注意：在拖动过程中，画板可能会滚动。如果看不到曲线，可不断地选择菜单"视图">"缩小"直到能够看到曲线和锚点。而按住空格键可以暂时切换到抓手工具，以便调整图稿的位置。

这将创建一个方向线，与路径的方向相同。到目前为止，您是通过单击而不是拖动来创建锚点，就像上一个步骤一样。为了创建一个更"弯曲"的路径，在第一个锚点上拖动方向线可能会有所帮助。

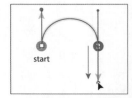

3　单击锚点 2 并向下拖动。当鼠标指针到达红色点时，释放鼠标按键，会沿着灰色弧线创建一条路径。

Ai | **注意**：拉长方向手柄可以使曲线更加陡峭，而缩短方向手柄则使曲线更平缓。

如果创建的路径与模板不完全相同，请选择直接选择工具（▷），并每次选择一个锚点以显示方向手柄。然后可以拖动方向手柄的两端（称为方向点），直到路径与上图完全一样为止。

4　选中选择工具（▶），在画板的空白处单击，或者选择"选择">"取消选择"。

取消选择第一条路径允许创建一条新路径。如果在仍选中路径的情况下使用钢笔工具单击画板某处，则路径会连接到绘制的下一个锚点。

 提示：使用钢笔工具绘制时，要取消选择对象，可以按住 Command（macOS）或 Ctrl（Windows）键，暂时切换到直接选择工具，然后在画板的空白处单击取消选择。另一种结束路径的方法是在完成绘图时按 Esc 键。

如果想要更多地练习如何绘制曲线，可向下滚动鼠标至该画板下方的 Practice 部分，描摹那里的曲线。

6.2.5　使用钢笔工具绘制一系列曲线

之前已经练习了如何绘制曲线，下面将会绘制包含了几个连续曲线的形状。

1　在文档窗口左下角的画板导航菜单中选择 4。选择缩放工具（🔍），在画板的上半部分单击几次进行放大。

2　在控制面板中，确保填充颜色为无（▨）并且描边颜色是黑色。此外，在控制面板中确保描边粗细仍然是 1pt。

3 选择钢笔工具（✐），单击标签为 Start 的点 1，并朝着弧的方向向
   上拖动，在红点处停止。

4 将鼠标指针放在标签为 2（右侧）的点上，然后 单击并向下拖动到
   红点处，使用用方向手柄调整第一个弧线（点 1 和点 2 之间），然后
   释放鼠标按键。

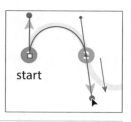

> **Ai** **注意**：如果路径不精确，这没有关系。绘制完路径后，可使用直接选择工具（▷）进
> 行调整。

关于平滑点（弯曲），您会发现将大部分时间花在了正在创建的当前锚点后面（前面）的路径
段上。请记住，在默认情况下，一个点有两条方向线。之后的方向线控制之前路径段的形状。

> **Ai** **提示**：当从一个锚点拖动出方向手柄时，可以按住空格键来重新调整锚点的位置。当
> 锚点处于所需位置时，释放空格键。

5 继续绘制这条路径，交替地执行单击并向上或向下拖动。只需在标
   有数字的地方设置锚点，并在标签为 6 的点处结束绘制。

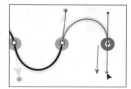

如果绘制过程中出现了错误，可以通过选择"编辑">"还原钢笔"来
撤销此步操作，然后重新绘制。请注意，绘制结果可能与右图不完全一致，
这没有关系。

6 路径绘制完成后，选择直接选择工具（▷），然后单击选择路径中的任意一个锚点。

> **Ai** **注意**：有关这些属性的更多信息，请参见第 7 课。

选中锚点后，将显示其方向手柄，以便重新调整路径的曲率。选中曲线后，还可以修改其描
边和填色。而修改后，接下来绘制的路径则会与其属性相同。如果想要更多地练习如何绘制一系
列曲线，可向下滚动鼠标至该画板下方的 Practice 部分，描摹那里的形状。

7 选择"选择">"取消选择"，然后选择"文件">"存储"。

6.2.6 将平滑点转换为尖角

正如之前所学到的，创建曲线时，方向手柄可用于帮助调整形状和曲线段的大小。而删除方
向手柄则可将一个锚点从平滑点转换为尖角。接下来，将会练习如何在平滑点和尖角之间转换。

1 在文档窗口左下角的画板导航菜单中选择 5。

画板顶部显示了将要描摹的路径，可将其作为这个练习的模板，直接在现有路径上创建路径。
还可以根据需要在画板下部标有"Practice"的部分自行练习。

2 选择缩放工具（🔍），在画板顶部单击几次进行放大。

3 在控制面板中，确保填充颜色为无（▨），并且描边颜色是黑色。此外，在控制面板中确

保描边粗细仍然是 1pt。

4　选择钢笔工具（✏），按住 Shift 键，单击标签为 Start 的点 1，并沿着弧线的方向向上拖动，在红点处停止拖动。释放鼠标按键，然后释放 Shift 键。

拖动时按住 Shift 键可以将方向手柄的角度限制为 45°的整数倍。

5　单击（右侧的）点 2 并向下方的黄点拖动。拖动时按住 Shift 键。当曲线看起来完美时，则释放鼠标按键，然后释放 Shift 键。保持选中路径。

现在需要改变曲线的方向并创建另一个弧。您将分离方向线，将平滑点转换为尖角。

6　按住 Option（macOS）或 Alt（Windows）键，并将鼠标指针放在创建的最后一个锚点上。当钢笔工具鼠标指针旁边出现转换点图标（◣）时，单击并向上拖动到红色的点为止。释放鼠标按键，然后释放修正键。如果鼠标指针旁边没有该图标（^），可能会创建另一个环路径。

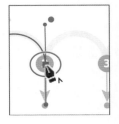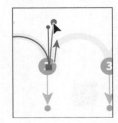

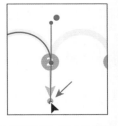　**注意：** Option（macOS）或 Alt 键（Windows）基本上允许您创建一个新的方向线是独立的另一个锚点。

如果您不按住选项（macOS）或 Alt（Windows）键，方向手柄不会分裂，所以它会保持一个平稳点。

还可以按住 Option（macOS）或 Alt（Windows）键并拖动方向手柄的一端（称为方向点）。在右图中的第一个图中，第一个箭头指向它。任意一种方法都可以"拆分"方向手柄，以便它们可以指向不同的方向。

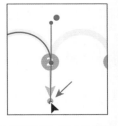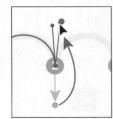

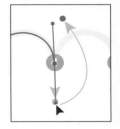　**提示：** 在绘制路径后，还可以选择单个或多个锚点，并单击转换选定锚点到角按钮（◣）或转换选定的锚点平滑按钮（◢）在控制面板中。

7　将钢笔工具鼠标指针放置在模板路径右侧的点 3 上，并向下拖动到红色的点上。当路径看起来与模板路径相似时，则释放鼠标按键。

8　按住 Option（macOS）或 Alt（Windows）键，并将鼠标指针放在创建的最后一个锚点上。当钢笔工具鼠标指针旁边出现转换点图标（◣）时，则单击并将方向线向上拖动到红点上方。释放鼠标按键，然后释放修正键。

对于下一个点，不要松开鼠标按键来拆分方向手柄，因此要密切关注。

9　对于锚点 4，单击并向下拖动到黄点，直到路径看起来正确为止。这一次，不要松开鼠标按键。按住 Option（macOS）或 Alt（Windows）键，并向上拖动到红色的点，创建下一条曲线。释放鼠标

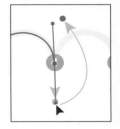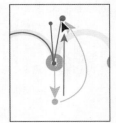

按键，然后释放修正键。

10 继续此过程，方法是按住 Option（macOS）或 Alt（Windows）键，创建尖角，直到路径完成。

11 使用直接选择工具来调整路径，然后取消选择路径。

如果想要更多地练习这一节中绘制的形状，可向下滚动鼠标至该画板下方的"Practice"部分，描摹那里的形状。

6.2.7 合并曲线和直线段

在实际绘图中，不会仅使用钢笔工具来创建单一的曲线或直线。在这一节中，将会学习如何进行曲线绘制和直线绘制之间的切换。

1 在文档窗口左下角的画板导航菜单中选择 6。选择缩放工具（🔍），在画板上半部分单击几次进行放大。

2 选择钢笔工具（✒），单击标签为 Start 的点 1，在红点处停止。释放鼠标按键。

到目前为止，在模板中一直是拖动到一个黄点或红点处。在实际绘图中它们显然是不存在的，因此，创建下一个点时，不会有模板作为参考。不要担心，可以随时选择"编辑">"还原钢笔"，然后再试一次！

3 单击并从点 2 向下拖动，当路径与模板大致相同时，则释放鼠标按键。

现在您应该熟悉这种创建曲线的方法了。

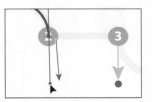

如果您要单击点 3（不要这样做），那么按住 Shift 键不会生成直线，路径将是弯曲的。创建的最后一个点是平滑的锚点并有一个方向手柄。右侧的图显示了使用钢笔工具单击下一个点时创建的路径。

下面要将下一段路径创建为直线段。

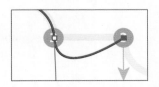

4 将鼠标指针放在创建的最后一个点（点 2）上。当出现转换点图标（◣）时，则进行单击。这会从锚点删除方向手柄（不是末端方向手柄），如下图中的第二个图所示。

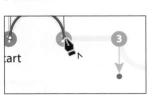

5 按住 Shift 键，然后单击右侧模板路径的下一个点，以便设置下一个点，创建一个直线段。

6 对于下一个弧线，将鼠标指针放在创建的最后一个点上。当转换点图标出现（◣）时，则单击并从该点向下拖动到红点处。这将创建一个新的独立的方向线。

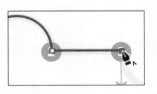

对于本节的其余部分，我将要求您完成路径，按照模板的剩余部分

执行操作。我没有包含任何数字，如果需要指导，则可以参见之前步骤中的数字。

7 单击创建下一个点，并向上拖动以完成弧。

8 单击刚刚创建的最后一个锚点，移除方向线。

9 按住 Shift 键并单击下一个点，创建第二个直线段。

10 单击并拖动从创建的最后一点创建一个方向线。

11 单击并向下拖动到结束点（点 6），创建最后一个弧线。

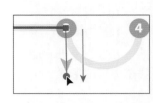

如果想要更多地练习这一节中绘制的形状，可向下滚动至该画板下方的"Practice"部分，描摹那里的形状。确保先取消选中了之前的图稿。

12 选择"文件">"存储"，然后选择"文件">"关闭"。

记住，始终可以返回到 L6_practice.ai 文件并在这些钢笔工具模板上工作。可以按照自己的需要慢慢练习。

6.3 使用钢笔工具创建图稿

下面将运用所学的知识来创建在本项目中使用的一些图稿。首先绘制一个咖啡杯，它会合并曲线和边角。可以花时间练习绘制此形状，并使用模板指南协助自己进行绘制。

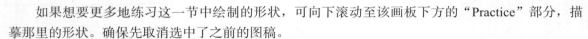

Ai 提示：别忘了，始终可以撤销绘制的点（"编辑">"还原钢笔"），然后再试一次。

1 选择"文件">"打开"，打开 Lessons>Lesson06 文件夹中的 L6_end.ai 文件。

2 选择"视图">"全部适合窗口大小"，查看完成的图稿（使用抓手工具 [🖐] 将图稿移到想要的位置）。如果您不想让图稿打开，选择"文件">"关闭"。

3 选择"文件">"打开"，在"打开"对话框中，浏览到硬盘上的 Lessons>Lesson06 文件夹，选择 L6_start.ai 文件。单击"打开"，打开文件。

4 选择"视图">"全部适合窗口大小"。

5 选择"文件">"存储为"，在"存储为"对话框中，选择 Lesson06 文件夹，将此文件命名为 CoffeeShop.ai。从"格式"菜单选择 Adobe Illustrator（ai）（macOS）或从"保存类型"菜单选择 Adobe Illustrator（*.AI）（Windows），然后单击"保存"。在"Illustrator 选项"对话框中，保留默认设置，然后单击"确定"。

6 在文档窗口左下角的画板导航菜单中选择 1Main，如果未选中它的话。

7 选择"视图">"画板适合窗口大小"。

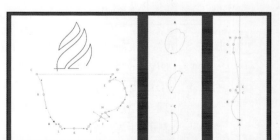

8 选择缩放工具（），放大画板下半部分的杯子。

9 在"图层"面板中，选择名为 Artwork 的图层，如果未选中它的话。

10 在控制面板中，确保填充颜色为无（❏）并且描边颜色是黑色。同时，确保控制面板中的描边粗细为 1pt。

绘制咖啡杯

现在已经打开并准备好了文件，您将实际应用之前的钢笔工具练习来绘制一个咖啡杯。本节的步骤数超过了平均步骤数，因此不要着急，慢慢来。

1 选择钢笔工具（），并从标签为 A 的蓝色正方形向上方的红点拖动，设置起始锚点和第一条曲线的方向。

> **Ai** **注意**：从蓝色正方形（点 A）处开始绘制这个形状并不是必须的。可以沿顺时针或逆时针方向使用钢笔工具设置路径的锚点。

2 从 B 点拖动到红点，创建第一条曲线。

您创建的下一个点将是一个简单的尖角。

3 将鼠标指针放在 C 点上，单击（不要拖动）设置一个尖角。

4 按住 Shift 键，单击点 D 创建一条直线，然后释放 Shift 键。

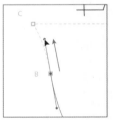 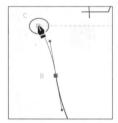

> **Ai** **注意**：如果绘制的路径填色为白色，则模板中有些点将会被隐藏。此时，将路径的填色更改为"[无]"即可。

5 再次将钢笔工具鼠标指针放在点 D 上。当鼠标指针旁边出现转换点图标（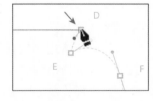）时，则从 D 点向下拖动到红点。这将创建一个新的方向线。

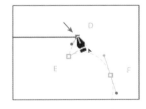 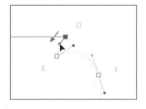

使用钢笔工具绘制时，可能需要编辑以前绘制的曲线，而不会结束绘制的路径。选择钢笔工具，按住修正键，可以将鼠标指针放在之前的路径段上，并拖动修改它，这是接下来要做的事情。

6 将鼠标指针放在点 C 和 D 之间的路径上。按住 Option（macOS）或 Alt 键（Windows），当鼠标指针改变外观（▶）时，向下拖动路径以使其弯曲，如图所示。释放鼠标按键，然后释放修正键。现在可以继续绘制路径了。

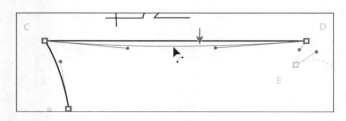

Ai **提示：** 还可以按住 Option+Shift（macOS）或 Alt + Shift（Windows）组合键来将手柄限制为垂直方向，确保手柄的长度相同。

拖动路径，使其变为曲线而不是直线。这在顶部锚点上添加了方向手柄。

7 将鼠标指针放在点 E 上。注意，移动鼠标指针时，可以看到钢笔工具橡皮筋，这意味着仍在绘制路径。单击点 E，创建一个尖角并释放鼠标按键。

8 将钢笔工具鼠标指针放在 E 点上，单击并向右上拖动，拖动到红点处。

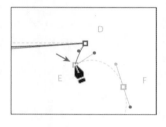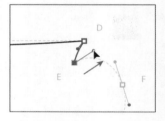

Ai **注意：** 在上一步中，释放鼠标按键后，如果移开鼠标指针并重新放在点 E 上，则鼠标指针旁边将出现一个转换点图标（^）。

这将创建一个新的方向手柄，并将下一个路径设置为曲线。

9 继续绘制 F 点，从此锚点拖动到红点处。

对于下一点（点 G），将创建另一个平滑点，但在绘制时将使用修正键单独编辑各个方向手柄。先不要释放鼠标按键。

10 开始从点 G 拖动到黄点。当鼠标指针到达黄点处时，则不要释放鼠标按键，按住 Option（macOS）或 Alt（Windows）键，继续从黄点拖动到红点，使方向手柄更长一些。当鼠标指针到达红点时，则释放鼠标按键，然后释放修正键。

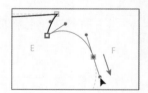

Ai **注意：** 在此步骤中，当指针到达黄点时，也可以通过拖动并释放鼠标按键来创建此点。然后可以将钢笔工具图标放在锚点上。当指针旁边出现转换点图标（^）时，可以拖动出一个新的方向手柄。

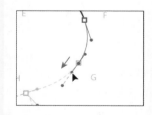

接下来，将创建一个平滑点并拆分方向手柄。

11 继续从点 H 处开始绘制，首先拖动从此锚点拖动到黄点。不要释放鼠标按键，按住 Option（macOS）或 Alt（Windows）键并从黄点拖动到红点。

12 继续绘制点 I，首先从此锚点拖动到黄点。释放鼠标按键，按住 Option（macOS）或 Alt（Windows）键并继续从黄点拖动到红点。

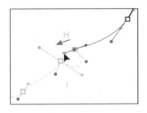 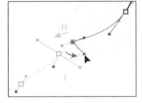 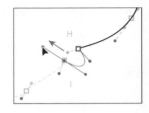 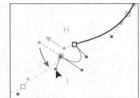

13 继续绘制 J 点，从此锚点拖动到红点。

14 开始从点 K 开始向红点拖动。

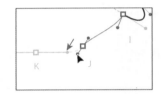 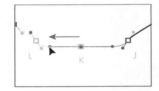

拖动时，按住 Shift 键，限制方向手柄。到达红点时，释放鼠标按键，然后释放 Shift 键。

> **Ai** **注意**：如果在单击锚点并拖动之前按住 Shift 键，则此点将与之前的点对齐。这并不是本例中希望出现的情况。

15 继续绘制点 L，从此锚点拖动到红点。

接下来，将闭合路径以完成咖啡杯绘制。

16 将钢笔工具放在起始锚点 A 上，无须单击。

注意，钢笔工具鼠标指针旁边出现一个开放的圆（），表示如果单击此锚点，则路径将闭合。如果单击拖动，则此锚点两侧的方向手柄将作为一条直线移动。需要扩展其中一个方向手柄，以与模板保持一致。

17 按住 Option（macOS）或 Alt（Windows）键，将鼠标指针放在点 A 上。单击并向左上方拖动。注意，会在相反的方向（右下方）显示方向手柄。拖动，直到曲线看起来正确为止。释放鼠标按键，然后释放修正键。

> **Ai** **提示**：创建闭合锚点时，可以按住空格键，在创建锚点时移动它。

通常，远离一个点拖动时，会在此点之前和之后显示方向线。如果不按住修正键，远离闭合点拖动时，会在此锚点之前和之后重塑路径。在单击闭合点时，按住 Option（macOS）或 Alt（Windows）键，则允许单独编辑之前的方向手柄。

> **Ai** 注意：这是在选中钢笔工具时取消选择路径的快捷方法。除其他方法外。还可以选择"选择">"取消选择"。

18 按住 Command（macOS）或 Ctrl（Windows）键并远离路径单击取消选中它，然后选择"文件">"存储"。

6.4 使用曲率工具绘制

使用曲率工具（✎），可以快速直观地绘制和编辑路径，创建具有平滑曲线和直线的路径，而无须编辑方向线。使用曲率工具，还可以在绘制时或路径完成后编辑路径。它创建的路径由锚点组成，可以使用任何绘图或选择工具编辑。本节将如何使用曲率工具创建勺子。

1 在文档窗口左下角的画板导航菜单中选择 3 Spoon。

2 选择"视图">"画板适合窗口大小"。

查看模板路径，您会看到一个垂直参考线贯穿点 A 和点 I。绘制了勺子的左半部分后，将会复制它并沿着参考线镜像它，然后将两部分连接在一起。

> **Ai** 注意：在本节中可能需要放大勺子模板。

3 在工具面板中选择曲率工具（✎）。单击点 A 处的蓝色正方形，设置起始锚点。参见下图的第一个图。

4 单击点 B 以创建一个点。单击后，将鼠标指针移离点 B。注意点 B 前后的曲线预览。

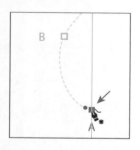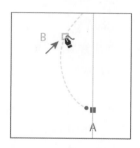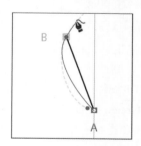

> **Ai** 注意：与钢笔工具一样，并不是一定要从蓝色正方形（点 A）开始绘制这个形状。可以沿顺时针或逆时针方向使用曲率工具设置路径的锚点。

曲率工具会在单击的位置创建锚点。绘制曲线将围绕这些点动态"弯曲"。必要时会创建方向手柄，以便使路径弯曲。

5 单击点 C，然后单击点 D。移动鼠标指针远离点 D。

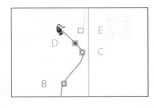

此时，点 A 和点 B 之间的路径不再受新点（E、F 等）的影响，但路径不遵循模板。使用曲率工具绘制时，可以返回去编辑并添加点。

6 将鼠标指针悬停在点 A 和点 B 之间的路径段上，当鼠标指针旁边出现加号（+）时，单击创建一个新点。将新点拖动到模板中的红点处，调整它的位置，使其匹配曲线模板的形状。

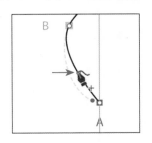 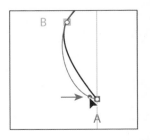

> **Ai** 注意：使用曲率工具创建的点可以有三种外观，表明它的当前状态：选中（●）、尖角（未选中）[◉]）和平滑点（未选中 [○]）。

7 单击点 E，然后单击点 F。

8 按住 Shift 键并单击添加点 G。

按住 Shift 键，同时使用曲率工具单击使其与之前的点垂直对齐（在本例中是这种情况）或水平对齐。注意，点 F 之前和之后的路径段是弯曲的，但它们需要严格遵循模板。若要将默认平滑点转换为尖角，则可以双击使用曲率工具生成的点。

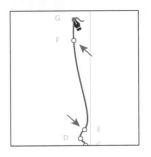  

9 将鼠标指针悬停在锚点 F 处。当鼠标指针改变时（▶◦），则双击将此点转换为尖角。

双击一个点（会把它转换成一个尖角）与拆分方向手柄的效果一样。

接下来，会添加一个新点，并将它转换为尖角。

10 按住 Option（macOS）或 Alt（Windows）键并单击点 H。

使用曲率工具创建点时按住 Option（macOS）或 Alt（Windows）键并单击会创建尖角而不是默认的平滑点。

11 按住 Shift 键并单击点 I。

	提示：要使用曲率工具闭合路径，将指针悬停在路径中创建的第一个点上，指针旁边会出现一个圆（🖋），单击以闭合路径。
Ai	

12 按 Esc 键来停止绘制，然后选择"选择">"取消选择"。

6.5 编辑曲线

在本节中，将会使用之前介绍的几种方法和新方法来调整之前绘制的曲线。

6.5.1 创建勺子的镜像

由于正在创建的勺子是对称的，因此只绘制了它的左半部分。现在，将复制、镜像并连接勺子路径来创建一个完整的勺子。

1 选择"视图">"智能参考线"，将它们打开。

2 选中选择工具（▶），然后单击选择勺子路径。

3 在"图层"面板中，单击名为"Template"的图层的可见性列（眼睛👁），以便隐藏内容。

4 在工具面板中按住旋转工具（↻），选择镜像工具（▷◁）。

5 同时按住 Option（macOS）或 Alt（Windows）键，将鼠标指针放在点 I 上（参见下图的第一个图），当您看到"锚点"一词出现时，则按住修正键并单击。

6 在"镜像"对话框中，选择垂直（如果需要的话），单击"预览"。单击"复制"，以便复制形状并创建它的镜像。

7 选中选择工具，按住 Shift 键并单击原始路径以选择两个路径，并按 Command + J（macOS）或 Ctrl + J（Windows）组合键两次，将两个路径连接起来。

8 选择"选择">"取消选择"。

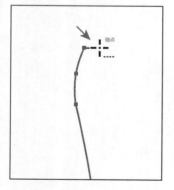
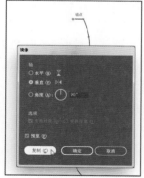
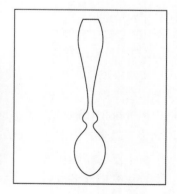

6.5.2 圆化尖角

第 3 课介绍了实时形状和圆化角的能力。还可以圆化路径上的尖角，这就是接下来要做的事情。

1. 选择缩放工具（🔍），在勺子顶部单击几次，进行放大。
2. 选择直接选择工具（▶），拖动选中两个点，如下图所示。

注意，每个锚点旁边都有一个实时尖角部件（◉）。选中了两个点之后，可以通过拖动其中一个实时尖角部件或双击其中一个实时尖角部件来编辑两个角的半径。

3. 将右点的实时尖角部件向勺子中心拖动，使角更圆润一些。当度量标签显示半径大约为 0.1 in 时，则释放鼠标按键。
4. 选择"选择">"取消选择"。

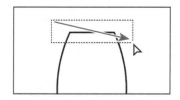 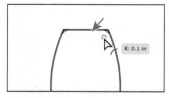 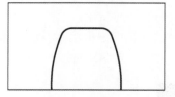

5. 选择"视图">"智能参考线"，关闭智能参考线。
6. 选中选择工具（▶），然后单击选择勺子路径。
7. 选择"编辑">"复制"。

6.5.3 编辑路径和点

接下来，将编辑之前创建的咖啡杯的一些路径和点。

1. 在文档窗口左下角的画板导航菜单中选择 1 Main。
2. 使用选择工具，在画板上单击使它称为活跃画板。选择"编辑">"粘贴"，粘贴勺子。暂时将它拖动到一侧。
3. 选择直接选择工具（▶），从图中的红色 × 处开始，横跨咖啡杯的"把手"进行拖动，以便只选择此部分路径。

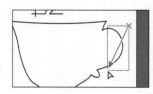

Ai | **注意**：由于勺子没有填色，因此需要统改描边来选择它。

使用直接选择工具以这种方式选择，只会选择路径段和选框内包含的锚点。使用选择工具（▶）单击选择整个路径。

4. 选择"编辑">"复制"，然后选择"编辑">"粘在前面"。
5. 按 Command+ J（macOS）或 Ctrl + J（Windows）组合键，以便闭合路径。
6. 选中选择工具，按住 Shift 键并将左侧的中央边界点向左拖动，使其变得更小。参见下图的最后一个图。

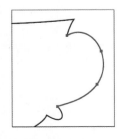  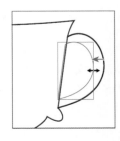

7 选择直接选择工具，单击图中的锚点选择它。将此锚点稍微向右拖动一点，直到它与图大致一样为止。

8 将鼠标指针放在如图所示的路径上，然后单击选择路径。

注意，当路径上的鼠标指针变为 ▸），这表明可以拖动路径，拖动时将调整锚点和方向手柄。

9 向左上方拖动路径，使曲线更圆滑一些。这是一种编辑路径的简单方法。

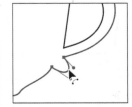 

 提示： 使用直接选择工具拖动路径时，也可以按住 Shift 键将把手柄限制成垂直方向，从而确保手柄的长度一样。

 提示： 如果想调整方向手柄，而不是拖动路径并查看所有选定锚点的方向手柄，则可以在控制面板中单击"显示多个选定锚点的手柄"（▨）。

10 选择"选择">"取消选择"，然后选择"文件">"存储"。

6.5.4 删除和添加锚点

很多情况下，使用钢笔工具或曲率工具等工具绘制路径是为了避免添加不必要的锚点。要删除不必要的锚点，可通过降低路径的复杂度或修改其整体形状。另外，还可添加锚点调整路径的形状。下面，将会针对咖啡杯路径删除和添加锚点，使其底部更平坦。

1 在工具面板中选择缩放工具（🔍），在杯子的底部缓慢地单击两次进行放大。

2 选择直接选择工具（▸），单击咖啡杯路径的边缘。

3 在工具面板中选择钢笔工具（🖋），将鼠标指针放在杯子底部中心的锚点上（参见右图）。当一个减号（−）出现在钢笔工具鼠标指针右侧时（🖋），则单击移除锚点。

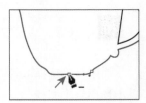

 提示： 选中一个锚点时，也可以在控制面板中单击"删除所选锚点"（▨）来删除锚点。

4　将鼠标指针再次放在杯子形状的底部。参见下图的第一个图以了解鼠标指针的位置。这一
　　次，当加号（+）出现在钢笔工具鼠标指针右
　　侧时（✒+），则单击添加锚点。

5　将鼠标指针稍微向右移动一点，然后单击路
　　径添加另一个锚点。保持选中最后一个锚点。

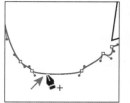
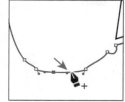

在曲线路径上添加锚点意味着锚点很可能有方向
线，并且会将它们视为平滑点。

6.5.5　在平滑点和尖角之间转换

为了更精确地控制创建的路径，可使用几种方法将锚点在平滑点和尖角之间转换。

1　选择直接选择工具（▷），选中最后一个锚点，按住 Shift 键并单击在左侧添加的另一个锚
　　点。在控制面板中单击"将所选锚点转换为尖角"按钮（◥）。

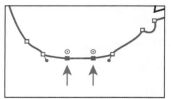

> **Ai**　提示：也可以通过使用曲率工具双击锚点 [或按住 Option 键单击（macOS）/ 按住 Alt
> 键单击（windows）] 来转换角或平滑点，如前所述。

2　选择两个锚点，在控制面板中单击"垂直底对齐"按钮（▥），将两个点对齐。
如第 2 课所述，所选锚点与最后选定的锚点对齐，该锚点称为关键锚点。

> **Ai**　注意：如果在单击"对齐"按钮之后锚点与画板对齐，则再试一次。首先确保在控件
> 面板中选中了"对齐关键锚点"。

3　按向下箭头键 5 次，将两个点向下移动。

4　选择"选择"＞"取消选择"。

5　使用直接选择工具，单击咖啡杯路径，显示所有锚点。单击
　　图一中标签为 1 的锚点，然后按住 Shift 键并标签为 2 的锚点。
　　单击"水平左对齐"按钮（▣），以便对齐它们。

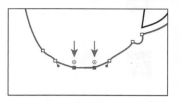

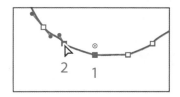
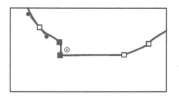

6 单击图一中标签为3的锚点，然后按住Shift键并单击标签为4的锚点。单击"水平右对齐"按钮（■），以便对齐它们。保持选中路径（和锚点）。

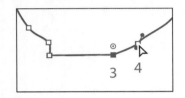
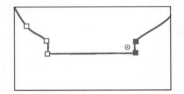

6.5.6 使用锚点工具

另一种在平滑点和尖角之间转换的方法是使用锚点工具。下面将使用锚点工具（∧）来转换锚点，并了解使用此工具如何拆分方向手柄。

1 在工具面板中，将鼠标指针放在钢笔工具（✏）上，单击并按住鼠标按键，以便显示更多工具。选择锚点工具（∧）。

还将看到添加锚点工具（✒）和删除锚点工具（✒），它们用于添加或移除锚点。

2 将鼠标指针放在图中箭头指向的锚点。单击将点从平滑点（带方向手柄）转换到尖角。

3 将鼠标指针放在刚才转换的点下方的锚点上。当鼠标指针变为∧时，则单击并向上拖动。拖动时，按住Shift键。向上拖动直到到达它上面的锚点。释放鼠标按键，然后释放Shift键。

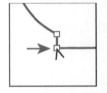
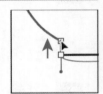

使用锚点工具可以执行下列任务，比如在平滑点和尖角之间转换，拆分方向手柄，以及更多。

接下来将对咖啡杯的底部右侧执行相同的操作。

4 将鼠标指针放在图中箭头指向的锚点上，单击将此点从平滑点（带方向手柄）转换为尖角。

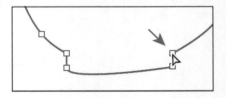

5　将鼠标指针放在刚才转换的点下方的锚点上。当鼠
　　标指针变为▶时，则单击并向下拖动。拖动时，按住
　　Shift 键。向下拖动，直到到达对侧方向手柄与上方的
　　点接触为止。释放鼠标按键，然后释放 Shift 键。

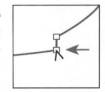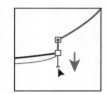

6　选择"选择">"取消选择"，然后选择"文件">"存储"。

6.6　创建虚线

可将对象的描边设置为虚线，这适用于闭合路径和非闭合路径。虚线是通过一系列线段长度
和间隙指定的。下面，将创建一条线段并将其设为虚线。

1　选择"视图">"画板适合窗口大小"。

2　在"图层"面板中，单击名为 Text 的图层的可见性列以便显示图
　　层内容。

3　选择缩放工具（🔍），并单击两次，放大现在显示的红色圆。

4　在工具面板中选中选择工具（▶），单击红色圆中心的暗灰色路径。

5　在控制面板中单击"描边"，显示"描边"面板。在"描边"面
　　板中更改下列选项。

> **Ai**　提示："保留虚线和间隙的精确长度"按钮（▦）可以保持虚线的外观，而不考虑对
> 齐的问题。

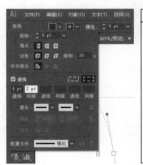

- 粗细：8pt。
- 虚线：选中它。
- 第一个虚线值：4pt（这将创建一个 4
　磅虚线和 4 磅间隙的重复模式）。
- 第一个间隙值：2pt（这将创建一个 4
　磅虚线和 4 磅间隙的重复模式）。
- 使虚线与边角和路径终端对齐（▦）：
　选中它。

6　按 Esc 键，隐藏"描边"面板。

> **Ai**　注意：在面板中更改值时，按 Esc 键时要小心，就像您刚才做的那样。有时，可能不会
> 接受输入的值。可以按 Enter 键或键 Return 键来接受在面板中最后输入的值并隐藏面板。

7　选择"文件">"存储"，并保持选中此虚线。

6.7　为路径添加箭头

可使用"描边"面板给非闭合路径添加箭头。在 Illustrator 中，可供选择的箭头样式很多，还

有很多箭头编辑选项。下面将为虚线路径添加不同的箭头。

1. 仍选中虚线，在控制面板中再次单击"描边"，打开"描边"面板（或选择"窗口">"描边"）。在"描边"面板中，只更改下列选项。

   - 从"箭头"右侧的菜单中选择"箭头21"，这会为虚线的左侧添加一个箭头。
   - 缩放（所选菜单的下方）：30%。
   - 从"箭头"最右侧的菜单中选择"箭头17"，这会为虚线的末端添加一个箭头。
   - 缩放（最右侧）：50%。
   - 单击"将箭头提示扩展到路径终点外"按钮（）。

2. 单击咖啡杯路径的边缘，并将填充颜色更改为白色。
3. 单击勺子形状，将填色更改为浅灰色（我选择是"C=0 M= 0 Y=0 K=10"）。
4. 选中勺子，选择"对象">"变换">"旋转"，将"角度"更改为90°，选择"预览"，然后单击"确定"。
5. 将勺子拖动到如图所示的位置。

Ai　**注意：** 如果在堆叠顺序中，勺子位于咖啡杯后面，可以在选中勺子的情况下，选择"对象">"排列">"置于前面"。

6.8　使用铅笔工具

使用铅笔工具（✐）可绘制包含曲线和直线的闭合路径或非闭合路径。使用铅笔工具绘图时，Illustrator 可创建锚点并将其放在路径上，而绘制完毕后，还可调整这些锚点。

6.8.1　使用铅笔工具绘制自由路径

接下来，将使用铅笔工具绘制和编辑一个简单的路径。

1. 在文档窗口左下角的画板导航菜单中选择 2 Coffee Bean。
2. 选择"视图">"画板适合窗口大小"，如果必要的话。
3. 在"图层"面板中，单击名为 Template 的图层的可见性列以便显示图层内容。

4 在工具面板中选择缩放工具（🔍），并在画板顶部 A 所在的位置缓慢单击几次进行放大。

5 选择"选择">"取消选择"。

6 在控制面板中，确保填充颜色为无（▱），并且描边颜色是黑色。

同时，确保控制面板中的描边粗细为 1pt。

7 在工具面板中单击并按住 Shaper 工具（🖊），选择铅笔工具（✏）。双击铅笔工具。在"铅笔工具选项"对话框中，设置以下选项，将其余选项保持为默认设置。

> **Ai** **注意：** 单击 Shaper 工具时，可能会出现一个窗口，关闭它。

- 将"保真度"滑块向右侧拖动，向"平滑"一侧靠近。这将减少用铅笔工具绘制的路径上的点数，使路径更平滑。
- 保持选定：选择它（默认设置）。
- Alt 键切换到平滑工具：选择它（平滑工具用于在绘制后平滑路径）。
- 当终端在此范围内时闭合路径：选择它（默认设置）。

> **Ai** **提示：** 对于"保真度"值，将滑块向"精确"一侧拖动通常会创建更多锚点，更准确地反映绘制的路径。向"平滑"一侧拖动会创建更少的锚点并且更平滑、不太复杂的路径。

8 单击"确定"。

铅笔工具鼠标指针旁边的星号（*）表示即将创建一条新路径。如果星形没有出现，则意味着重新绘制鼠标附近的形状。

9 从模板中的红色 × 处开始，单击并拖动虚线模板路径。当鼠标指针接近路径的开始（红色 ×）时，则它旁边将显示一个小圆圈（✏），表示如果释放鼠标按键，则路径将闭合。看到此圆圈时，释放鼠标按键，闭合路径。

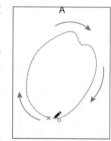

注意，绘制时，路径看起来并不完美。释放鼠标按键后，根据在"铅笔工具选项"对话框中设置的"保真度"值来平滑路径。

> **Ai** **注意：** 如果看到的是 × 而不是铅笔图标（✏），则说明启用了 Caps Lock 键。此键会将铅笔工具图标变成 × 以提高精度。

10 将铅笔工具放在路径上或附近以重新绘制。当鼠标指针旁边的星号消失时，单击并拖动以重塑路径。确保回到原始路径。将它视为重新绘制部分路径。

> **Ai** **注意：** 使用铅笔工具编辑路径时，可能会发现创建了一条新路径，而不是编辑原始形状。总是可以还原并确保返回原始路径（或至少接近它）。

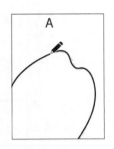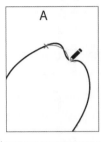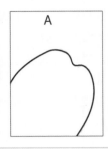

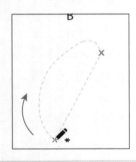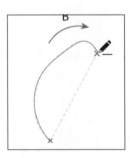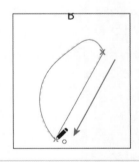

Ai 提示: 如果想"平滑"绘制的部分路径, 可以按住 Option (macOS) 或 Alt (Windows) 键并沿着路径拖动。这样可以简化路径并移除锚点。之所以可以这样做是因为之前在"铅笔工具选项对话框"中选择了"Alt 键切换到平滑工具"。

6.8.2 使用铅笔工具绘制直线段

使用铅笔工具, 除了绘制更自由的路径, 也可以创建角度限制为 45° 的直线。这就是接下来要做的事情。

1 向下滚动画板查看标签为"B"和"C"的模板形状, 如果看不到它们的话。

2 将鼠标指针放在标有"B"的路径底部的红色 × 上, 单击并拖动形状的左侧并在绿色 × 处停止, 但不要释放鼠标按键。

3 仍按住鼠标按键, 按住 Option (macOS) 或 Alt (Windows) 键并沿着形状的直边绘制一条直线。再次到达红色 × 处, 并且铅笔工具鼠标指针旁边有一个小圆圈 (✐) 时, 释放鼠标按键, 然后释放修正键, 闭合路径。

Ai 注意: 当绘制路径, 到达绿色 × 后, 您可以释放鼠标按键停止绘图, 然后从同一地点开始绘制。您可以告诉您的是, 当铅笔指针旁边的线条出现时, 用铅笔工具画一条路径 (✐), 鼠标指针位于路径的末端。

4 将鼠标指针放在标有"C"(它在"B"下方)的路径上方的红色 × 处。单击并拖动形状的右侧, 在绿色 × 处停止, 但不要释放鼠标按键。

5 仍按住鼠标按键, 按住 Shift 键, 沿着形状的直边拖动一条直线。再次到达红色 × 处并且铅笔工具鼠标指针旁边有一个小圆圈 (✐) 时, 释放鼠标按键, 然后释放修正键, 闭合路径。

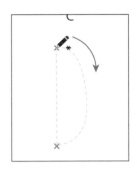
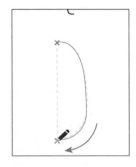
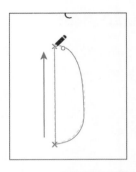

6　选择形状"C"，选择"对象">"变换">"旋转"。在"旋转"对话框中，将"角度"更改为25°，选择"预览"，然后单击"确定"。

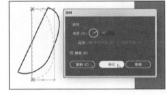

coffee bean 定稿

1　选择"视图">"画板适合窗口大小"。

2　选中选择工具（▶），单击选择顶部标签为"A"的形状。在控制面板中将填充颜色更改CoffeeBean。

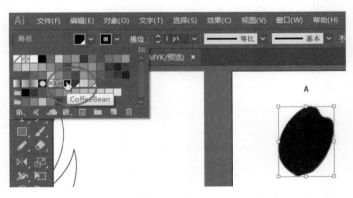

3　单击选择形状 B，然后按住 Shift 键并单击选择形状 C。在控制面板中，将两个形状的填充颜色都更改为 CoffeeBean2。

4　选择"选择">"取消选择"。

5　将形状 B 和形状 C 拖动到形状 A，如图所示。

可以随意使用所学的方法来调整各个形状。

6　拖动选框，选中所有三个形状，然后选择"对象">"编组"。

7　选择"视图">"全部适合窗口大小"。

8　将咖啡豆组拖到咖啡杯和勺子前面。

9　选择"选择">"取消选择"。

6.9 使用连接工具连接

在本课和之前的课程中，使用了"连接"命令（"对象"＞"路径"＞"连接"）来连接并闭合路径。使用连接工具（✂）可以轻松地连接交叉、重叠或两端开放的路径。

1 选择"视图"＞"Steam"，此命令会放大咖啡杯上方的形状并隐藏名为 Template 的图层。

2 单击按住铅笔工具（✐），选择连接工具（✂）。

与第 3 课中的"连接"命令（"对象"＞"路径"＞"连接"）不同，"连接"工具可以在连接时修剪重叠的路径，而不是简单地在连接的锚点之前创建一条直线。需要考虑将要连接的两条路径之间的角度。

3 选择连接工具，拖动右侧的路径两端（参见图）。

> **Ai** **注意：**如果按住 Command+J（macOS）或 Ctrl + J（Windows）组合键来连接开放路径的两端，则会使用直线连接路径两端。

当拖动选框选择路径时，则它们将被"扩展并连接"或"修剪并连接"。在本例中，路径被扩展和连接。"连接"工具适用于选中或未选中的路径，但连接的结果并未选中，这样可以继续在更多路径上工作。

4 拖动选框选中左侧超出的部分路径，删除它们并闭合路径。在本例中，路径被"修剪并连接"。

5 选择"视图"＞"画板适合窗口大小"。

6 选中选择工具，并拖动选框选择 Steam 形状。

7 在控制面板中将填色更改为 Steam 并将描边粗细更改为 0。

8 选择"对象"＞"编组"，然后向下拖动该组，如图所示。

9 选择"选择"＞"取消选择"，并退后一步，来欣赏本课完成的所有图稿。

10 选择"文件"＞"存储"，然后选择"文件"＞"关闭"。

复习题

1 描述如何使用钢笔工具（✐）绘制垂直、水平或 45° 角度的直线。

2 如何使用钢笔工具绘制曲线？

3 指出两种将曲线的平滑点转换为尖角的方法。

4 哪种工具可以用于编辑曲线段？

5 如何修改铅笔工具（✐）的工作方式？

6 "连接"工具与"连接"命令（"对象">"路径">"连接"）有何不同之处？

复习题答案

1 要绘制直线，可使用钢笔工具（✐）单击两次。第一次单击设置直线段的起始锚点，第二次单击设置直线段的终止锚点。要约束直线为垂直、水平或 45°，可以在使用钢笔工具单击的同时按住 Shift 键。

2 要使用钢笔工具绘制曲线，可单击创建曲线的起始锚点，再拖动设置曲线的方向，然后单击设置曲线段的终止锚点。

3 若要将曲线上的平滑点转换为尖角，可使用直接选择工具（▶）选中锚点，再使用转换锚点工具（⌐）拖动方向手柄更改方向。另一种方法是，使用直接选择工具选中一个或多个锚点，然后在控制面板中单击"将所选锚点转换为尖角"按钮（▧）。

4 要编辑曲线段，可使用直接选择工具移动它，也可以拖动锚点的方向手柄来调整曲线段的长度和形状。另一种调整路径的方法是，使用直接选择工具拖动路径段或按住 Option（macOS）或 Alt（Windows）键并使用钢笔工具拖动路径段。

5 要改变铅笔工具（✐）的工作方式，在工具面板中双击铅笔工具，打开"铅笔工具选项"对话框，即可在其中修改平滑度、保真度和其他选项。

6 与连接命令不同，连接工具可以在连接时修剪重叠的路径，不是简单地在连接的锚点之间创建一条直线。要考虑连接的两条路径之间的角度。

第7课　使用颜色来改善标志

课程概述

在本课中，您将学习如何执行下列操作：

- 了解颜色模式和主要的颜色控件；
- 使用多种方法创建、编辑颜色并给对象上色；
- 命名并存储颜色，创建色板；
- 使用颜色组；
- 使用"颜色参考"面板；
- 探讨"编辑颜色 / 重新着色图稿"功能；
- 将上色和外观属性从一个对象复制到另一个对象；
- 使用实时上色。

 学习本课内容大约需要 90 分钟，请将素材 Lesson07 复制到您的硬盘中。

　　使用 Adobe Illustrator CC 软件中的颜色控件为
插图增添趣味。在本课中，不仅将会探索如何创建
和使用填色、描边，尝试使用"颜色参考"面板，
使用颜色组，还将学习给图稿重新着色等技巧。

7.1 开始本课

在本课中，将学习有关颜色的基本知识，还将使用"颜色"面板和"色板"面板等为艺术商店创建标志和徽标并编辑其颜色。

1　确保工具和面板的功能如本课所述，请删除或禁用（重命名）Adobe Illustrator CC 首选项文件。

2　启动 Adobe Illustrator CC。

3　选择"文件">"打开"，从硬盘上找到 Lessons>Lesson07 文件夹并打开 L7_end.ai 文件，查看将上色的图稿的最终版本。

4　选择"视图">"全部适合窗口大小"。可以将文件打开以供参考，或选择"文件">"关闭"来关闭它。

5　选择"文件">"打开"。在"打开"对话框中，浏览到 Lessons>Lesson07 文件夹并选择 L7_start.ai 文件。单击"打开"以打开文件。这个文件具有所有图稿，只需要对它们上色。

6　选择"视图">"全部适合窗口大小"。

7　选择"文件">"存储为"。在"存储为"对话框中，浏览到 Lesson07 文件夹，将此文件重命名为 ArtSign.ai。从"格式"菜单（macOS）选择 Adobe Illustrator（ai），或从"保存类型"菜单选择 Adobe Illustrator（*.AI）（Windows），单击"保存"。

Ai　**注意：** 如果在菜单中没有看到"重置基本功能"，请在选择"窗口">"工作区">"重置基本功能"之前选择"窗口">"工作区">"基本功能"。

8　在"Illustrator 选项"对话框中，保留默认设置，然后单击"确定"。

9　选择"窗口">"工作区">"重置基本功能"。

7.2　探索颜色模式

在 Adobe Illustrator CC 中，有许多地方需要尝试颜色并对图稿上色。要在 Illustrator 中使用颜色，就需要考虑图稿将会通过何种媒介发布，如打印或网站发布，这样才能根据发布媒介以确定正确的颜色定义和模式。下面，首先将介绍颜色模式。

新建文档时，必须确定图稿应使用哪种颜色模式：CMYK 还是 RGB。

- CMYK：指的是在四色印刷中使用的青色、洋红色、黄色和黑色。这 4 种颜色以网屏的方式组合成大量其他颜色，是打印时应选择的颜色模式（在"新建文档"对话框或"文件">"文档颜色模式"菜单中）。
- RGB：指的是红色、绿色和蓝色光以不同的方式组合成一系列颜色。如果图像需要在屏幕上显示、上传到网络或移动应用，应选择这种颜色模式。

选择菜单"文件">"新建"来创建新文档时，需要指定适合的新建文档配置文件，这决定了将使用的颜色模式。例如，将配置文件设为"打印"时，将使用 CMYK 颜色模式。可以通过在"颜色模式"菜单中选择来轻松更改颜色模式。

> **Ai** 　**提示：** 要了解有关颜色和图形的更多信息，请在 Illustrator 帮助（"帮助">"Illustrator 帮助"）中搜索"关于颜色"。

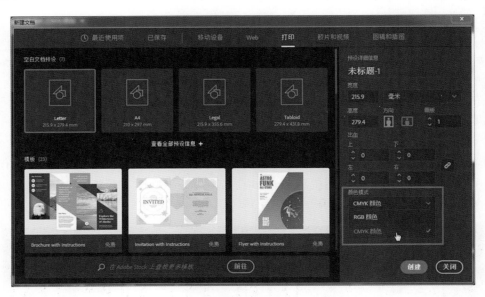

选择颜色模式后，面板将以选定模式显示颜色。要修改文档的颜色模式，可选择"文件">"文档颜色模式"，然后在菜单中选择"CMYK 颜色"或"RGB 颜色"。

7.3 使用色彩工具

在本课中，您将学习在 Illustrator 中给对象着色的传统方法。这主要是使用颜色和图案给对象上色，方式则是结合使用各种面板和工具，主要包括："控制"面板、"颜色"面板、"色板"面板、"颜色参考"面板、拾色器和工具面板中的上色按钮。

> **注意：工具面板可能是单栏，也可能是双栏的，这取决于屏幕分辨率。**

在前面的课程中，了解到 Illustrator 中的对象可以有填色、描边。在工具面板（左侧）的底部，有填色框和描边色框。此时填色框为白色，而描边色框则是黑色。单击描边色框，再单击填色框（确保最后一次选择的是填色框）。注意到单击后的色框位于前面，这表明它被选中。另外，选中一个颜色后，就可以将其应用于对象的填色或描边色了，具体取决于哪个色框位于前面。随着学习，您会发现"颜色"面板和"色板"面板等很多地方都有填色框和描边色框。

正如本节所述，Illustrator 提供了许多方法来获得所需的颜色。首先将使用一种现有颜色给形状上色，然后使用一些最常用的方法来创建和应用颜色。

7.3.1 应用现有颜色

如前所述，在 Illustrator 中，每个新建的文档都有其默认的一系列可用的颜色色板。这里使用颜色的第一种方法，就是使用现有颜色给形状上色。

> **注意：在本课中，将在颜色模式设置为 CMYK 的文档中工作，这意味着创建的大多数颜色默认由青色、洋红色、黄色和黑色组成。**

1 单击文档窗口顶部的 ArtSign.ai 文档选项卡，如果没有关闭 L7_end.ai 文档的话。

2 在文档窗口左下角的画板导航菜单中选择 1 ArtSign.ai（如果未选中它的话），然后选择"视图">"画板适合窗口大小"。

3 使用选择工具（▶），单击选择背景中大的红色形状。

4 单击控件面板中的填充颜色（■▾），将出现色板面板。将鼠标指针放在列表中的任意颜色上，将会显示该颜色的工具提示。单击应用名为"Sign Bg"的色板来更改所选图稿的填充颜色。

5 按 Esc 键以隐藏色板面板。

6 选择"选择">"取消选择",确保没有选择任何内容。

7.3.2 使用"颜色"面板创建自定义颜色

在 Illustrator 中有很多种创建自定义颜色的方法。使用"颜色"面板("窗口">"颜色")可以将颜色应用于对象的填色和描边,也可以使用不同的颜色模式(例如 CMYK)编辑和混合颜色。"颜色"面板显示选定内容的当前填色和描边,并且可以从面板底部的色谱栏直观地选择颜色或混合自己的颜色,并以各种方式更改颜色值。

接下来,您将使用"颜色"面板来创建自定义颜色。

1 使用选择工具(▶)单击画板顶部 Art 一词底部的灰色椭圆。

2 如果需要的话,选择"窗口">"颜色",打开"颜色"面板。单击"颜色"面板菜单图标(▤),从菜单中选择"CMYK"(如果尚未选中的话),然后从同一菜单选择"显示选项"。

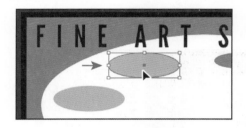

提示:可以将"颜色"面板拖动到底部,以便显示更多的色谱条。

3 在"颜色"面板中,单击"填色"框(如果未选中的话)。下图中箭头指示的方向。在色谱的浅绿色部分单击取样一种浅绿色并将它应用于填色。

由于光谱很小,因此很难取样到相同的颜色。没关系的,稍后就会编辑它。

如果在"颜色"面板中创建颜色时选择了图稿,则自动应用该颜色。

4 在"颜色"面板中,在 CMYK 文本字段中输入下列值"C=52 M=0 Y=100 K=0"。这将确保我们使用相同的绿色。

在"颜色"面板中创建的颜色仅保存在所选图稿的填色或描边色中。

如果想在文档的其他地方轻松重用此颜色，则可以在“色板”面板中将它保存为色板。如前所述，所有文档都以默认的色板值开始。在“色板”面板中保存或编辑的任意颜色仅适用于当前文档（默认情况下），因为每个文档都有自己的定义色板。

7.3.3 将颜色存储为色板

在“色板”面板中，可以为不同类型的颜色、渐变和图案命名并将它们保存为色板，以便稍后可以应用并编辑它们。“色板”面板以创建顺序列出了色板，但可以根据自己的需要重新进行排序。

接下来，会将刚才在“颜色”面板中创建的绿色保存为色板。

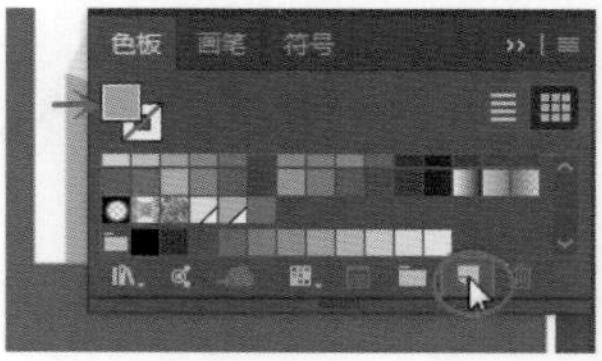

1 选择“窗口”>“色板”以打开“色板”面板。确保选中了绿色“填色”框（图中箭头所示的方向），在面板底部单击“新建色板”按钮（），根据所选图稿的填充创建一个色板。

2 在出现的“新建色板”对话框中，更改下列选项。

- 色板名称：Light Green。
- 添加到我的库：取消选中它。

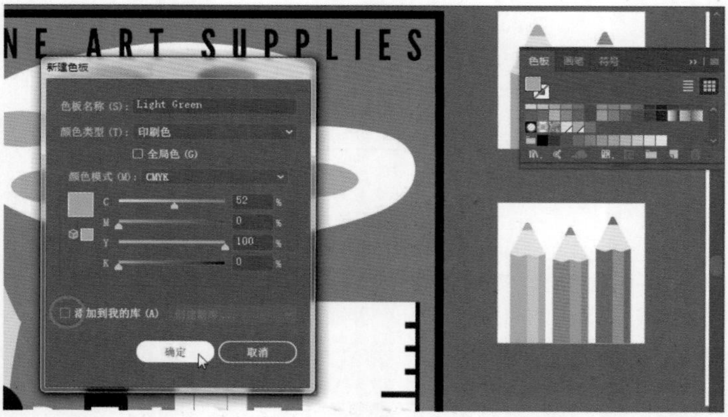

> **提示**：命名颜色仅是一种形式，可根据它的 CMYK 值（C=45,…）、外观（light green）、用途（text header）或其他属性命名。

3 单击“确定”。

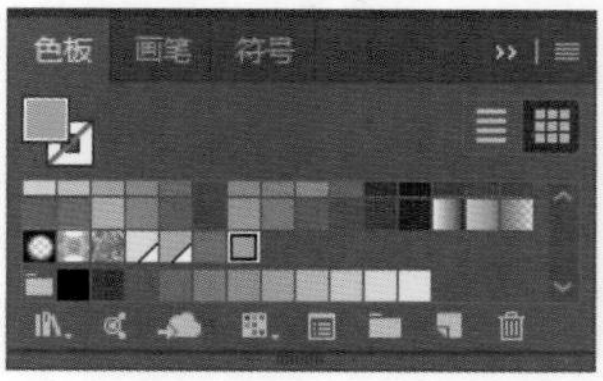

注意，新建的 Light Green 色板在“色板”面板中高亮显示（它周围有一个白色框），这是因为已自动应用它给选中形状上色了。在“色板”面板可能需要滚动来查看它。

4 选择“选择”>“取消选择”。

7.3.4 创建色板的副本

创建颜色并将它保存为色板的最简单方法是制作色板的副本。接下来，将通过复制和编辑

Light Green 色板来创建另一个色板。

1 单击"色板"面板顶部的绿色填色框，如果需要的话。

2 在"色板"面板中，单击底部的"新建色板"按钮（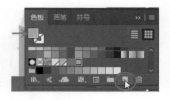）。

单击"新建色板"按钮可创建当前填色/描边色的色板，具体取决于哪个色框处于活动状态（位于上面）。如果应用了"无色板"，则无法单击"新建色板"按钮（它会变暗）。

3 在"新建色板"对话框中，将名称更改为 Orange，将值更改为"C=6 M=51 Y=89 K=0"，并确保取消选中了"添加到我的库"。单击"确定"。

> **Ai** **提示**：在"新建色板"对话框中，"颜色模式"菜单允许将颜色模式更改为 RGB、CMYK、灰度或创建的其他模式。

> **Ai** **注意**：如果仍选中了绿色椭圆，则会使用新的橙色填充它。

4 使用选择工具（▶），单击 FINE 一词下方的灰色椭圆选择它。在控制面板中单击填色，并单击选择名为 Orange 的色板。

7.3.5 编辑色板

创建颜色并将其存储到"色板"面板之后，还可以编辑它。接下来将会编辑名为 Sign Bg 的色板。

1 选中选择工具（▶），单击选择本课最开始应用了填色的背景中的蓝色大形状。

2 确保在"色板"面板中选择"填色"框，然后在此面板中双击名为"Sign Bg"的色板。

3 在"色板选项"对话框中，将值更改为"C=80 M=10 Y=45 K=2"，选择"预览"，查看更改，然后单击"确定"。

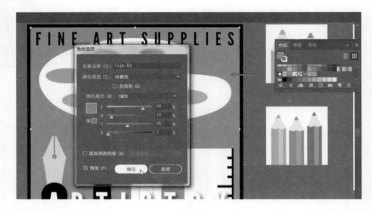

　　编辑色板时，要将编辑后的色板应用于其他对象，需要选中该对象或者此色板是全局色板（下一节将介绍它）。否则，已上色的对象的颜色将不会更新。在默认情况下编辑色板不会更新上色的对象。

7.3.6　创建并编辑全局色板

　　下面，将创建一种颜色并将其设置为全局色。编辑全局色时，不论是否选中相应对象，都将会更新所有应用该颜色的图稿的颜色。

1 使用选择工具（▶）单击选择刚应用了 Orange 色板的橘色椭圆下方的灰色椭圆。

2 在"色板"面板中，单击此面板底部的"新建色板"按钮（▣）。在"新建色板"对话框中，更改下列选项。

* 色板名称：Pink。
* 全局色：选择它。
* 将 CMYK 值更改为"C=5 M=100 Y=60 K=0"。
* 添加到我的库：取消选择它，单击"确定"。

3 在"色板"面板中，注意到新建的色板与灰色色板位于同一行。选中了形状时，它的填色为灰色，因此在此面板中选中了灰色色板。当单击"新建色板"按钮，创建一种新颜色时，将会创建被选中色板（灰色）的副本，并将新建的色板放在原始色板的旁边。

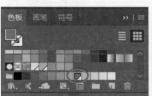

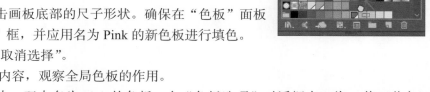

4 单击 Pink 色板并将其拖动到 Orange 色板右侧。

与 Pink 色板交互时，会注意到它的右下角有一个小的白色三角形，这表明它是全局色板。

5 使用选择工具单击画板底部的尺子形状。确保在"色板"面板中选中了"填色"框，并应用名为 Pink 的新色板进行填色。

6 选择"选择"＞"取消选择"。

现在，没有选择任何内容，观察全局色板的作用。

7 在"色板"面板中，双击名为 Pink 的色板。在"色板选项"对话框中，将 Y 值（黄色）更改为 30，选择"预览"查看变化（可能需要在另一个字段中单击查看更改），然后单击"确定"。

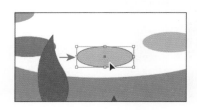

Ai | **注意：** 要将现有色板更改为全局色板，需要选中之前应用这个色板的所有形状，再编辑色板。或者先编辑色板使之成为全局色板，在对图稿内容重新应用该色板。

尽管没有选中任何对象，但所有应用全局色的形状都更新了颜色。

7.3.7 使用拾色器创建颜色

创建颜色的另一种方法是使用拾色器。可以使用拾色器在色域、色谱条中直接输入颜色值或单击色板，在 InDesign 和 Photoshop 等其他 Adobe 应用中也是如此。下面，将使用拾色器创建颜色，然后在"色板"面板中将颜色存储为色板。

1 使用选择工具（▶）单击棕色笔尖右侧的灰色椭圆。

2 在"色板"面板顶部双击灰色"填色"框，打开"拾色器"。

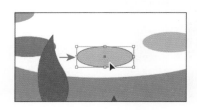
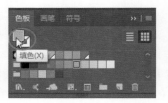

Ai 提示：要打开拾色器，可双击工具面板或"颜色"面板中的填色框/描边色框。

在"拾色器"对话框中，左侧大的色域显示了饱和度（水平方向）和亮度（垂直方向）。而右侧条状的色谱条则显示了色相。

3 在"拾色器"对话框中，单击并上下拖动色谱条（下图中标为 B 的区域）的滑块以便改变颜色范围。确保最终滑块在蓝色上（不一定要完全一样）。

Ai 提示：还可以通过输入 HSB、RGB 值来修改颜色谱。

4 在色域（下图中标为 A 的区域）中单击并拖动。左右拖动时，调整的是饱和度，而上下拖动时，调整的是亮度。单击"确定"时创建的颜色出现了新颜色矩形中，下图中标为 C 的区域。不要担心与图中的数字不一致。

在色谱条中拖动　　　　　　　　在色域中拖动

5 在 CMYK 字段中，将值更改为"C=90 M=15 Y=0 K=0"。
6 单击"确定"，应该会看到蓝色被应用于形状的填色。

Ai 注意：拾色器中的"颜色色板"按钮，可显示"色板"面板中的色板、默认的色标簿（Illustrator 中的色板组）。可通过单击"颜色模式"按钮，返回到色谱条和色域，然后继续编辑色板值。

Ai 注意：有时可能会在同一个工作中同时使用印刷色（通常是 CMYK）和专色（例如 PANTONE）。例如，可能需要使用一种专色来打印一份年会报告的纸张中所有的公司徽标（LOGO），而其中的图片则用印刷色即可。这时，就需要 5 种油墨（4 种标准印刷色油墨和一种专色油墨）来印刷了。

7 在"色板"面板中，单击底部的"新建色板"按钮（▣），在"新建色板"对话框中将颜色命名为 Blue。选择"全局色"，确保取消选中了"添加到我的库"，然后单击"确定"以便在"色板"面板中查看新出现的色板。

8 选择"选择">"取消选择"，然后选择"文件">"存储"。

7.3.8 利用 Illustrator 色板库

色板库是一组预设的颜色，如 Pantone、TOYO 以及诸如"大地色调"和"冰淇淋"等的主题库。而 Illustrator 默认的色板库出现在一个独立的面板中，不能对其进行编辑。将色板库中的颜色应用于图稿时，该颜色就加入到随当前文档一起存储的"色板"面板中。因此，创建颜色时以色板库为基础，是非常不错的选择。

下面，将使用 Pantone Plus 库创建一种专色，并将其应用于徽标。在 Illustrator 中定义颜色时，可能会是暖色、深色或浅色。因此，大多数印刷人员和设计师使用颜色匹配系统（如 PANTONE 系统），来帮助确保颜色的一致性并为该专色提供更多种颜色。

添加专色

在本节中，您将会学习如何打开颜色库（如 PANTONE 颜色系统）和如何将 PANTONE MATCHING SYSTEM（PMS）颜色添加到"色板"面板中。

1 在"色板"面板中，单击底部的"色板库"菜单按钮（ ）。选择"色标簿">PANTONE+ Solid Coated。

PANTONE+ Solid Coated 库自成一个面板。

> **Ai** 提示：也可以选择"窗口">"色板库">"色标簿">PANTONE+ Solid Coated。

2 在查找文本框中输入 137，以过滤该列表并显示更少的色板。

3 单击色板 PANTONE 137 C 将它添加到"色板"面板中。单击查找文本框右侧的 × 以便停止筛选。

4 关闭 PANTONE+ Solid Coated 面板。

> **Ai** 注意：退出并重启 Illustrator 时，该 PANTONE 面板将不会打开。要让该面板在 Illustrator 重新启动后自动打开，可在该面板菜单（ ）中选择"保持"。

5 选中选择工具（ ），按住 Shift 键并单击 ARTISTRY 中字母 S 下方的 3 个白色铅笔形状。确保在"色板"面板中选中了"填色"框，并选择 PANTONE 137 C 色板以便填充形状。

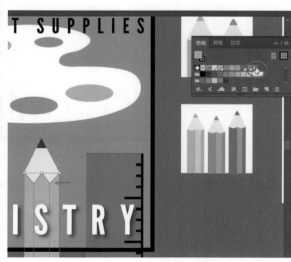

Ai 提示：现在已了解了一些应用填色和描边色的方法（"色板"面板和控制面板），可以使用任意一种方法来应用色板。

6 选择"选择">"取消选择"，然后选择"文件">"存储"。

"色板"面板中的 PANTONE 色板与其他色板

在"色板"面板中，可通过专色图标（◙）来识别专色色板。在列表视图中，可通过专色图标识别专色色板，在缩览图视图中，专色色板右下角有一个点（◪）；而印刷色没有专色图标 / 点。

7.3.9 创建并存储色调

色调是混合了白色的较淡颜色版本。可基于全局印刷色（比如 CMYK）或专色创建色调。下面，将创建 PANTONE 色板的一种色调。

1 使用选择工具（▶）单击中间的黄色铅笔形状。
2 单击"颜色"面板图标（🎨），扩展"颜色"面板。确保在"颜色"面板中选中了"填色"框，然后将色调滑块向左拖动以便将色调值更改为 70%。

Ai 注意：可能需要从"颜色"面板菜单（☰）中选择"显示选项"来显示滑块。

3 单击工作区右侧的"色板"面板图标（▦），单击底部的"新建色板"按钮（◧），以便保存此色调。注意，该色调色板出现在色板面板中。

4　将鼠标指针放在此色板图标，将显示其名称 PANTONE 137 C 70%。

5　选择"选择">"取消选择"，然后选择"文件">"存储"。

7.3.10　转换颜色

使用颜色时，Illustrator 提供了"编辑颜色"命令（"编辑">"编辑颜色"），可以为选定的图稿转换颜色模式、混合颜色和转换颜色。下面会把铅笔的 PANTONE 颜色（PANTONE 137 C）更改为 CMYK 颜色。

1　选择"选择">"现用画板上的全部对象"，以便选择画板上的所有图稿，包括应用了 PANTONE 颜色和色调的形状。

2　选择"编辑">"编辑颜色">"转换为 CMYK 颜色"。

注意： 目前，"编辑颜色"菜单中的"转换为 RGB"是不可选的。这是因为文档的颜色模式是 CMYK 颜色。要将所选内容的颜色转换为 RGB，可以选择"文件">"文档颜色模式">"RGB 颜色"。

现在选中的形状应用的都是 CMYK 颜色了。使用这种转变方式并不会影响"色板"面板中的 PANTONE 颜色（PANTONE 137 C），因为这仅是将所选图稿的颜色转换为 CMYK 颜色。"色板"面板中的色板不再应用于此图稿。

7.3.11　复制外观属性

有时可能只需要将一些外观属性（比如文本格式、填色和描边）从一个对象复制到另一个对象。可以使用吸管工具（✐）来加快创作过程。

1　选择"选择">"取消选择"。

2　使用选择工具（▶）选择最后一个灰色椭圆。

3　在工具面板中选择吸管工具（✐），单击铅笔的黄色 / 橙色（不是色调），参见右图。

提示： 要修改吸管工具挑选和应用的属性，可在取样前双击工具面板中的吸管工具。

灰色椭圆与铅笔形状的属性一样，包括 1pt 的黑色描边。

4　在控制面板中单击描边色，并将颜色更改为"无"（▨）。

5　在工具面板中选中选择工具（▶），并选择"选择">"取消选择"。

6　选择"文件">"存储"。

7.3.12　创建颜色组

在 Illustrator 中，可将颜色存储到颜色组中。在色板面板中，颜色组包含了一系列相关的颜色色板。而根据用途来组织颜色（比如将所有用于徽标的颜色编组）对组织和管理文档很有帮助。另外，颜色组不能包含图案、渐变、"无"颜色或注册颜色。

下面，将创建一个颜色组，它包含了之前创建的应用于徽标的颜色。

1 在"色板"面板中，单击名为 Sign Bg 的颜色，选择它。按住 Shift 键，单击右侧名为 Blue 的色板，选择 5 个色板。

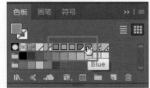

2 单击"色板"面板底部的"新建颜色组"按钮（▭）。在"新建颜色组"对话框中，将名称更改为 Palette Colors，然后单击"确定"保存颜色组。

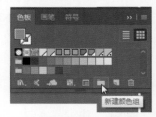

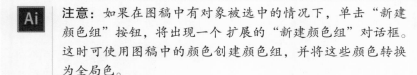 注意：如果在图稿中有对象被选中的情况下，单击"新建颜色组"按钮，将出现一个扩展的"新建颜色组"对话框。这时可使用图稿中的颜色创建颜色组，并将这些颜色转换为全局色。

3 使用选择工具（▶）单击"色板"面板的空白区域，取消选择刚创建的颜色组。

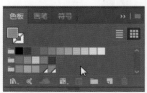

要单独编辑颜色组中的某个色板，可以双击该色板并在"色板选项"对话框中编辑其数据。

4 向下拖动"色板"面板的底部边缘以便查看此面板中的所有色板。单击颜色组中名为 Sign Bg 的色板并将其拖动到 PANTONE 137 C 70% 色板的右侧。

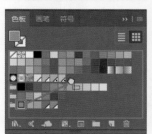

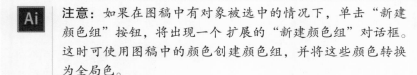 提示：除了可将颜色拖入 / 拖出颜色组，还可以重命名颜色组，对组内颜色重新排序以及进行其他各种操作。

可以将颜色拖进或拖出颜色组。拖入颜色组时，确保组中色板的右侧出现了一条短粗线。否则，可能会出现错误操作。这时可选择"编辑">"还原移动色板"，撤销操作后重新尝试。

7.3.13 创意灵感与"颜色参考"面板

制作图稿时，"颜色参考"面板可以提供各种颜色，以激发创作的灵感。还可使用它选择颜色色调、近似色等，并将其应用于图稿，使用多种方法编辑它们，并将其保存为"色板"面板中的颜色组。

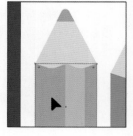

接下来，将使用"颜色参考"面板来为将成为徽标一部分的几支铅笔选择不同的颜色，然后在"色板"面板中将这些颜色保存为颜色组。

1 在文档窗口左下角的画板导航菜单中选择 2 Pencils 1。

2 使用选择工具（▶）单击深绿色的铅笔杆。确保在工具面板或"色板"面板中选中了"填色"框。

3 选择"窗口">"颜色参考",打开"颜色参考"面板。单击"将基色设置为当前颜色"按
   钮（▣），参见右图。

这样做会让"颜色参考"面板根据该按钮的颜色来推荐颜色。在"颜色参考"面板中看到的
颜色可能有所差异，这没有关系。

下面，将尝试使用协调规则来创建颜色。

4 在"颜色参考"面板的"协调规则"下拉列表（下图中使用红色圈出的部分）中选择"近
   似色"。

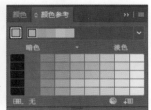

> **Ai** 提示：除默认的淡色／暗色外，还可以选择其他不同的颜色变化方式，如冷色／暖色。
> 单击"颜色参考"面板菜单按钮（▤），并从中选择即可。

在深绿色基色的右侧，创建了一个颜色的基本组，而一系列基本组的暗色和淡色就出现在了
面板中。这里有许多种协调规则可选，而每种都会基于选中的颜色生成一种颜色策略。而这里设
置的基色（深绿色）就是生成颜色策略的基色。

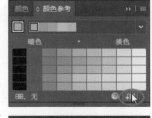

5 单击"颜色参考"面板底部的"将颜色保存到'色板'面板"
   按钮（▣），将这些将基色（顶部的 5 种颜色）作为一个颜色组
   保存到"色板"面板中。

6 选择"选择">"取消选择"。

7 单击"色板"面板图标（▦）。向下滚动以便查看添加的新组，
   如果需要的话。

接下来，将使用刚得到的颜色组来创建另一个颜色组。

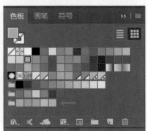

8 单击"颜色参考"面板图标（◣），打开"颜色参考"面板。

9 在"颜色参考"面板的色板列表中，选择第四排从左侧数第五
   个颜色（参见右图）。如果铅笔杆仍被选中，则它现在将充满黄
   色／绿色。

10 单击"将基色设置为当前颜色"按钮（▣）（下图中使用红色圈出的位置），确保面板创建的所有颜色都基于此黄色/绿色。

11 从"协调规则"菜单中选择"三色组合2"。

12 单击"将颜色保存到"色板"面板"按钮（▦▦），将这些颜色作为一个颜色组保存到"色板"面板中。

 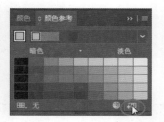

使用 Adobe 颜色主题

　　"颜色主题"面板（"窗口" > "颜色主题"）显示并同步使用您的帐户在 Adobe Color CC 网站上创建的颜色主题。在 Illustrator CC 中使用的 Adobe ID 会自动用来登录到 Adobe Color CC 网站，并且"颜色主题"面板会显示最新的 Adobe 颜色主题。

 注意：有关使用"颜色主题"面板的更多信息，请在 Illustrator 帮助（"帮助" > "Illustrator 帮助"）中搜索"颜色主题"。

7.3.14 在"编辑颜色"对话框中编辑颜色组

　　在"色板"面板或"颜色参考"面板中创建颜色组后，仍可编辑"色板"面板中的各个颜色或整个颜色组（双击"色板"面板中的每个颜色或颜色组）。本节将介绍如何使用"编辑颜色"对话框编辑颜色组中的颜色。然后，将会用这些颜色对图稿上色。

1 选择"选择" > "取消选择"（如果它是可用的），然后单击"色板"面板图标（▦▦），以便显示此面板。

　　取消选择的这步操作很重要！如果在图稿被选中的情况下编辑颜色组，这些更新将作用于被选中的图稿。

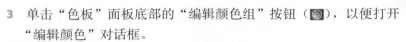

2 单击最底部刚创建的颜色组左侧的"颜色组"图标（▭），选中该颜色组。图中使用红色圈出了该颜色组。

 提示：没有选中图稿的任何内容时，可通过双击颜色组图标来打开"编辑颜色"对话框。

3 单击"色板"面板底部的"编辑颜色组"按钮（⊛），以便打开"编辑颜色"对话框。

"编辑颜色组"按钮（⊛）在"色板"面板和"颜色参考"面板中都有出现。该对话框可以通过各种方法创建、编辑颜色组。对话框右侧，"颜色组"的下方，是所有现有颜色组列表。

4 在颜色组中选择"颜色组 2"，并在文本框中将其重命名为 Pencil Colors。这是重命名颜色组的一种方法。

接下来，将对 Pencil Colors 组中的颜色进行一些更改。在"编辑颜色"对话框的左侧，可编辑整个颜色组，也可独立编辑每个颜色；可直观编辑，也可输入数据以便精确编辑颜色。在色轮中，有标示该颜色组中每种颜色的标记（圆圈）。

5 在对话框左侧的色轮中，蓝色圆圈（标记）位于色轮的左下部分，将其向左下方拖动一些。

提示：注意到色轮上，颜色组中的所有颜色一起移动或改变。这是因为默认情况下它们是联动的。

将颜色标记向色轮边缘拖动，将提高饱和度，将颜色标记向色轮中央拖动，将降低饱和度，将颜色标记绕色轮顺时针/逆时针转动，则是调整颜色的色相。

 注意：最大的黄色/绿色标记是最初在"颜色参考"面板中设置的颜色组的基色。

6   向右拖动色轮正下方的"调整亮度"滑块，同时加亮所有的颜色。

下面，将独立地编辑颜色组中的各个颜色，并将其保存为一个新的颜色组。

 注意：如果想将颜色设置得与本课预设值接近，可在"编辑颜色"对话框中，将色轮下方的 H（高）、S、B 值调成如图所示的数值。

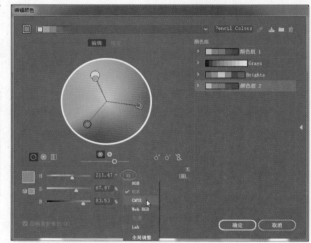

7   单击"编辑颜色"对话框中的"取消链接协调颜色"按钮（ 🔒 ），以便独立地编辑。

颜色标记（圆圈）与色轮中心之间的线条将变成虚线，这表明可独立地编辑颜色了。下面，将通过输入特定数据来编辑颜色，而不是拖动色轮中的标记。

8   单击色轮下方 HSB 值右侧的"颜色模式"图标（ ☰ ），选择"CMYK"，如果 CMYK 滑块不可见的话。

9   单击选择色轮中的红色/紫色标记（图中使用红色圈出的部分）。将 CMYK 值更改为 "C=29 M=81 Y=100 K=28"。

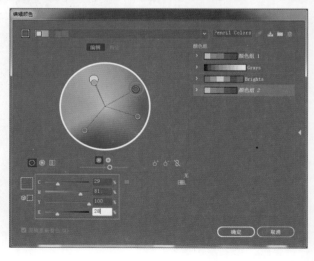

Ai 注意：此图显示了更改 CMYK 值的结果。

注意到仅有该红色 / 紫色标记在色轮中移动了。这是因为单击了"取消链接协调颜色"按钮。保留该对话框为打开状态，以便之后使用。

Ai 注意：如果"编辑颜色"对话框中的颜色标记与图中所示的颜色不同，这没有关系。

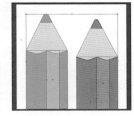

10 在"编辑颜色"对话框的右上角，单击"将更改保存到颜色组"按钮（），以便保存所做修改。

如果决定对另一个颜色组的颜色进行更改，可以在"编辑颜色"对话框的右侧选择该颜色组，并在对话框左侧编辑即可。然后，可以将更改保存到颜色组，方法是单击对话框右上角的"将更改保存到颜色组"按钮（）。

单击"确定"，关闭"编辑颜色"对话框。

11 而更改后的颜色都将显示在"色板"面板中。如果看到的颜色与图不一致，没关系的。

Ai 注意：单击"确定"按钮后，如果出现了对话框，单击"是"将修改保存至颜色组即可。

12 选择"文件" > "存储"。

7.3.15 编辑图稿中的颜色

使用"重新着色图稿"命令可以编辑选定图稿的颜色。在没有使用全局色时，这非常有用，但更新选定图稿的颜色时可能会花费些时间。接下来，将编辑铅笔图稿的颜色，而它所使用的颜色并没有保存在"色板"面板中。

1 选择"选择" > "现用画板上的全部对象"以选择所有图稿。

2 在控制面板中单击"重新着色图稿"按钮（），打开"重新着色图稿"对话框。

Ai 提示：要打开"重新着色图稿"对话框，还可以通过选中图稿，再选择"编辑" > "编辑颜色" > "重新着色图稿"。

在"重新着色图稿"对话框中，可以编辑、重新指定或减少所选图稿的颜色数，还可以创建和编辑颜色组。它和"编辑颜色"对话框十分相似。最大的不同在于"编辑颜色"对话框只能编辑颜色和颜色组，而"重新着色图稿"对话框还可以修改所选图稿上已应用的颜色。

3 在"重新着色图稿"对话框中，单击对话框右侧的"隐藏颜色组存储区"图标（◀），参见下图。

和"编辑颜色"对话框相似，"色板"面板中所有的颜色组都出现在"重新着色图稿"对话框的右侧（颜色存储区）。在该对话框中，可以用这些颜色组中的颜色为所选图稿上色。

4 单击"重新着色图稿"对话框右上角的"从所选图稿获取颜色"图标（✎），以便确保所选图稿的颜色显示在此对话框中。

5 单击"编辑"选项卡，使用色轮编辑图稿中的颜色。

6 确保对话框中显示的是"链接协调颜色"图标（⬡），以便独立编辑各个颜色。否则，单击它，取消链接（⬡）。

颜色标记（圆）与色轮的中心之间的线应该是虚线。创建颜色组后，可使用色轮和 CMYK 滑块来编辑颜色。这一次，将使用另一种方法来调整颜色。

7 单击"显示颜色条"按钮（▥），以颜色条来显示所选图稿应用的颜色。

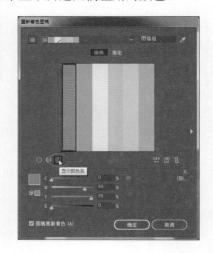

8 如果需要的话，单击深橙色的颜色条，以便选择它。

Ai **提示：** 如果要恢复原始徽标的颜色，可单击"从所选图稿获取颜色"按钮（✎）。

---

9 在此对话框的底部，将 M 值（洋红色）更改为 100。如果此对话框没有遮住图稿的话，则可以看到图稿的变化。

10 单击当前选定颜色条右侧的浅橙色颜色条。

将鼠标指针放在浅橙色颜色条上，右键单击并从显示的菜单中选择"选择底纹"。在底纹菜单单击并拖动，以更改该颜色条的颜色。在底纹菜单外单击关闭它。

编辑颜色有许多颜色选项，是另一种观察和编辑颜色的方法。有关其相关选项的更多信息，请在 Illustrator 帮助（"帮助" > "Illustrator 帮助"）中搜索"颜色组（协调规则）"。

提示：要将编辑后的颜色保存为颜色组，可以单击"重新着色图稿"对话框右侧的"显示颜色组存储区"图标（▶），然后单击"新建颜色组"按钮（■）。

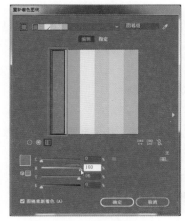
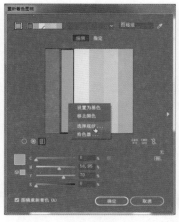
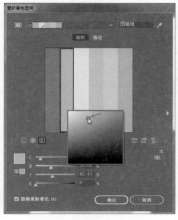

单击深橙色颜色条并编辑它　　　选中浅橙色颜色条并选择"选择底纹"　　　更改底纹

11 在"重新着色图稿"对话框中单击"确定"。

12 选择"选择"＞"取消选择"，然后选择"文件"＞"存储"。

7.3.16　给图稿指定颜色

在前面的章节中了解到，在"重新着色图稿"对话框中，可以直接编辑图稿中现有的颜色，还可以选择一个已存在的颜色组指定给图稿。下面，将指定一个颜色组给其他图稿上色。

1 在文档窗口左下角的画板导航菜单中选择 3 Pencils 2。

2 选择"选择"＞"现用画板上的全部对象"，选择彩色铅笔图稿。

3 在控制面板中单击"重新着色图稿"按钮（　）。

4 单击对话框右侧的"显示颜色组存储区"
图标（▶），显示颜色组。选中对话框左
侧上部的"指定"选项卡。

在"重新着色图稿"对话框的左侧，注意到
选中铅笔图稿所应用的颜色出现在"当前颜色
（7）"栏，而且是按"色相－向前"排序。这表明
从上到下的顺序是按照色轮中的排序：红色、橘
色、黄色、绿色、蓝色、靛蓝色和紫色。

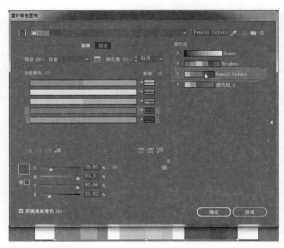

5 在"重新着色图稿"对话框的"颜色组"
下，选择之前创建的 Pencil Colors。画板
上的所选图稿应该改变颜色。

注意： 如果图稿的颜色没有改变，确保选中了"重新着色图稿"左下角的"图稿重新着色"。

在"重新着色图稿"对话框的左侧，注意到 Pencil Colors 颜色组的颜色被指定给铅笔图稿。"当前颜色"栏显示的是铅笔图稿中的原始颜色，而"新建"栏显示的是铅笔图稿将会变成什么颜色（被指定了哪种颜色）。

 注意： 指定颜色组时，白色、黑色和灰色是典型的预留色，不会改变。

6 单击"隐藏颜色组存储区"图标（◀），隐藏颜色组。拖动对话框顶部的标题栏，以便观察图稿的变化。

7 单击"当前颜色"栏中奶油色右侧的小箭头，参见下图。

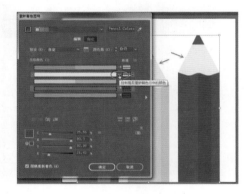

这告诉 Illustrator 不要更改选定的图稿，颜色（铅笔原图）反映在图稿在画板上。

您也可能不喜欢 Pencil Colors 组中的颜色指定给图稿的方式。可以用不同的方式在"新建"栏中编辑颜色，甚至重新指定当前颜色。这是接下来要做的事情。

8 在"当前颜色"栏中，将较浅的蓝色条向上拖动到较深的蓝色条上方。

基本上，您只是告诉 Illustrator 使用"新建"栏中的洋红色（红色）取代深蓝色和浅蓝色。Illustrator 使用与原始颜色相同的色调值来指定两种颜色。

9 在"新建"栏中，将顶部的黄色框向下拖动到蓝色的上方，然后释放鼠标按键。

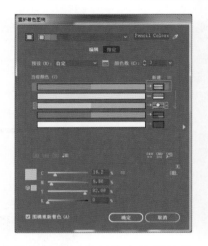 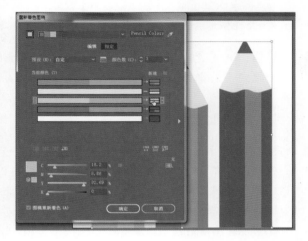

这是将颜色组重新指定给图稿的一种方法。而"新建"栏中的颜色是图稿中会出现的颜色。如果单击"新建"栏中的一个颜色，则会注意到通过对话框底部的 CMYK 滑块可以编辑它。

10 单击"新建"栏（图中使用红色圈出的部分）中的酒红色（红色）框。如果有必要，将 Y 值（黄色）更改为 100。

 提示： 也可以在"新建"栏中双击颜色，在拾色器中编辑颜色。

11 单击对话框右侧的"显示颜色组存储区"图标（▶），显示颜色组。

12 单击"重新着色图稿"对话框右上角的"将更改保存到颜色组"按钮（▣），以便保存编辑后的颜色组。此时对话框仍为打开状态。

13 单击"确定"，关闭"重新着色图稿"对话框，此时，被编辑的颜色已被保存到"色板"面板中。

14 选择"选择">"取消选择"，然后选择"文件">"存储"。

在"重新着色图稿"对话框中，包含许多用于编辑选中图稿的颜色的选项，比如减少颜色数、应用其他颜色（如 PANTONE 颜色）以及其他设置。

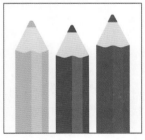

注意： 有关如何使用颜色组的更多信息，请在 Illustrator 帮助（"帮助">"Illustrator 帮助"）中搜索"使用颜色组"。

7.4 使用实时上色

实时上色能够自动检测、校正原本将影响填色和描边色应用的间隙，并直观地给矢量图形上色。路径将绘图表面分割成不同的区域，其中每个区域都可上色。而不管该区域的边界是由一条路径还是多条路径构成。给对象实时上色，就像填充色标簿或者使用水彩给铅笔素描上色一样。

> **Ai** 注意：有关实时上色的更多信息，请在 Illustrator 帮助（"帮助" > "Illustrator 帮助"）中搜索"实时上色组"。

7.4.1 创建实时上色组

下面将使用实时上色工具给图稿上色。

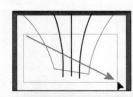

1. 在文档窗口左下角的画板导航菜单中选择 4 Live Paint。
2. 选中选择工具（▶），拖动选框以便选中画板顶部的图稿。
此图稿由一个闭合路径及在其上方绘制的三条线组成。
3. 在工具面板中从形状生成器工具（🔧）组中选择实时上色工具（🪣）。

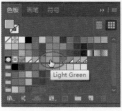

4. 单击"色板"面板图标（▦），显示此面板。在"色板"面板中单击选择原始 Palette Colors 组中名为 Light Green 的色板。
5. 将鼠标指针放在形状的第一部分上（左侧），然后单击将选定的形状转换为实时上色组。

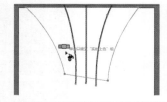

> **Ai** 提示：可以通过选择"对象" > "实时上色" > "建立"将选定的图稿转换为实时上色组。

可单击任意形状将其转换为实时上色组，此时，选中的形状变成了绿色。使用实时上色工具单击已选中的形状，可创建实时上色组，并用该工具对其上色。创建实时上色组后，路径被当作对象组，仍是可编辑的。而移动路径或调整其形状时，将自动把颜色重新应用于编辑后的路径形成的区域。

7.4.2 使用实时上色组工具上色

将对象转换为实时上色组后，可以通过多种方法对其上色，这就是接下来要做的事情。

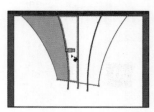

1. 将鼠标指针放置在实时上色组中绿色区域的右侧。

将被上色的形状周围将会出现一个红色高亮的边界线，而鼠标指针上面将出现 3 个色板。所选颜色（浅绿色）位于中间，而该颜色在"色板"面板中左右相邻的两个颜色位于其两边。

2　按向右箭头键一次，选择橙色色板（鼠标指针上方的 3 个色板会有所反应）。单击将橙色应用于形状。

> **注意**：按箭头键来更改颜色时，"色板"面板中的此颜色会突出显示。可以按向上或向下箭头键以及向上或向右箭头键来选择一种新色板进行上色。

3　在"色板"面板中，单击选择名为 Pink 的色板。在橙色区域的右侧区域中单击。

4　在"色板"面板中单击选择 Blue 色板，然后在粉色区域的右侧中单击。

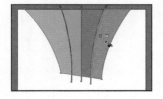

在默认情况下，只能用实时上色工具进行填色。下面将了解如何使用实时上色工具进行描边上色。

> **注意**：有关"实时上色工具选项"对话框的更多信息，包括使用"间隙选项"，请在 Illustrator 帮助（"帮助" > "Illustrator 帮助"）中搜索"使用实时上色工具上色"。

5　在工具面板中双击实时上色工具（🖌），这将打开"实时上色工具选项"对话框。选择"描边上色"选项，然后单击"确定"。

6　在控制面板中从描边色中选择"[无]"（▢）。

按 Esc 键以便隐藏色板面板。

7　将鼠标指针直接放在颜色区域外的路径上，如图所示。当鼠标指针变为一个画笔（✎）时，单击描边，删除描边颜色（通过应用"[无]"色板）。为其他两个路径重复相同的操作。

8　选择"选择" > "取消选择"，然后选择"文件" > "存储"。

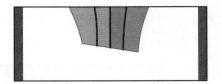

7.4.3　修改实时上色组

建立实时上色组后，其中的每条路径仍是可编辑的。移动或调整路径后，之前填充的颜色不会像油画或图像编辑程序中那样保持不动。相反，Illustrator 将自动把颜色重新应用于编辑后的路径新区域。下面将编辑实时上色组中的路径。

1　选中选择工具（▶），拖动选中画板底部的灰色矩形和棕色手柄。参见下面图的第一部分。

2 选择"对象">"实时上色">"建立"。

3 将选定的组直接向上拖动，使其与上面的白色矩形重叠。

4 使用选择工具，按住 Shift 键并单击白色矩形，以便选择两个对象。

5 在控制面板中单击"合并实时上色"按钮，将新的白色形状添加到实时上色组中。

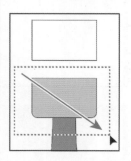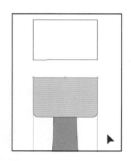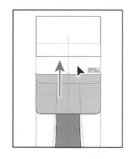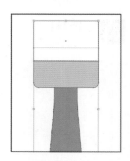

6 在工具面板选择实时上色工具（ ）。在"色板"面板（ ）中，单击选择一种浅灰色。单击对画笔的上半部分上色。在"色板"面板中单击选择一种深灰色，并单击重叠区域，对其进行上色。

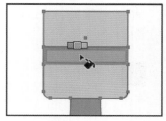

7 使用选择工具选中实时上色对象，双击实时上色对象以进入隔离模式。

> **Ai** 提示：还可以使用直接选择工具编辑选定图稿的锚点（ ）。路径仍然是可编辑的，而且颜色会重新应用于编辑路径后形成的新区域。

8 单击底部的灰色形状（棕色手柄正上方）。向上拖动顶部的中间边界点以便调整大小。请注意每次释放鼠标按键时，填色和描边色是如何变化的。

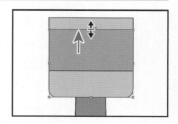

9 选择"选择">"取消选择"，然后按 Esc 键退出隔离模式。

10 选择"对象">"显示全部"，显示文件中画刷的刷尾。

11 选择"视图">"全部适合窗口大小"。

12 选择"文件">"存储"，然后选择"文件">"关闭"。

复习题

1 描述什么是全局色？
2 如何存储颜色？
3 描述什么是色调？
4 如何制定颜色的协调规则？
5 指出至少两种"重新着色图稿"对话框的作用。
6 说明实时上色能够完成哪些任务。

复习题答案

1 全局色是一种颜色色板，可以编辑它，它将自动更新应用该色板的所有图稿的颜色。所有专色都是全局色，而印刷色可以是全局色，也可以是局部的。
2 可以将颜色添加到"色板"面板来存储它，以便使用它给图稿中的其他对象上色。选择要存储的颜色，并执行以下操作之一即可。
   - 将其从填色框拖动到"色板"面板中。
   - 单击"色板"面板底部的"新建色板"按钮（）。
   - 从"色板"面板菜单（）中选择"新建色板"。
   - 在"颜色"面板菜单（）中选择"创建新色板"。
3 色调是混合了白色的较淡颜色版本。可基于全局印刷色（比如 CMYK）或专色创建色调。
4 可以在"颜色参考"面板中选择颜色协调规则。颜色协调规则可根据选定的基色来生成一种颜色策略。
5 "重新着色图稿"对话框可以更改选定图稿中的颜色，创建和编辑颜色组，重新指定或减少图稿中的颜色数。
6 实时上色能够自动检测、校正原本将影响填色和描边色应用的间隙，并直观地给矢量图形上色。路径将绘图表面分割成不同的区域，其中每个区域都可上色。而不管该区域的边界是由一条路径还是多条路径构成。给对象实时上色，就像填充色标簿或者使用水彩给铅笔素描上色一样。

第8课 为海报添加文字

课程概述

在本课中，您将学习如何执行下列操作：

- 创建和编辑区域文字和点文字；
- 导入文本；
- 创建多列文本；
- 更改文本属性；
- 使用修饰文字工具修改文本；
- 创建和编辑段落和字符样式；
- 将文本绕排在对象周围；
- 使用变形调整文本形状；
- 沿路径和形状创建文本；
- 创建文字轮廓。

学习本课内容大约需要75分钟，请将素材 Lesson08 复制到您的硬盘中。

作为一种设计元素，文本在插图中扮演了非常重要的角色。和其他对象一样，也可以给文字上色，对其进行缩放、旋转等操作。本课将探索如何创建基本的文字和有趣的文字效果。

8.1 开始本课

在本课中，会为海报和明信片添加文字，但在此之前需要恢复 Adobe Illustrator CC 的默认首选项，并打开本课最终完成的图稿文件，以便查看最终效果。

1 确保工具和面板的功能如本课所述，请删除或禁用（重命名）Adobe Illustrator CC 首选项文件。

2 启动 Adobe Illustrator CC。

3 选择"文件">"打开"。找到 Lessons>Lesson08 文件夹中名为 L8_end.ai 的文件。单击"打开"。

可能会因为文件使用的某一特定的 Typekit 字体而导致出现"缺少字体"对话框，只需单击"关闭"即可。本课稍后将详细介绍 Typekit 字体。

如果您喜欢的话，把文件打开后供参考。我关闭它。

4 选择"文件">"打开"，在"打开"对话框中，浏览到硬盘上的 Lessons>Lesson08 文件夹并选择 L8_start.ai 文件，单击"打开"，打开此文件。

> **Ai** **注意**：如果在工作区菜单中，没有看到"重置基本功能"，请在选择"窗口">"工作区">"重置基本功能"之前选择"窗口">"工作区">"基本功能"。

此文件内已有非文本内容。之后将会为其添加所有文本元素，完成这张海报和名片（正面和背面）。

5 选择"文件">"存储为"，在"存储为"对话框中，浏览到 Lesson08 文件夹，将文件重命名为 BuzzSoda.ai。从"格式"菜单（macOS）选择 Adobe Illustrator（ai），或从"保存类型"菜单选择 Adobe Illustrator（*.AI）（Windows），单击"保存"。

6 在"Illustrator 选项"对话框中，保留默认设置，然后单击"确定"。

7 选择"窗口">"工作区">"重置基本功能"。

8.2 为海报添加文字

文字功能是 Illustrator 最强大的功能之一。就像在 Adobe InDesign 中一样，可以在图稿中添加单行文字、创建多列和多行文字、沿形状或路径排列文字以及像使用图形对象那样使用文字。在 Illustrator 中，创建文本主要有 3 种不同的方式：点文字、区域文字和路径文字。

8.2.1 添加点文字

点文字是一行或一列文字，它从鼠标单击的位置开始，并随字符的输入而不断延伸。每行文本都是独立的，编辑时它将扩大或收缩，但不会换行，除非手动加入段标记或换行符。在图稿中添加标题或为数不多的单词时，可以使用这种方式。下面将为海报添加一些点文字。

1. 确保在文档窗口左下角的画板导航菜单中选择了 1 Poster。
2. 在工具面板中选择缩放工具（🔍），并在大画板的顶部缓慢地单击两次。
3. 选择"窗口">"图层"，显示"图层"面板。

选择名为 Text 的图层，如果未选中它的话。单击"图层"面板选项卡以便折叠它。

4. 在工具面板中选择文字工具（T），在画板顶部的白色区域中单击（不要拖动）。画板上会出现一个光标和一些选定的占位符文本"Lorem ipsum"。输入 BUZZ soda。

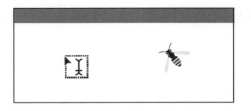
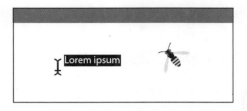

> **Ai** **注意**：选择一个图层意味着之后创建的所有内容都将位于此图层上。第 9 课将介绍有关图层的所有信息和如何使用它们。

5. 在工具面板中选中选择工具（▶），拖动右下方的边界点，将其拖离文本中心。

> **Ai** **注意**：以这种方式缩放点文字将拉伸文本，如果拖动任意边界点的话。这可能生成不是整数的字体大小（例如 12.93pt）。

6. 选择"编辑">"还原缩放"，然后选择"视图">"画板适合窗口大小"。

8.2.2 添加区域文字

区域文字使用对象（比如矩形）的边界来控制字符的排列方式，或水平排列，或垂直排列。当文字到达边界时，将自动换行以限定在指定区域内。在需要创建一个或多个段落时，比如海报或小册子，可以使用这种方法。

要创建区域文字，可使用文字工具（**T**）单击要显示文字的地方，再拖动一个区域以创建一个区域文本对象（文本区域）。还可以将现有形状或对象转换成文本对象，方法是使用文字工具单击对象的边缘或内部。下面，将创建区域文本对象，并输入一些文字。

1 在文档窗口左下角的画板导航菜单中选择 2 CardFront。

2 选择文字工具（**T**），将鼠标指针放在画板中心。单击并向右下方拖动创建宽度和高度大约为 1in 的文本区域。

在默认情况下，会使用所选的占位符文本填充文本对象，可以将占位符文本替换成自己的内容。

3 选中占位符文本，输入 Buzz Soda Company。

注意文本会水平自动换行，以便适应文本区域。

> **Ai** **提示**：可以在首选项中更改填充文本对象的文本。选择 Illustrator>"首选项"（macOS）或"编辑">"首选项"（Windows），选择"文字"类别，并取消选择"用占位符文本填充新文本对象"以关闭此选项。

4 选中选择工具（▶），然后将右下方的边界点向左侧拖动，然后再拖动回右侧，看看文本是如何换行的。

可以拖动任何文本区域 8 个边界点中的任意一个来调整大小。

在继续之前，请确保该文本区域如图所示。

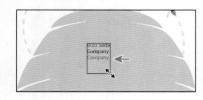 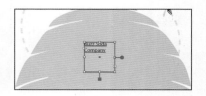

8.2.3 使用自动调整

在默认情况下，使用文字工具拖动创建区域文本时，文本区域不会自动调整以适应其中的文本（与 InDesign 默认对待文本框的方式类似）。如果文本太多，则在文本区域以外的文本将不可见并且将被视为溢流文本。对于每个文本区域，可以启用自动调整功能，这样文本区域将自动调整以便适应其中的文本，这就是您接下来要做的事情。

1. 选择文本区域，查看底部的中间边界点，会看到一个小部件（），表示文本区域未设置为自动调整大小。将鼠标指针悬停在小部件末端的方框上，鼠标指针变为 时双击。

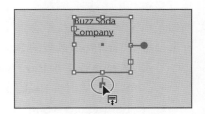

	注意：此图显示的是双击之前的状态。

	提示：如果为选定的文本区域启用了自动调整，则将文本区域底部的一个边界点向下拖动会禁用自动调整。

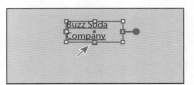

双击该部件，将启用自动调整。在编辑和重新编辑文本时，文本框缩小和（仅）纵向增加以适应不断增加的文本并消除溢流文本（超出文本框的内容），无须手动重新调整文本框。

	提示：如果使用选择工具（▶）或直接选择工具（▷）双击文本，则将选中文字工具。

2. 选择文字工具（**T**），然后将鼠标指针放在 Company 之后，确保看到的鼠标指针是 而不是 ，单击插入光标。按 Enter 键或 Return 键，并输入 Raleigh, North Carolina。

	注意：在本例中，在看到此鼠标指针（ ）时，单击将创建一个新的点文本区域。

文本区域将纵向扩展以适应新文本。如果双击自动调整小部件，则将关闭此区域文字的自动调整。此文本区域将保持当前大小，无论将添加多少文本。

3. 选择和删除除 Buzz Soda Co 之外的所有文本。

注意，文本区域会纵向收缩以适应文本，因为此文本对象启用了自动调整。

8.2.4　在区域文字和点文字之间转换

可以轻松地在区域文本对象和点文本对象之间转换。如果通过单击（创建点文字）键入了一个标题，但稍后希望调整大小并添加更多文本，并且不会拉伸内部的文本，则在两种文字之间转换可能很有用。这种方法还适用于下列情况：从 Adobe InDesign 向 Illustrator 中粘贴一段文字，粘贴后是点文字类型。大多数情况下，它更适合作为区域文本对象，这样其中的文本可以流动。接下来会将 2 CardFront 画板的 Buzz Soda Co 文本对象从区域文字转换成点文字。

1　仍选择具有文本 Buzz Soda Co 的 2 CardFront 画板，选择文字工具，将光标放在 Soda Co 中 S 的右侧。按 Backspace 或 Delete 键，删除 Buzz 和 Soda 之间的空格。

2　按 Shift +Enter（Shift+Return）组合键添加软回车。

> **Ai** 提示：要查看软回车，可以通过选择"文字">"显示隐藏字符"来显示隐藏字符。

3　选中选择工具（▶），并将鼠标指针放在文本对象右边缘外的注释器（━●）上。助视器末端被填充表明这是区域文字。当鼠标指针改变时（▸ᴛ），单击一次会看到一条消息"双击转换为点状文字"。双击注释器将区域文字转换为点文字。

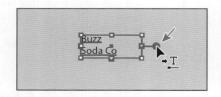 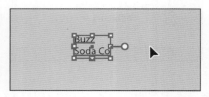

> **Ai** 提示：选中文本对象时，也可以选择"文字">"转换为点状文字"或"转换为区域文字"，这取决于所选文本区域的类型。

注释器末端现在应该是空心的（━○），表明这是点文本对象。如果要调整边框的大小，则文本也会相应地缩放。

4　按住 Shift 键，将右下角的边界点向右下方拖动，直到鼠标指针旁边的度量标签显示宽度为 2.5in 为止。释放鼠标按键，然后释放 Shift 键。

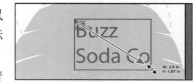

由于文本现在是点文字，因此，在调整文本区域时它会随着

拉伸。这时按住 Shift 键很重要，否则文本很可能会被扭曲。

8.2.5 导入纯文本文件

可以将其他应用程序创建的文件中的文本导入到图稿中。编写本书时，Illustrator 支持 DOC、DOCX、RTF、使用 ANSI、Unicode、Shift JIS、GB2312、Chinese Big 5、Cyrillic、GB18030、Greek、Turkish、Baltic 和 Central European 编码的纯文本（ASCII）。与复制并粘贴文本相比，从文件中导入文本的优点之一是，导入的文本将保留其字符和段落格式（默认情况下）。例如，在 Illustrator 中，来自 RTF 文件的文本将保留其字体和样式，除非在导入文本时选择删除格式。在本节中，会将纯文本文件的文本置入设计稿中。

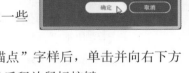

> **Ai** 提示：如果还没有最终文本，则可以将占位符文本添加到文件中。将光标放在文本对象或路径文本中，选择"文字">"用占位符文本填充"。

1 在文档窗口左下角的画板导航菜单中选择 1 Poster。
2 选择"文件">"置入"。在 Lessons>Lesson08 文件夹中，选择 L8_text.txt 文件。在"置入"对话框中，单击"选项"按钮，以便查看导入选项，如果需要的话。选择"显示导入选项"并单击"置入"。

> **Ai** 提示：还可以将文本置入到现有文本区域中。

3 在"文本导入选项"对话框中，可以在导入文本之前设置一些选项。保留默认设置，然后单击"确定"。
4 将置入文本鼠标指针指向浅绿色参考框的左上角，出现"锚点"字样后，单击并向右下方向拖动，直到鼠标指针到达浅绿色参考框的右下角为止，然后释放鼠标按键。
如果仅使用加载文本鼠标指针单击，将会被创建比画板小的区域文本对象。

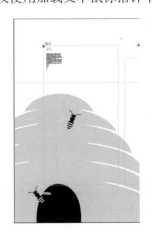
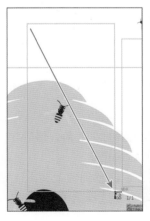
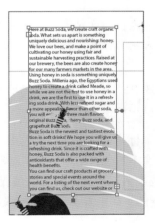

5 使用选择工具（▶）将文本对象的底部边界点向上拖动到水平参
  考线。在输出端口会出现一个溢流文本图标（⊞）。
保持选中区域文本对象。

> **Ai** 提示：在 Illustrator 中置入（"文件" > "置入"）RTF（富文本格式）
> 或 Word 文档（.doc 或 .docx）时，将会出现 "Microsoft Word
> 选项" 对话框。在该对话框中，可选择保留 "目录文本"、"脚
> 注 / 尾注" 或 "索引文本"，或选择 "移去文本格式"。而默认
> 情况下，会将文本的类型和格式一起导入到 Illustrator 中。

8.3 串接文本

使用区域文字（不是点文字）时，每个区域文本对象都包含一个输入连接点和一个输出连接
点。由此可链接到其他对象并创建文本对象的链接副本。

空输出连接点表示所有文本都是可见的，且对象尚未链接。连
接点中的箭头表示此文本对象已链接到另一个文本对象。输出连
接点中的红色加号符号（⊞）表示对象包含其余文本，这些剩余的不

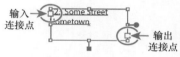

可见文本称为溢流文本。要显示所有的溢流文本，可以将文本串接到另一个文本对象，调整文本
对象的大小或调整文本。要将文本从一个对象串接到另一个
对象，则必须链接这些对象。链接的文本对象可以是任何形
状，但是，文本必须是路径文字或区域文字，而不能是点文
字（仅用文字工具单击而创建的文字）。

下面将串接几个文本区域之间的文本。

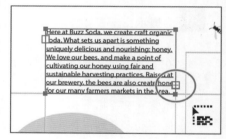

1 使用选择工具（▶）单击文本对象（它有一个红色
  的加号符号⊞）右下角的输出连接点（较大的框）。
移动时鼠标指针将变为加载的文本图标（▤）。

> **Ai** 注意：如果双击输出连接点，将新建一个文本区域。此时可将新建的文本区域拖放到
> 正确的位置，也可选择 "编辑" > "还原链接串接文本"，以便重新操作这一步。

> **Ai** 注意：由于参考线可能很难单击到输出连接点。始终可以放大，但在执行后续步骤之
> 前记得缩小。

2 将鼠标指针放置在浅绿色参考线框的左上角，然后在 "锚点" 一词出现时单击。创建的区
  域文本对象将与原始文本对象大小相同。

在仍选中第二个文本对象的情况下，注意到两个文本区域之间有一条直线，这表明两个文本
区域是相连的。如果看不到该连接线，可以选择菜单 "视图" > "显示文本串接"。

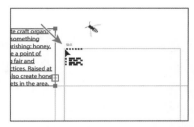
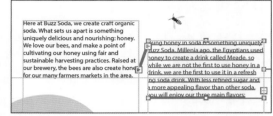

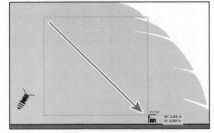

Ai 提示：在对象之间串接文本的另一种方法是，先选择一个文本区域，再选择一个或多个要链接到的对象，然后选择"文字"＞"串接文本"＞"创建"。

画板上的第一个（左侧）文本对象的输出连接点（▶）和画板上第二个（右侧）文本对象的输入连接点（▶）都有一个小箭头，表示文本如何从一个对象流到另一个对象。如果删除第二个文本对象，则其中的文本将返回到原来的文本区域并成为溢流文本。溢流文本虽然不可见，但并没有删除。

3 单击第二个文本对象右下角的输出连接点。它很可能有一个红色加号符号（⊞），表明它是溢流文本。单击后移动鼠标指针，应该会和之前一样看到加载的文本图标。

4 在文档窗口左下角的画板导航菜单中选择 3 CardBack。

5 单击并拖动在浅绿色参考线框内创建一个空白的文本区域。

新文本区域很有可能包含文本。在下一节中，将学习如何格式化文本，使其更易读。在格式化（比如字体大小）变化时，文本就开始在文本区域之间流动，这就是我们想要的。

Ai 提示：可以分割串接文本，以便每个文本区域与另一个文本区域不再连接，方法是通过选择"文字"＞"串接文本"＞"移去串接文字"来选择其中一个串接文本区域（但文本仍然存在）。选择"文字"＞"串接文本"＞"释放所选文字"会将串接文本分割成所选文本区域并移除文本。

8.4 格式化文字

可以设置文字的格式，如字符格式和段落格式、填色和描边色、透明度等。还可以对文本对象中选中的单个文字、一段文字或所有文字应用某个格式。选中整个文本对象，而不是对象内部的文本，就可以对对象内的所有文本应用全局格式选项，包括"字符"和"段落"面板中的选项、填色和描边色属性、透明度等。

在本节中，将探索如何修改文本属性，如大小、字体和样式，稍后将学习如何将格式保存为文本样式。

8.4.1 更改字体系列和字体样式

在本节中，将向文本应用字体。除了从自己的计算机为文本应用本地字体外，Creative Cloud 订阅者可以应用同步到自己计算机上的 Typekit 字体。Typekit 是一项订阅服务，可让您访问庞大的字体库，以供在桌面应用程序（比如 InDesign 或 Microsoft Word）和网站中使用。Typekit 组合计划包含在 Creative Cloud 订阅中。Creative Cloud 试用会员可获取来自 Typekit 的部分字体，以便在 Web 和桌面应用程序中使用。这些字体与在本地安装的其他字体一同位于 Illustrator 的字体列表中。在默认情况下，Creative Cloud 桌面应用（版本 1.9 及更高版本）会启用 Typekit，这样就可以同步这些字体，使其可供桌面应用使用。

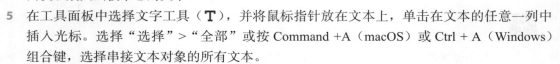
注意：您的计算机必须安装 Creative Cloud 桌面应用程序，并且必须具有互联网连接以初步同步字体。C 首次安装 Illustrator 等 Creative Cloud 应用程序时通常会自动安装 Creative Cloud 桌面应用程序。

同步 Typekit 字体

接下来，将会选择几种 Typekit 字体并使其同步到您的计算机上，以便在 Illustrator 中使用它们。

1. 确保启动了桌面应用程序的 Creative Cloud，并使用自己的 Adobe ID 登录（这需要互联网连接）。
2. 在 Illustrator 中，在文档窗口左下角的画板导航菜单中选择 1 Poster。
3. 选择"选择">"取消选择"。
4. 按 Command + +（macOS）或 Ctrl + +（Windows）组合键两次以放大画板中心的文本。
5. 在工具面板中选择文字工具（**T**），并将鼠标指针放在文本上，单击在文本的任意一列中插入光标。选择"选择">"全部"或按 Command +A（macOS）或 Ctrl + A（Windows）组合键，选择串接文本对象的所有文本。

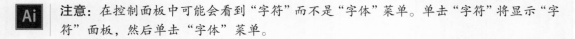
注意：在控制面板中可能会看到"字符"而不是"字体"菜单。单击"字符"将显示"字符"面板，然后单击"字体"菜单。

6. 在控制面板中单击"字体"菜单右侧的箭头，并注意菜单中显示的字体。这些字体都安装在本地。单击"从 Typekit 添加字体"按钮。

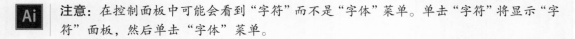
注意：如果被带到 Typekit 主页，则可以简单地单击 Browse Fonts 按钮。

浏览器将打开，并且应该打开 Typekit 网站，使用自己的 Adobe ID 登录。如果没有互联网连接，可以从 Illustrator 的字体菜单中选择任意一种字体。

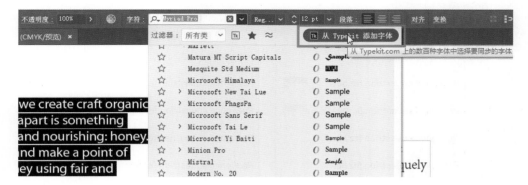

7 在浏览器中打开 Typekit.com 网站后，单击右侧 Classification 选项中的 Sans Serif 按钮。

> **Ai** **注意：** 还可以在页面顶部的 Search Typekit 字段中搜索字体 Adelle Sans。

8 选择 "Sort By Name" 以按字母顺序排列字体（图中使用红色圈出的部分）。

9 将鼠标指针悬停在 "Adelle Sans" 或另一种字体上并单击。

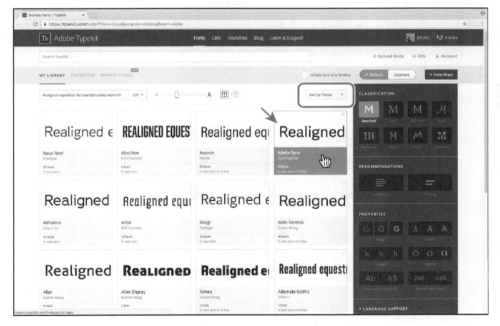

10 在出现的页面中，单击 Adelle Sans Regular、Adelle Sans Italic、Adelle Sans Bold 和 Adelle Sans Bold Italic 右侧的 Sync 按钮。

> **Ai** **提示：** 字体会同步到安装了 Creative Cloud 的所有计算机上。要查看字体，打开 Creative Cloud 桌面应用程序，然后单击 "资源" > "字体" 面板。

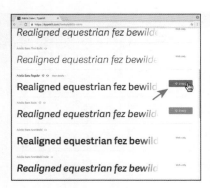

11 在 Search Typekit 字段中输入 Copal，Type Copal Typekit 对页面的顶部。单击搜索放大镜（🔍）或按 Enter 键或 Return 键来在网站中搜索 Copal 字体。

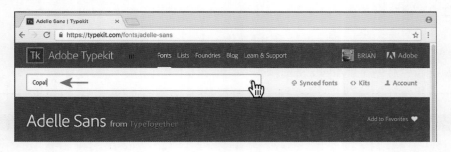

> **Ai** | **注意：** 您看到的字体顺序可能不一样，这没关系。

12 将鼠标指针放在 Copal 字体上并单击。

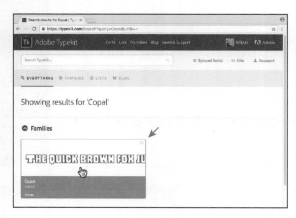

13 与之前的步骤一样，单击 Copal Std Outline 右侧的 Sync 按钮。可以关闭浏览器并返回到 Illustrator 了。

一旦字体同步到自己的计算机上（要有耐心，它可能需要一些时间），就可以开始使用它们了。

在 Illustrator 中将字体应用于文本

现在，Typekit 字体已同步到您的计算机上，可以在任意应用程序中使用它们，这是接下来要做的事情。

1　返回到 Illustrator 中，仍选中串接文本，在控制面板种单击"字体"菜单右侧的箭头。单击"应用 Typekit 过滤器"按钮（⊺ₖ），以过滤字体列表并只显示刚才同步的 Typekit 字体。

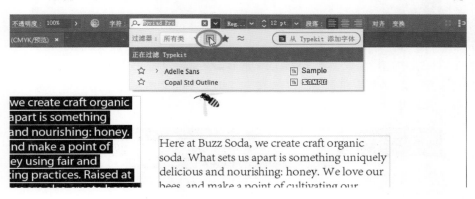

> **注意：** 可能会在菜单中看到其他 Typekit 字体（除了 Adelle Sans 字体外），这没关系的。

2　单击菜单中 Adelle Sans 左侧的箭头，并选择 Regular。

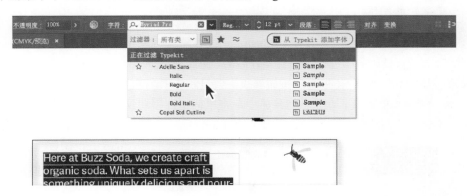

> **提示：** 还可以使用（向上和向下）箭头键浏览字体列表。选择了自己想要的字体后，可以按 Enter 键或 Return 键来应用它。

3　选择"视图">"画板适合窗口大小"。

4　使用选择工具（▶）单击画板顶部的小 BUZZ soda 文本，选择此文本对象。

如果想为点文本或区域文本对象的所有文本应用相同的字体，可以简单地选择对象，而不是文本，然后应用字体。

5　选择"文字">"字体">Adelle Sans>Bold（或另一种字体）。

您的字体列表可能与上图不一样，那没关系。接下来，将使用字体搜索来查找字体。

6 在工具面板中选择缩放工具（ Q ），单击 BUZZ soda 上缓慢单击两次进行放大。

7 选择文字工具，双击单词 BUZZ 选择它。仍选中此文本，在控制面板中选择 Adelle Sans 字体名称。开始输入字母 cop。

> ![Ai] 提示：当光标位于字体名称字段中时，也可以单击"字体系列"字段右侧的 ✕ 来删除当前显示的字体。

在键入文字的下方会出现一个菜单。Illustrator 过滤器会过滤字体列表并显示包含 cop 的字体名称。在此之前，Typekit 字体过滤器一直是开启的，接下来将关闭它。

8 在菜单中单击"清除过滤器"按钮（ ⊞ ）会显示查看所有可用的字体，而不只是 Typekit 字体。在键入文字的下方显示的菜单中，将鼠标指针移动到列表中的字体上。Illustrator 会对文本进行实时字体预览。单击选择 Copal Std Outline 来为选中的文本应用字体。

> ![Ai] 提示：可以单击"字体名称"字段左侧的"放大镜"图标（ Q ），选择只搜索第一个单词。还可以打开"字符"面板（"窗口">"文字">"字符"），并通过键入名称来搜索字体。

在"字体"菜单中，列表中字体名称右侧的图标表示字体的类型（Tk 是 Typekit，O 是 OpenType 字体，TT 是 TrueType，a 是 Adobe PostScript）。

8.4.2　更改字体大小

在默认情况下，字体大小以点（一点等于 1/72in）衡量。在本节中，将更改文本的字体大小，并了解点文字缩放之后的情况。

1 仍选中画板顶部的 BUZZ 文本和文字工具（**T**），选择"选择">"全部"。在控制面板中从"字体大小"菜单的预设大小中选择 72pt。

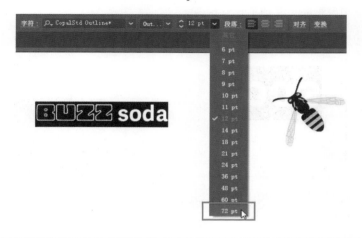

> ![Ai] **注意**：在控制面板中出现的可能是"字符"的字样，而不是"字体"菜单。此时，单击"字符"字样即可打开其面板。

> ![Ai] **提示**：还可使用快捷键快速更改选定文本的字体大小。要每次增大字体 2pt，使用 Ctrl+Shift+>（Windows）或 Command+ Shift+>（macOS）组合键；要减小字体，使用 Ctrl+Shift+<（Windows）或 Command+Shift+<（macOS）组合键。

2 在 BUZZ soda 文本中单击，然后选择单词 BUZZ。在控制面板的"字体大小"字段中选择 72pt，键入 88。按 Enter 或 Return 键。

3 将光标插入到 Soda 中"S"的前面。按 Backspace 或 Delete 键，删除 BUZZ 和 soda 之间的空格。按 Enter 或 Return 键，这样 soda 会自成一行并成为一个新段落。

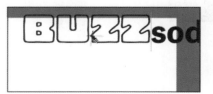

8.4.3 更改字体颜色

可以通过应用填色、描边色等来更改文本的外观。在本课示例中，将更改选中文本的描边色和填色。

1 选择文字工具，选择画板顶部的单词 soda。
2 单击"图层"面板图标（ ），展开此面板。单击名为 Poster Heading 的图层左侧的可见性列，单击"图层"面板选项卡将其折叠。

3 仍选中文本 soda，在控制面板中单击描边色。当"色板"面板出现时，则选择名为"BuzzBrown"的色板。

4 在控制面板中将文本的描边粗细更改为 2pt。
5 在控制面板中将填色更改为名为 Gold 的色板。

6 选择"选择">"取消选择"。
7 选择"文件">"存储"。

8.4.4　更改其他字符格式

在 Illustrator 中，除了字体、字体大小和颜色之外，还可以更改很多文本属性。与在 InDesign 一样，文本属性分为字符格式和段落格式，主要位于控制面板和两个主要面板（"字符"面板和"段落"面板）中。

通过单击控制面板中的"字符"字样，或者选择菜单"窗口" > "文字" > "字符"可以更改众多其他的文本属性，比如字体、字体大小和字间距等。这里将应用其中的一些属性，以尝试各种设置文本格式的方式。

1 选择"窗口" > "文字" > "字符"，打开"字符"面板。单击"字符"面板选项卡左侧的双箭头，以便显示更多选项。

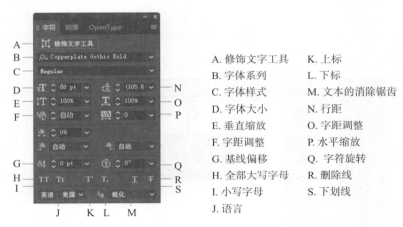

A. 修饰文字工具	K. 上标
B. 字体系列	L. 下标
C. 字体样式	M. 文本的消除锯齿
D. 字体大小	N. 行距
E. 垂直缩放	O. 字距调整
F. 字距调整	P. 水平缩放
G. 基线偏移	Q. 字符旋转
H. 全部大写字母	R. 删除线
I. 小写字母	S. 下划线
J. 语言	

2 按住空格键，暂时使用抓手工具。将画板向上拖放以便查看底部的串接文本。释放空格键。

3 选择文字工具（**T**），在任意一个包含置入文本的串接文本对象中单击。选择"选择" > "全部"。

4 在"字符"面板中，更改下列选项。

提示：还可以在控制面板中单击"字符"来显示"字符"面板。

- 字体大小：11pt。
- 行距（▯）：14pt（行距是文字之间的垂直距离。调整行距有助于文本适应文本区域）。

5 选择"视图">"画板适合窗口大小"。

6 双击画板顶部 BUZZ soda 中的 soda 选择它。

7 选中文本后，在"字符"面板中更改下列格式。
- 行距（▯）：60pt。
- 在"字符"面板中单击"字距调整"图标（▯），在此字段中输入 40。按 Enter 或 Return 键。"字距调整"更改字符间距。正值会将字母水平地分开，负值会将字母挤得更近。
- 单击"全部大写字母"按钮（▯），让字母变成大写字母。这种更改并不是永久更改，因为它是应用的样式，稍后可以删除它。

提示：如果要永久更改文本的情况，可以选择"文字">更改情况并选择一个方法。

8 仍选中文本 SODA，在"字符"面板中单击"垂直缩放"图标（▯），选择值并键入 80。按 Enter 或 Return 键接受值。将"水平缩放"（▯）更改为 110。

9 保持选中文本 SODA。

8.4.5　更改段落格式

和字符格式一样，在输入新文字或更改现有文字外观之前，就可以设置段落属性，如对齐和缩进。如果选择了多个文字路径和文本对象，还可一次性设置它们的属性。大多数的段落格式都可通过"段落"面板进行设置，可直接在控制面板中单击"段落"字样，也可选择"窗口">"文字">"段落"。

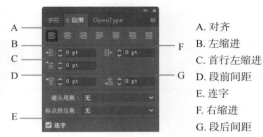

1　在"字符"面板组中单击"段落"选项卡，打开"段落"面板。双击"段落"面板选项卡左侧的双向箭头，以便显示更多选项，如果需要的话。

以下是"段落"面板中的格式选项。

A. 对齐
B. 左缩进
C. 首行左缩进
D. 段前间距
E. 连字
F. 右缩进
G. 段后间距

> ![Ai] **提示**：也可以单击控制面板中的"段落"来显示"段落"面板。

2　仍选中文本 SODA，按 Command +（macOS）或 Ctrl + A（Windows）组合键，选择所有文本 BUZZ SODA。

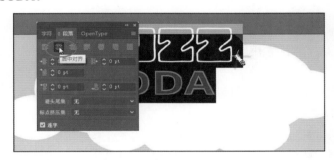

3　单击"居中对齐"按钮（▤），居中对齐文本。

由于文本是点文字，因此它似乎跳到了左侧。在默认情况下，文本与点文本对象最左侧的边缘对齐。

4　选中选择工具（▶），将文本对象拖动到画板中心，如图所示。

5　选择"视图">"全部适合窗口大小"。

6. 选择文字工具（**T**），将光标插入到 BUZZ SODA 下方的串接文字中。按 Cmd +（macOS）或 Ctrl + A（Windows）组合键，选择文本。

7. 在"段落"面板中将"段后间距"（圖）更改为 6pt。

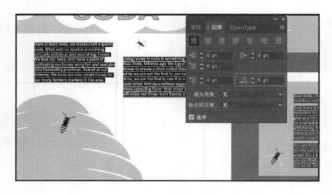

通过设置段后间距，而不是按 Enter 或 Return 键，有利于保持文本的一致性，方便以后编辑。

8. 选择"选择" > "取消选择"，然后选择"文件" > "存储"。

8.4.6 使用修饰文字工具修改文本

使用修饰文字工具（圖），可以使用鼠标光标或触摸控件修改字符的属性，比如大小、比例和旋转等。这是一种应用字符格式化属性（基线偏移、水平缩放和垂直缩放、旋转和字距调整）的直观（和有趣的）方式。

1. 选择缩放工具（Q），然后缓慢单击标题 BUZZ SODA 几次进行放大。确保可以看到所有的 BUZZ SODA 文本。

2. 使用选择工具（▶），单击选择 BUZZ SODA 文本对象。

3. 选择修饰文字工具（圖），方法是在工具面板中按住文字工具（**T**），然后选择修饰文字工具。

选择了修饰文字工具后，文档窗口顶部会出现一条消息，告诉您单击一个字符来选择它。

 注意： 在单击了字母之后，可能仍会在文本 BUZZ SODA 周围看到一个边界框。但本节中的图并没有展示这一点。

4. 单击 BUZZ 中的字母 B 选择它。

选中该字母后，在它周围会出现一个方框和一个圆点。方框上的不同点可以不同的方式调整字符，如您所见。

5. 单击并将方框的右上角拖离中心，使字母变得更大一些。当在度量标签中看到宽和高大约为 140% 时停止拖动。

注意，宽度和高度会成比例缩放。只是调整了字母 B 的水平比例和垂直比例。如果查看"字符"面板，会看到"水平缩放"和"垂

直缩放"值大约是 140%

6　单击字母 B 右侧的字母 U，并将右下角向左拖动，直到看到一个 H 规模（水平规模）大约为 85% 为止。

7　将鼠标指针放在旋转手柄（字母 U 上方的小圆圈）上。当鼠标指针改变时（↶），逆时针拖动，直到在度量标签中看到显示大约 20°。

8　仍选中字母 U，将鼠标指针放在此字母的中心。单击并将该字母向左下方拖动一点，直到灰度度量标签中的基线值显示大约为 −1pt。刚才直观地编辑了字母 U 的水平缩放、旋转、间距和基线偏移。

> **Ai** 提示：也可以使用箭头键或按 Shift + 箭头键以更大的增量移动选定的字母。

9　单击字母 U 右侧的第一个 Z，并将方框的左上角向上拖动，直到看到度量标签显示垂直缩放大约为 120% 为止。

> **Ai** 注意：向任何方向拖动的距离都是受限的。具体取决于字符间距和基线偏移的极限值。

10　将此字母 Z 向左侧拖动靠近 U，参见右图。

11　关闭"字符"面板组，如果它打开的话。

> **Ai** 提示：如果您喜欢的话，始终可以对多个字母进行尝试，但是要知道这样做的话，可能与此图不一样。

8.5　重新调整文本对象的大小和形状

有多种方法可以重新调整文本对象的形状，从而创建独特的文本对象形状，包括使用直接选择工具为区域文本对象添加列或者重新调整文本对象的形状。

在本节中，将会重新调整文本对象的大小和形状，以便更好地容纳其内部的文本。

1　选择"视图" > "全部适合窗口大小"。

2　使用选择工具（▶），单击在大画板上右栏的文本选中这些文本。将底部中间的句柄向下拖动，直到最后一句是"...We will galdly show you around."为止。

3 在工具面板中选择文字工具（**T**），在 3 CardBack 画板的文本 Testing Events 上单击 3 次选择它。

4 在控制面板中将"字体大小"更改为 20pt。

5 选中选择工具（▶），在具有文本 Tasting Events 的画板的空白区域单击取消选中文本区域。

6 选择"视图">"画板适合窗口大小"适合让 3 CardBack 画板适合文档窗口。

7 单击文本 Tasting Events 选择文本区域。将文本区域底部中间的句柄向上拖动到文本"New York, NY"的上方，如图所示。完成时会出现一个溢出文本图标（⊞）。

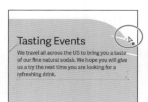

8 选择文字工具（**T**），在以"We travel all..."开始的文本上单击 3 次选择整段内容。

9 在控制面板中将"字体大小"更改为 10pt。

10 选择直接选择工具（▷），单击文本对象的右上角选择锚点。将该点向左拖动调整路径的形状来适应黄色形状。拖动时，按住 Shift 键。完成时先释放鼠标按键，再释放 Shift 键。

创建多列文本

使用"文字">"区域文字选项"命令，可以很容易地创建多行和多列文本。对于创建具有多列文本的单个区域文本对象，或者是组织表格或简单图标的文本来说，此命令非常有用。下面，将会向现有区域文本对象添加几列文字。

1 选择"选择">"取消选择"。

2 选中选择工具（▶），单击文本选择区域文本对象。单击文本对象右下角的输出连接点（大框中间有一个红色加号符号⊞，如下图所示）。鼠标移开时，鼠标指针将变为加载文本图标（▤）。

3 单击并拖动在下方绘制一个文本区域，如下图所示。

4 选中新的区域文本对象，选择"文字" > "区域文字选项"。在"区域文字选项"对话框中，在"列"部分中将"数量"更改为2，然后选择"预览"。单击"确定"。正文现在是降低两列之间。

5 向上和向下拖动底部中间边界点，查看列之间的文本流。拖动，以便列中的文本是均匀的。

> **Ai** **提示：** 要了解"区域文字选项"对话框中的大量选项，请在 Illustrator 帮助（"帮助" > "Illustrator 帮助"）中搜索"创建文本"。

8.6 创建和应用文本样式

样式可确保文本格式的一致性，并且在需要全局更新文本属性时很有帮助。创建样式后，只需要编辑存储的样式，之后应用该样式的文本都将自动更新。

在 Illustrator 中有以下两种样式。

- 段落样式：包含了字符和段落属性，将应用于整个段落。
- 字符样式：包含字符属性，只应用于所选文本。

> **Ai** **注意：** 如果要置入 Microsoft Word 文档并保留其格式，在 Word 文档中应用的那些样式可能会被带入到 Illustrator 文档，并出现在"段落样式"面板中。

8.6.1 创建和应用段落样式

首先，将为正文的副本创建一种段落样式。

1　选择"视图">"全部适合窗口大小"。

2　在工具面板中选择文字工具（T），将光标插入到以"Here at Buzz Soda..."开头的第一列文本的第一个段落中。

要创建段落样式并不需要选中文本，但是必须要将光标插入文本中，才能保存该文本中的各种属性。

3　选择"窗口">"文字">"段落样式"，然后单击"段落样式"面板底部的"创建新样式"按钮（🖥）。

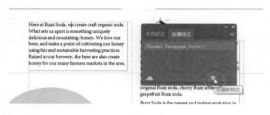

这将创建一个新的段落样式，名称是"段落样式1"。这个样式保存了段落总的字符格式和段落格式。

4　在样式列表中双击样式名称"段落样式1"，将名称更改为Body，然后按Enter或Return键编辑内联名称。

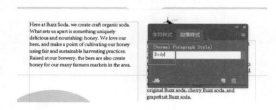

双击样式即可编辑其名称，并应用该新建样式到光标所在的段落。这意味着只要编辑Body段落样式，该段落将会自动更新。

5　选择文字工具，单击并拖动选择两列中的文本，确保没有选中3 CardBack画板上的文字。

6　单击"段落样式"面板中的Body样式，将此样式应用于文本。

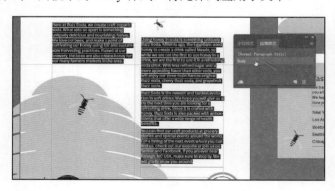

注意： 在此步骤之后，会看到文本的外观没有变化。目前，只是做了一些额外的工作，以便稍后可以更快速地工作。如果稍后决定更改 body 样式，则目前选中的所有文本都将更新与样式保持一致。

文本的外观应该不会改变，因为目前所有文本的格式都是相同的。

7　选择"选择">"取消选择"。

8.6.2　编辑段落样式

创建段落样式后，仍可以编辑它的样式格式。而应用了该段落样式的对象，其格式都将自动更新。下面将编辑 Body 样式，亲自体验为什么可以使用段落样式来节省时间并保持一致性。

1　在"段落样式"面板中双击样式名称 Body 的右侧，打开"段落样式选项"对话框，选择对话框左侧的"缩进和间距"类别，并更改下列内容。
　　• 段后间距：8pt。

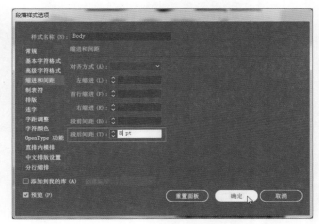

提示： 还可以从"段落样式"面板菜单（■）中选择"段落样式选项"。

由于默认勾选了"预览"复选框，可移动该对话框观察文本的变化。

提示： 有许多段落样式选项可供选择，其中大部分选项在"段落样式"面板菜单中都可以找到，包括复制、删除和编辑段落样式。要了解有关这些选项的更多信息，请在 Illustrator 帮助（"帮助">"Illustrator 帮助"）中搜索"段落样式"。

2　单击"确定"。

3　选择"文件">"存储"。

8.6.3　创建和应用字符样式

段落样式应用于整个段落，而字符样式则应用于所选文本，且只包含字符格式。下面，将根据两列文本的样式来创建一种字符样式。

1　选择缩放工具（🔍）并放大第一列中的文本。

2　使用文字工具（**T**），在第一列中选择 Buzz Soda。

3　在控制面板中将填充颜色更改为名为 BuzzBrown 的色板。

4 单击"控制面板"中的"字符"一词，然后单击"下划线"按钮（ℐ），在文本下方添加下划线。从"字体样式"菜单中选择"Italic"。

5 在"段落样式"面板组中，单击"字符样式"面板选项卡。

6 在"字符样式"面板中，按住 Option（macOS）或 Alt（Windows）键并单击底部的"创建新样式"按钮（ℐ）。

按住 Alt（Windows）或 Option（macOS）键后，再单击"字符样式"面板或"段落样式"面板中的"创建新样式"按钮，可以在将样式选项加入面板之前编辑它们。

7 在"字符样式选项"对话框中，更改下列选项。

- 样式名称：Emphasis。
- 添加到我的库：取消选择它。

8 单击"确定"。

该样式记录了应用于选定文本的属性。

9 仍选中文本，在"字符样式"面板中单击名为 Emphasis 的样式，将此样式应用于该文本，以便样式格式更改时将更新该样式。

10 在文本对象的下一列中，选中所有的 BUZZ SODA 或 BUZZ Soda，然后在"字符样式"面板中单击 Emphasis 样式应用它。

11 选择"选择">"取消选择"。

> **Ai** 注意：必须选择整个词组 Buzz soda，而不是只在文本中插入光标。

8.6.4 编辑字符样式

创建字符样式后，仍可以编辑它的样式格式。而应用了该字符样式的对象，其格式都将自动更新。

1 在"字符样式"面板中，双击 Emphasis 样式名称右侧（而不是样式名称本身）。在"字符样式选项"对话框中，单击对话框左侧的"基本字符格式"类别，并更改下列选项。

- 从"字体样式"菜单中选择"Regular"。
- 添加到我的库：取消选择它。
- 预览：选中它。

> **Ai** 注意：如果"字体系列"是空白的，选择 Adelle Sans（或其他字体），然后可以选择一种字体样式。

2 单击"确定"。

8.6.5 取样文本格式

使用吸管工具（ ），可以快速采集文本属性并将其应用于其他文本，无须创建文本样式。

1 使用文字工具（ T ），选择第二列文本底部的文本"Raleigh, NC USA"走向文本的二柱底。您可能需要在文档窗口中滚动。

2 在工具面板中选择吸管工具（🖋），并在吸管工具指针上面出现一个字母 T 时单击任意 Buzz Soda 文本（它们都是金色且带有下划线）。

这样会将 Emphasis 字符样式（及其格式）应用于所选文本。

3 选择"选择" > "取消选择"。

 注意： 单击 [Normal Character Style] 以确保添加到文档中的任何新文本将不会应用名为 Emphasis" 的样式。

4 在"字符样式"面板中单击名为 [Normal Character Style] 的样式。关闭"字符样式"面板组。

8.7 绕排文本

在 Illustrator 中，可以很简单地将文本环绕在对象周围，比如绕开其他文字对象、导入的图像或矢量图稿，从而避免文本与对象重叠，或者达到出人意料的设计效果。下面会对文本将绕排的内容应用文本绕排。

1 选择"视图" > "画板适合窗口大小"。

2 选中选择工具（▶），单击画板左下角蜜蜂下面的黄色的"蜂巢"形状。

3 选择"对象" > "文本绕排" > "建立"。

如果有对话框出现，单击"确定"。要将文本绕排在对象周围，则要环绕文本的对象必须与文本处于同一个图层，必须在图层层次结构中必须位于文本之上。

4 仍选中黄色形状，选择"对象" > "排列" > "置于顶层"。

现在文本应该绕着黄色形状排列。

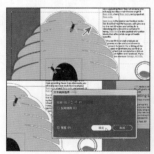

5 选择"对象" > "文本绕排" > "文本绕排选项"，在"文本绕排选项"对话框中，将"位移"更改为 15pt，然后选择"预览"以便查看更改。单击"确定"。

6 使用选择工具（▶）单击第二列文本并将底部中间的点向下拖动，确保最后一行显示的是文本"We will gladly show you around"。

 注意： 您的文字绕排可能有点不同，这没关系的。

8.8 变形文本

通过使用封套变形改变文本的形状，可以创作出许多有趣的设计效果。可以使用画板中的对象创建和编辑封套，还可以将预设的变形形状或网格作为封套。探索使用封套变形文本时，您会发现除了图形、参考线或链接对象外，可以在任何对象上使用封套。

提示：有多种让文本等内容变形的方法，如使用网格或自定义的形状用作封套，则可以使各种内容变形。有关如何使内容变形的更多信息，可在 Illustrator 帮助（"帮助"＞"Illustrator 帮助"）中搜索关键字"使用封套调整形状"。

8.8.1 使用预设的封套变形调整文本的形状

Illustrator 中有一系列的预设的变形形状，可将其应用于文本并使之变形。下面，将应用 Illustrator 提供的一个预设变形形状。

1 在文档窗口左下角的画板导航菜单中选择 2 CardFront。

2 选择"视图"＞"画板适合窗口大小"，如果有必要的话。

3 使用文字工具（**T**），选择 BUZZ 一词，并在控制面板中将"字体大小"更改为 92pt。

注意：您可能已经注意到字体大小不是一个整数。这是重新调整点文本区域大小时可能发生的情况。

4 选择"文字"＞"更改大小写"＞"大写"来改变单词的大小写。

5 选择"Soda Co"，并在控制面板中将"字体大小"更改为 62pt。

6 选中选择工具（▶），并确保选中了文本对象。在控制面板中单击"制作封套"按钮（）（而不是此按钮右侧的箭头）。

注意：要达到这种效果，还可以选择菜单"对象"＞"封套扭曲"＞"用变形建立"。有关封套的更多信息，可在 Illustrator 帮助（"帮助"＞"Illustrator 帮助"）中搜索关键字"使用封套调整形状"。

7 在出现的"变形选项"对话框中，选择"预览"。在默认情况下，文本显示为弧形。确保在"样式"菜单中选择了"弧形"。拖动"弯曲"、"水平"和"垂直"扭曲滑块以便查看文本的效果。尝试结束后，将两个"扭曲"滑块拖动到 0%，确保"弯曲"为 24%，然后单击"确定"。

8.8.2 编辑封套变形

如果想做任何更改，可以单独编辑构成封套变形对象的文本和形状。下面将先编辑文本，再扭曲形状。

1 仍选中封套对象，在控制面板中单击左侧的"编辑内容"按钮（▣）。这是一种编辑变形形状中文本的方法。

2 选择文字工具（**T**），将光标放置在变形的文本上。注意，未变形的文本以蓝色显示。将光标插入"Soda Co"中，单击 3 次选择这些单词。

![Ai] **提示：**如果使用选择工具双击，将会进入隔离模式。这是编辑封套变形对象中文本的另一种方法。按 Esc 键即可退出隔离模式。

3 在"字符"面板（"窗口">"文字">"字符"）中，将"行距"更改为50pt。

也可以编辑预设形状，这是接下来要做的事情。

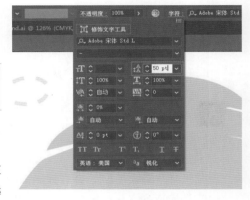

![Ai] **注意：**更改变形样式很可能会移动画板上的变形对象。

4 选中选择工具（▶），并确保仍选中封套对象。在控制面板中单击"编辑封套"按钮（圆）。

注意控制面板中封套变形对象的各种选项。可以在"样式"菜单中选择另一种变形形状，再选择各种变形选项，比如水平、垂直和弯曲等。这与创建封套变形时，打开的"变形选项"对话框中的各功能相同。

![Ai] **提示：**要将文本移出变形形状，可使用选择工具选中文本，再选择"对象">"封套扭曲">"释放"。这将得到两个对象：文本对象和上弧形形状。

5 在控制面板中，将"弯曲"更改为12%。确保"水平"和"垂直"扭曲均为0。

6 使用选择工具，将封套对象（变形文本）拖动到黄色形状的中心，确保位置如图所示。

8.9　使用路径文字

除了点文字和区域文字外，还能沿路径绕排文字。这样，文本可沿非闭合或闭合路径排列开来，创建出许多非常有创意的显示方式。

8.9.1　创建非闭合路径文字

在本节中，将向非闭合路径添加一些文本。

1 使用选择工具（▶）选择蜜蜂旁边的虚线弯曲路径。

2 选择"编辑">"复制"，然后选择"编辑">"粘在前面"将路径副本直接粘贴在原始路径的顶部。

看起来好像什么都没有发生，但相信我，在原始路径上方有一个新的路径副本。

3　使用文字工具（**T**），将光标放在路径的中间，会看到一个带有交叉波浪路径的插入点（ ）（参见图），在此光标出现时单击。

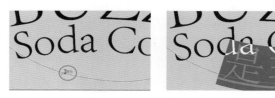

文本起始于路径上单击的那个位置。而此时路径的描边属性是"[无]"，并在路径上出现了一个光标，并默认选中一些占位符文本。

4　选择"窗口">"文字">"段落样式"，打开"段落样式"面板。按住 Option（macOS）或 Alt（Windows）键并单击 [Normal Paragraph Style] 应用此样式。

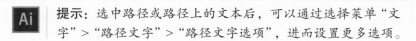

> **Ai** **注意**：如果此时文本是黄色的、带有下划线，则这意味着有字符样式应用于它。选中文本后，按住 Alt（Windows）或 Option（macOS）键，再单击"字符样式"面板中的"[Normal Character Style]"即可。

5　键入文本 Honey Infused Natural Sodas。请注意，新文本会沿着路径排列开来。

6　使用文字工具在新文本上单击 3 次选中它。

7　在控制面板中将"字体大小"更改为的 18pt。

8　在控制面板中将填充颜色更改为 BuzzBrown。

接下来，将在路径上重新调整文本的位置。

> **Ai** **提示**：选中路径或路径上的文本后，可以通过选择菜单"文字">"路径文字">"路径文字选项"，进而设置更多选项。

9　选择"选择工具"，并将鼠标指针定位在文本的左侧（Honey 中 H 的左侧）。看到这个光标（ ）时，单击并向右拖动一点。使用数字作为参考。

文本会沿着在路径上单击的位置向路径末端流动。如果将文本向左、居中或向右对齐，则文本会与路径上的区域对齐。

10　选择"选择">"取消选择"，然后选择"文件">"存储"。

8.9.2 创建闭合路径文字

下面，将在一个闭合的圆形上添加文本。

1 在文档窗口左下角的画板导航菜单中选择 1 Poster。

2 在工具面板中选择缩放工具（🔍），并放大画板右下角的绿色圆形。

3 选择文字工具（T），并将鼠标指针放置在白色圆圈的边缘。当文字光标（⌶）变为带有圈的文字光标（⌶）时，表明如果单击（暂时不这样操作）的话，文本将会置入圆形内部，创建一个圆形的文本对象。

我们想要为路径添加文本，而不是在圆形内部添加文本，接下来将为路径添加文本。

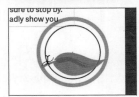

4 按住 Option（macOS）或 Alt（Windows）键，将鼠标指针放在具有黑色描边的白色圆形的左侧（使用数字作为参考），会出现一个具有交叉波浪路径的插入点（⌶），单击并选择出现的占位符文本。

> **Ai** 注意：使用文字工具时，不用按住 Option（macOS）或 Alt（Windows）键，可以在控制面板中按住文字工具，选择路径文字工具（ ），这样就可以在路径上键入文本。

5 输入 CERTIFIED ORGANIC。

如果不小心单击了叶子，选择"编辑">"还原文字"，然后再试一次。

6 单击 3 次文本以选择它。将字体大小更改为 12pt，选择字体 Adelle Sans Regular（如果未选中它的话），并将填充颜色更改为名为 BuzzBrown 的色板。

> **Ai** 注意：要了解有关"翻转"等路径文字选项的更多信息，在 Illustrator 帮助（"帮助">"Illustrator 帮助"）中搜索"创建路径文字"。

接下来，将编辑圆形路径上的文字。

7 在工具面板中选中选择工具（▶）。

选中路径文本对象，选择"文字">"路径文字">"路径文字选项"，在"路径文字选项"对话框中，选择"预览"，并更改下列选项。

- 效果：彩虹效果。
- 对齐路径：字母上缘。
- 间距：−11pt。

> **Ai** 注意：括号标记出现在文本的起始处、路径的终点和两端中点上。所有的这种括号都可用于调整路径上文本的位置。

8 选择"预览"查看效果，然后单击"确定"。

9 将鼠标指针放在单词"CERTIFIED"左侧的短线上，看到的那条线叫作括号。看到这个光标（↖，箭头指向右侧）时，顺时针沿圆形向上拖动。

10 选择"对象">"全部解锁"。拖动选框以选择叶子、路径文字和绿色圆形。将叶子（所有3个对象）向下拖动，远离文本列，如果需要的话。

 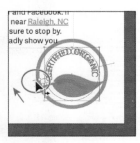 

8.10 创建文本轮廓

将文本转换为轮廓，意味着将其转换为矢量形状，这样可以像对待任意其他图形对象一样编辑和操作它。文本轮廓在大号的展示文字中很有用途，但是很少用于正文文本或其他小号的文字。而这样操作后，接收方不需要安装相应的文字就能够打开并使用该文件。

将文本转换为轮廓时，需要考虑到这样操作后，该文本将不再可编辑。此外，位图文字和受轮廓保护的字体不能转换为轮廓，也不推荐将小于 10pt 的文本轮廓化。当文字转换为轮廓时，该文字失去了它的控制指令，而将其融入到了轮廓文字中，以便在不同字体大小时实现最优的显示和打印效果。另外，必须将所选对象中的文字全部转换为轮廓，而不能仅转换某个字母。

下面，会将主标题转换为轮廓，并调整内容的位置。

1 选择"视图">"画板适合窗口大小"。

2 使用选择工具（▶）单击标题文本 BUZZ SODA，在画板上选择它。

3 选择"编辑">"复制"，然后选择"对象">"隐藏">"所选对象"。

4 选择"编辑">"粘在前面"。

> **Ai** **注意**：原始文本仍然存在，它只是隐藏了。通过这种方式，如果需要更改，可以随时选择"对象">"显示全部"来查看原始文本。

5 选择"文字">"创建轮廓"，并将文本拖动到如图所示的位置。

此时该文本不再链接到某个特定字体。相反，现在它已经成为图稿，就像 Illustrator 中其他的矢量图形一样。

6 选择"视图">"参考线">"隐藏参考线"，然后选择"选择">"取消选择"。

7　选择"视图">"全部适合窗口大小",查看创建的内容。

8　选择"文件">"存储",然后选择"文件">"关闭"。

复习题

1 指出两种在 Adobe Illustrator 中创建文本的方法。

2 使用修饰文字工具（🗒）的作用是什么？

3 什么是溢流文本？

4 什么是文本串接？

5 字符样式和段落样式之间有什么不同之处？

6 将文本转换为轮廓有什么优点？

复习题答案

1 可使用下列方法来创建文本区域。

- 使用文字工具（**T**）在画板中单击，当光标出现后，即可输入文本。这将创建一个点文本对象，容纳文本。
- 使用文字工具拖动选框创建一个文本区域。在光标出现时输入文本即可。
- 使用文字工具，单击一条路径或闭合形状，将其转换为路径文本或文本区域。按住 Option（macOS）或 Alt（Windows）键，单击闭合路径的描边，可沿路径排列文本。

2 修饰文字工具（🗒）可直观地编辑文本中单个字符的某种字符格式选项。可以编辑文本中字符的旋转、字距、基线偏移、水平缩放和垂直缩放比例。

3 当文本不再适合其文本区域的大小或路径时，就会产生溢流文本。此时将会在输入连接点处出现一个红色的加号（⊞），表明该对象包含额外的文本。

4 文本串接通过链接文本对象，让文本可以从一个对象流到另一个对象继续显示。链接的文本对象可以是任意形状的，但必须是区域文字或路径文字，而不能是点文字。

5 字符样式只能应用于所选文本，而段落样式可应用于整个段落。段落样式最适合缩进、间距和行距。

6 将文本转换为轮廓，就不再需要随 Illustrator 文件一起传输文件中安装的各种字体，仅发送文件即可，并且可以为文本添加之前不可能的效果。

第9课　使用图层来组织图稿

课程概述

在本课中，您将学习如何执行下列操作：

- 使用"图层"面板；
- 创建、重新排列和锁定图层、子图层；
- 在图层之间移动对象；
- 将对象及其图层从一个文件复制粘贴到另一个文件；
- 将多个图层合并为一个图层；
- 定位"图层"面板中的对象；
- 隔离图层中的内容；
- 建立图层剪切蒙版；
- 将外观属性应用于对象和图层。

 学习本课内容大约需要 45 分钟，请将素材 Lesson09 复制到您的硬盘中。

　　图层将图稿组织成为多个不同的层次，这样既可独立，又可整体编辑和浏览图稿。每个 Adobe Illustrator CC 文档至少包含一个图层。通过在图稿中创建多个图层，可轻松地控制图稿的打印、显示、选择和编辑方式。

9.1 开始本课

在本课中，您将组织一个房地产应用程序设计的图稿，探讨使用"图层"面板的各种方法。

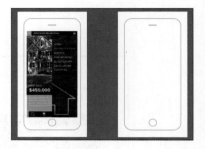

Ai **注意：** 请从账户页面下载本课的项目组件。可参阅本书开头的"入门"部分。

1 确保工具和面板的功能如本课所述，请删除或禁用（重命名）Adobe Illustrator CC 首选项文件。
2 启动 Adobe Illustrator CC。
3 选择"文件>"打开"，找到 Lessons>Lesson09 文件夹并打开 L9_end.ai 文件。
4 选择"视图">"全部适合窗口大小"。
5 选择"窗口">"工作区">"重置基本功能"。

Ai **注意：** 如果在工作区菜单中没有看到"重置基本功能"，请在选择"窗口">"工作区">"重置基本功能"之前，选择"窗口">"工作区">"基本功能"。

开始工作前，将打开一个现有的未完成的艺术文件。

6 选择"文件">"打开"，在"打开"对话框中，浏览到硬盘上的 Lessons>Lesson09 文件夹，并选择 L9_start.ai 文件。单击"打开"按钮。

这时可能会出现"缺少字体"对话框，表明 Illustrator 无法在您的机器上找到文件使用的一种字体（如 Proxima Nova）。文件使用的 Typekit 字体很可能并未同步到您的计算机上，因此，在进行下一步之前需要修复缺少的字体。

Ai **注意：** 如果字体无法同步，则可能是没有 Internet 连接或可能需要启动 Creative Cloud 桌面应用程序，使用您的 Adobe ID 登录，选择"资源">"字体"，并单击"启用 Typekit"。

7 在"缺少字体"对话框中，确保在"同步"列中选中了"同步"，然后单击"同步字体"。一段时间后，字体应同步在您的机器上，在"缺少字体"对话框中，您应该看到一条成功的信息。单击"关闭"按钮。

这会将 Typekit 字体同步到您的计算机，并确保字体显示在 Illustrator 中。

Ai **注意：** 如果在"缺少字体"对话框中看到一条警告消息或者无法选择"同步"，则可以单击"查找字体"来使用本地字体进行替换。在"查找字体"对话框中，确保在"文档中的字体"部分选择了 Proxima Nova，并从"替换系统来自"菜单中选择"系统"。这将显示所有可用的 Illustrator 本地字体。从"系统中的字体"部分选择一种字体，然后单击"更改全部"来替换字体。对 Proxima Nova Bold 执行同样的操作。单击"完成"按钮。

8 选择"文件">"存储为",将文件重命名为 RealEstateApp.ai,并选择 Lesson09 文件夹。从"格式"菜单（macOS）选择 Adobe Illustrator（AI），或从"保存类型"菜单选择 Adobe Illustrator（*.AI）（Windows），然后单击"保存"按钮。在"Illustrator 选项"对话框中，保留 Illustrator 默认选项，然后单击"确定"按钮。

9 选择"选择">"取消选择"（如果可用的话）。

10 选择"视图">"全部适合窗口大小"。

理解图层

图层就像独立的文件夹一样，可以帮助保存和管理其中组成图稿的各个对象（甚至是很难被选中或跟踪的对象）。如果改变这些"文件夹"的顺序，将会改变图稿中各个项的堆叠次序。有关堆叠顺序的更多信息，请参阅第 2 课。

根据需求，文档中图层的结构可以很简单，也可以很复杂。创建一个新的 Illustrator 文档时，所有内容默认都在一个图层中。但是，也可以如本课中所要讲述的那样，创建新图层和子图层（就像子文件夹一样）来组织图稿。

• 单击工作区右侧的"图层"面板图标（▤），或者选择"窗口">"图层"。

除了可以组织图稿内容，通过"图层"面板还可以方便地选择、隐藏、锁定或修改图稿的外观属性。在下图中，"图层"面板可能与您看到的不一样，不过这并不影响您学习使用。在整个练习过程中都可以参考下图。

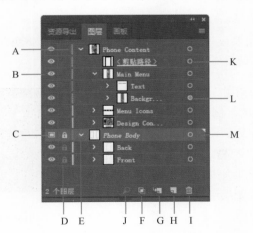

A. 图层颜色
B. 可视性栏
C. 模板图层图标
D. 编辑栏（锁定 / 解锁）
E. 展开三角形（展开 / 折叠）
F. 定位对象
G. 建立 / 释放剪切蒙版
H. 创建新子图层
I. 创建新图层
J. 删除所选图层
K. 目标栏
L. 选择栏
M. 当前图层指示器（三角形）

9.2 创建图层和子图层

默认情况下，每个文档最初都只有一个图层，名为"图层 1"。但创建图稿时可重命名该图层，还可随时添加图层和子图层。通过将对象放置在独立的图层中，可轻松地选择和编辑它们。例如，通过将文字放在独立的图层中，可同时修改所有文字，而不影响图稿中的其他部分。

9.2.1 创建新图层

接下来，将更改默认的图层名称，然后使用不同的方法创建新图层。这个项目旨在组织图稿，以便稍后可以更轻松地使用它。在实际情况中，在图稿上开始工作或创建图稿之前，将设置图层。在本课中，将在创建图稿之后使用图层来组织图稿，这可能会更有挑战性。

> **Ai** **注意**：创建多少个图层、以什么命名它们以及如何组织这些图层中的内容，这些取决于正在工作的项目。对于本课，我考虑了如何以有意义的方式组织图层，您可以基于此创建图层。没有"错误的"图层结构，但是，随着使用图层经验的增加，您会了解对自己更有意义的方式。

1 如果"图层"面板不可见，则请单击工作区右侧的"图层"面板图标（），或者选择"窗口">"图层"。Layer 1（第一个图层的默认名称）呈高亮显示，这表明它是当前图层，处于活动状态。

2 在"图层"面板中，双击图层名称"Layer 1"来编辑它。键入 Phone Body，然后按 Enter 或 Return 键。

> **Ai** **注意**：如果双击图层名称的右侧或左侧，将会打开"图层选项"对话框。在此对话框中，也可以修改图层名称。

与将所有内容放在一个图层相反，本课将创建多个图层和子图层，以便更好地组织图稿内容，并使之后选中图稿内容时更加方便。

> **Ai** **提示**：要删除图层，可以选中图层或子图层，再单击面板底部的"删除"按钮（🗑）即可。这将删除图层和该图层上的所有内容。

3 单击"图层"面板底部的"创建新图层"按钮（）。

图层和子图层之间并不是按顺序命名的。例如，第二个图层的名称就是"图层 2"。当"图层"面板中的图层或子图层包含其他项目时，则图层或子图层名称的左侧会显示一个三角形（▶）。可以单击单击此三角形来显示或隐藏内容。如果没有显示三角形，则表示图层没有内容。

4 在"图层"面板中，双击图层 2 的图层缩略图（白色框），或图层名称"图层 2"的右侧，打开"图层选项"对话框。将名称更改为"Phone Content"，并注意所有可用的其他选项。单击"确定"按钮。

> **Ai** **注意**："图层选项"对话框有很多您已经使用过的选项，包括命名图层、预览或轮廓模式、锁定图层、显示和隐藏图层。在"图层选项"对话框中也可以取消选中"打印"选项，该图层上的任何内容都不会打印。

默认情况下，在"图层"面板中，新图层会添加到当前所选图层（在本例中是 Phone Body）

的上方并处于活动状态。注意新图层的名称左侧，它的图层颜色略有不同，是浅红色的。这点对于之后选中图稿的内容来说，十分重要。下面，将会通过使用修正键，将创建新图层和对其命名合为一步操作。

5　按住 Option（macOS）或 Alt（Windows）键并单击"图层"面板底部的"创建新图层"按钮（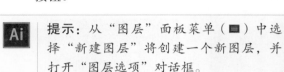）。在"图层选项"对话框中，将名称更改为"Menu Icons"，然后单击"确定"按钮。

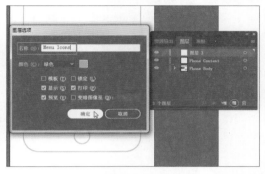

> **提示**：从"图层"面板菜单（■）中选择"新建图层"将创建一个新图层，并打开"图层选项"对话框。

6　将名为"Menu Icons"的图层拖动到"创建新图层"按钮（■）上。这将创建此图层的一个副本，并将它命名为"Menu Icons_复制"。

> **注意**：图层副本与原始图层（Menu Icons）具有相同的图层颜色。在本课中，这是没关系的，但在实际操作中，您可能希望每一个图层具有不同的图层颜色。这有助于稍后选择图稿。

7　在此面板中直接双击新图层的名称，并将其更改为"Design Content"。按 Enter 或 Return 键接受更改。

9.2.2　创建子图层

接下来，将创建一个嵌套的子图层。子图层有助于组织图层中的内容，无须编组或取消编组内容。

1　在"图层"面板中，单击名为"Phone Content"的图层选择它，然后单击底部的"创建新子图层"按钮（■）创建一个新的子图层。

这样做会在 Phone Content 主图层下面创建一个新的子图层。可以将此新的子图层视为名为

"Phone Content"的"父"图层的"子"图层。

2 将"图层"面板的左边缘向左拖动使其更宽，以便可以更轻松地查看图层名称。

3 双击新的子图层的名称（在本例中是"图层 5"），将名称更改为"Main Menu"，然后按 Enter 或 Return 键。

创建一个新的子图层，会打开所选图层显示现有子图层和内容。

4 单击 Phone Content 图层左侧的三角形（▼）隐藏图层的内容。

 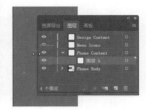 

9.3 编辑图层和对象

通过重新排列"图层"面板中的图层，可修改图稿中对象的堆叠顺序。在画板中，"图层"面板列表中位于顶部图层中的对象在位于底部图层中对象的前面，并且每个图层也都有自己的堆叠顺序。图层很有用，比如可以在图层和子图层之间移动对象，以便组织图稿并更轻松地选择图稿。

9.3.1 定位图层

创作图稿时，时常会需要选中画板上的内容，并在图层面板中定位与之相同的内容。这样有助于查看各个内容之间的组织方式。

1 使用选择工具（▶），单击选择左侧画板底部带文本的绿色矩形。单击"图层"面板底部的"定位对象"按钮（🔍），在"图层"面板中显示其对象组。

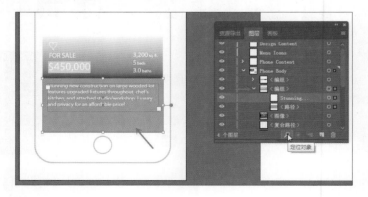

单击"定位对象"按钮，将会在"图层"面板中打开该内容所在图层，并显示出所选对象。

在"图层"面板中，会在<编组>对象的最右侧看到选择指示器（■，图中箭头指向的位置），并看到组中的对象。

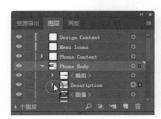

2　在"图层"面板中，双击<编组>文本，并将其重命名为"Description"。

编组内容时，会创建一个包含编组内容的编组对象（<编组>）。在控制面板的最左侧可以看到"编组"一词。重命名组不会改变它是一个组的事实，但可以在"图层"面板中更轻松地找到它。

3　选择"选择">"取消选择"。

4　单击 Description 组左侧的三角形（∨），折叠该组。

5　单击 Phone Body 图层名称左侧的三角形，折叠该图层并隐藏整个图层的内容。

保持图层、子图层和组折叠是让"图层"面板整齐的一种好方法。Phone Content 图层和 Phone Body 图层是有三角形的两个图层，因为它们是带有内容的图层。

9.3.2　在图层之间移动内容

接下来，会将图稿移动到不同的图层，以便利用创建的图层和子图层。

1　在图稿中，使用选择工具（▶），单击文本"FOR SALE $450,000"来选择一组内容。

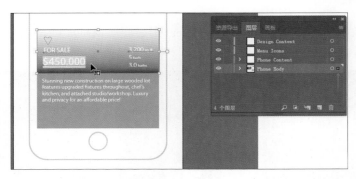

在"图层"面板中，注意到 Phone Body 图层名称具有选定图稿指示器（彩色正方形），如图中箭头所示。

还要注意所选图稿的边界框、路径和锚点的颜色与图层颜色匹配。

如果要将所选图稿从一个图层移动到另一个图层，可以拖动每个子图层右侧的选定图稿指示器，或者拖动图层名称右侧的选定图稿指示器。这是接下来要做的事情。

2　将选定图稿指示器（小方框）从 Phone Body 图层名称最右侧向上拖动到 Design Content 图层的目标图标（■）的右侧。

这步操作会将所有所选图稿移动到 Design Content 图层。图稿中的边界框、路径和锚点的颜色会变为 Design Content 图层的颜色，也就是绿色（在本例中）。

3　选择"选择">"取消选择"。

4　单击 Phone Body 图层左侧的三角形（▶），显示其图层内容。

5　将"图层"面板底部向下拖动以便查看更多图层。

6　单击包含顶部导航图稿的顶部 <编组> 对象。按住 Shift 键，然后单击 <Image> 对象来选择 <编组>、Description 和 <Image> 图层，而不是选择画板上的图稿。

7　将所选对象拖到列表顶部的 Design Content 图层。当 Design Content 图层高亮显示时，则释放鼠标按键。

8　单击 Phone Body 图层左侧的三角形（▾），隐藏图层内容。

9.3.3 查看图层

"图层"面板可以隐藏图层、子图层或各个对象。图层被隐藏时,其中的内容也将被锁定,无法选中或打印它们。还可以在预览或轮廓模式下,使用"图层"面板查看各图层或对象。本节将介绍如何在轮廓模式下查看图层,使选择图稿变得更简单。

1　选择"视图">"轮廓"。这将仅显示图稿的轮廓(或路径)。您应该能够看到隐藏在绿色形状下面的菜单图标。下图中箭头指向的位置。

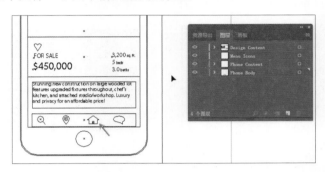

注意,现在"图层"面板中的眼睛图标(👁)。它们表示该图层上的内容处于轮廓模式。

2　选择"视图">"GPU 预览"或"视图">"在 CPU 上预览"(或"预览"),如果"GPU 预览"不可用的话。

有时,您可能希望在轮廓模式下查看部分图稿,同时保留剩余图稿的描边和填色。如果您需要查看指定图层、子图层或组中的所有图稿,这会很有用。

3　在"图层"面板中,单击 Design Content 图层的三角形(▶),显示其图层内容。按住 Command(macOS)或 Ctrl(Windows)键并单击 Design Content 图层名称左侧的眼睛图标(👁),以便轮廓模式显示其内容。

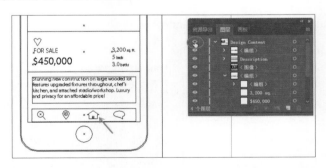

> **Ai**　**提示:**要以轮廓模式查看图层图稿,还可以双击任意一个图层的缩览图,或双击图层名称的右侧,打开"图层选项"对话框。然后取消选中"预览"复选框,再单击"确定"按钮。

在轮廓模式下显示图层也有助于选择对象上的锚点或中心点。

4　选中选择工具（▶），并单击其中一个移动图标选择该组。

5　单击"图层"面板底部的"定位对象"（🔍）按钮，在"图层"面板中查看所选组的位置。

6　选择"编辑">"剪切"，从文档中剪切此移动图标组。

剪切内容或删除内容将从"图层"面板中移除它。

7　单击 Phone Body 图层左侧的三角形（🔽），隐藏其图层内容。

8　单击选择 Menu Icons 图层并选择"编辑">"就地粘贴"，将组粘贴到该图层中。

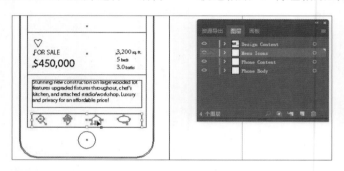

> **Ai**　注意：在此图中，所有图层都切换为关闭。您的图可能看起来不一样，这一点影响不大。

在 Illustrator 中，在创建或粘贴内容之前经常会选择图层。这样，就可以组织内容，把它放在您认为最佳的图层上。

> **Ai**　注意："就地粘贴"和"在所有画板上粘贴"命令，会将图稿从原画板粘贴到活动画板的相同位置。

9　按住 Command（macOS）或 Ctrl（Windows）键并单击 Design Content 图层名称左侧的眼睛图标（👁），以便再次以预览模式显示该内容。

现在菜单图标位于设计内容后面，因为"图层"面板 Menu Icons 图层位于 Design Content 图层下面。下面会解决此问题。

9.3.4　重新排列图层

在之前的课程中，您了解到对象有一个堆叠顺序，这取决于它们的创建时间和创建方式。堆叠顺序适用于"图层"面板中的每一个图层。通过在图稿中创建多个图层，可以控制如何显示重叠对象。接下来，会重新排列图层以便实现不同的堆叠顺序。

1　单击 Design Content 图层左侧的三角形（▶），显示图层内容，如果有必要的话。

2　按住 Option（macOS）或 Alt（Windows）键并单击 Design Content 图层左侧的眼睛图标（👁），隐藏其他图层。

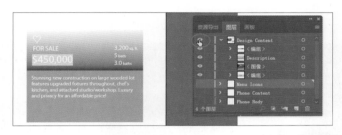

隐藏除使用图层之外的所有图层非常有用，可以让您专注于手头的内容。

3　可使用选择工具（▶）在远离图稿外的空白区域单击取消选择图稿，如果必要的话。按住 Shift 键并将图像从图板的左边缘拖动到画板的中心。释放鼠标按键，然后释放 Shift 键。

注意"图层"面板中 Design Content 图层的＜图像＞对象。

4　选择"对象"＞"排列"＞"置于底层"。

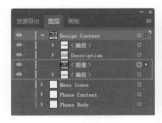  

Ai　**提示：**也可以在"图层"面板中将＜图像＞对象拖动到＜编组＞对象下方。当出现一条高亮线时，则释放鼠标按键重新排列图层。"排列"命令适用于具有所选内容的图层。

5　选择"选择"＞"取消选择"。

6　单击 Design Content 图层左侧的三角形（▼），隐藏图层内容。

在我看来，实际练习折叠图层很有用，这样稍后在"图层"面板中就可以更轻松地查找内容并使用图层。

7　从"图层"面板菜单（）中选择"显示所有图层"，或者按住 Option（macOS）或 Alt（Windows）键并单击 Design Content 图层左侧的眼睛图标（👁），以便再次显示所有图层。

8　如果有必要的话，在"图层"面板中单击选择 Design Content 图层。按住 Shift 键并单击 Menu Icons 图层，选择这两个图层。

9　将 Phone Content 图层顶部的任意一个图层向下拖动。当图层高亮显示时，则释放鼠标按键，将两个图层移动到 Phone Content 图层中。它们现在是父图层 Phone Content 图层的子图层。

9.3.5　合并为一个新图层

为简化图稿，可以合并各个图层、子图层、内容或对象组。而各个对象将会被合并到最后所选中的那个图层或对象组中。下面，将会把内容合并到一个新图层，然后将一些子图层合并为一个图层。

1　单击 Phone Content 图层左侧的三角形（⌄），隐藏图层内容。单击 Phone Body 图层左侧的三角形（›），显示图层内容。

2　按住 Option（macOS）或 Alt（Windows）键，并单击缩略图中有一个圆的 < 路径 > 对象，选择画板上的内容。

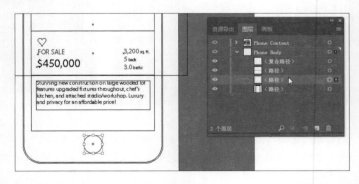

如果您正在查看"图层"面板中的内容并需要选择它，或者至少要查看文档中的内容，这可能会有所帮助。也可以单击选择列（选定指示器出现的位置）选择内容而不选择图层。

3 在 Phone Body 图层的内容中，选择此<路径>图层，按住 Shift 键并单击其上方的<路径>对象来选择两个对象。参见右图。

 提示：也可以按住 Command（macOS）或 Ctrl（Windows）键并在"图层"面板中单击图层或子图层，选择多个不连续的图层。

4 单击"图层"面板菜单图标（），选择"收集到新图层中"，创建一个新的子图层（在本例中），并将所选内容放入其中。

新的子图层中的对象仍保持其原来的堆叠顺序。

 提示：从"图层"面板菜单中选择"合并所选图层"，将所选内容合并到一个图层中。所选的最后一个图层决定了合并图层的名称和颜色。只能合并"图层"面板中位于同一层级的图层。同样的，也只能合并位于同一个图层和层级相同的子图层。对象不能与其他对象合并。

5 双击新的子图层名称（我的是"图层 6"）并将名称更改为"Front"。按 Enter 或 Return 键。您看到的图层颜色可能与您在图中看到的不一样，这一点不影响使用。

6 选择"选择">"取消选择"。

7 选择"文件">"存储"。

9.3.6 复制图层内容

也可以使用"图层"面板来复制图层和其他图稿内容。接下来，将会复制 Front 子图层，然后将内容移动到右侧画板上，最后将在图层之间复制内容。

1 将 Front 图层向下拖动到"创建新图层"按钮（）上，制作此图层的副本。双击新图层的名称（Front_复制）并将其命名为"Back"。

Phone Body 图层顶部的<复合路径>对象需要在 Front 图层和 Back 图层之间。接下来，将一个副本拖动到 Back 子图层中，然后将原始图层拖动到 Front 子图层中。

2 单击选择<复合路径>对象。按住 Option（macOS）或 Alt（Windows）键，将此对象拖动到 Back 子图层。当 Back 子图层高亮显示时，则释放鼠标按键，然后释放修正键。

这会将 < 复合路径 > 内容（手机的形状）复制到 Back 子图层。拖动时按住修正键会复制所选内容。这与下列选择画板内容的方式相同：选择"编辑" > "复制"，在"图层"面板中选择 Back 图层，然后选择"编辑" > "就地粘贴"。

接下来，会将 Back 子图层内容移动到画板右侧。

> **Ai** 提示：也可以按住 Option（macOS）或 Alt（Windows）键并拖动选定图稿指示器以复制内容。也可以在"图层"面板中选择 < 复合路径 > 行，然后从图层面板菜单中选择"复制 < 复合路径 >"，创建具有相同内容的副本。

3 单击 Back 图层名称最右侧的选择列。如果您已经看到了颜色框，就请再次单击它，选择图层上的所有内容。

4 在文档窗口左下角的画板导航菜单中选择 2 Phone Back，让画板居中显示并选择它。

5 在控制面板中从"对齐所选对象"菜单中选择"对齐画板"。然后单击"水平居中对齐"按钮（■），将 Back 子图层的内容与 2 Phone Back 画板的水平中心对齐。

6 在"图层"面板中单击选择原始 < 复合路径 > 对象。将它拖到 Front 子图层上以便移动到此子图层中。

7 单击 Phone Body 图层左侧的三角形（▾）隐藏内容。

8 选择"视图" > "全部适合窗口大小"。

9 选择"选择" > "取消选择"，然后选择"文件" > "存储"。

9.3.7 粘贴图层

要完成此应用设计，还需要从另一个文件中复制并粘贴图稿所需的其他部件。可以将一个分层文件粘贴到另一个文件中，并保留所有图层原封不动。在本节中，您还将学习一些新内容，包括如何为图层应用外观属性和重新排列图层。

1 选择"窗口" > "工作区" > "重置基本功能"。

2 选择"文件" > "打开"，打开硬盘上的 Lessons>Lesson09 文件夹中的 Menu.ai 文件。

3 选择"视图" > "画板适合窗口大小"。

4 单击"图层"面板图标（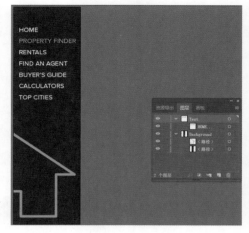）显示该面板。要观察各个图层中对象的组织方式，可以按住 Option（macOS）或 Alt（Windows）键，再依次单击各个图层左侧的眼睛图标（👁），即可只观察该图层的内容，而将其他图层隐藏起来。还可以单击图层名称左侧的三角形（❯），在"图层"面板中隐藏或显示其中的内容，以展开并折叠图层以便进一步查看内容。尝试结束后，确保所有图层均显示出来，而其子图层均隐藏了。

Ai 注意：调整"图层"面板以便能看到更多的图层名称。

5 选择"选择">"全部"，然后选择"编辑">"复制"来选择内容并将内容复制到剪贴板。

6 选择"文件">"关闭"，关闭 Menu.ai 文件而不保存任何更改。如果出现警告对话框，则请单击"否"（Windows）或"不保存"（macOS）。

Ai 注意：如果目标文档中包含同名图层，Illustrator 将会把原文件中，该图层的内容粘贴在同名图层中。

7 在 RealEstateApp.ai 文件中，从"图层"面板菜单（☰）选择"粘贴时记住图层"，这时，该选项旁出现一个对勾，表明该项已被选中。

选中"粘贴时记住图层"选项，在图稿中粘贴来自另一个文件的多个图层时，将把它们作为独立的图层添加到图层面板中。如果没有选该项，则所有对象都将粘贴到活动图层中，而原文件中的图层不再出现。

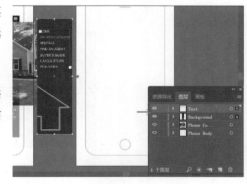

8 选择"编辑">"粘贴"将内容粘贴到文档窗口的中心。

"粘贴时记住图层"选项让 Menu.ai 作为两个独立的图层粘贴到"图层"面板的顶部，包括 Text 图层和 Background 图层。现在，会将新粘贴的图层移动到 Phone Content 的子图层 Main Menu 中，然后更改这些图层的顺序。

9 选择 Text 图层（如果未选中它的话），按住 Shift 键并在"图层"面板中单击 Background 图层名称来选择两个图层。

10 单击 Phone Content 图层左侧的三角形（❯），显示图层内容。

11 将任意一个所选图层（Text 或 Background）向下拖动到 Main Menu 子菜单上，以便将内容移动到此新图层。

这两个粘贴而来的图层成为了 Main Menu 图层的子图层。注意，

每个图层都有其独特的图层颜色。

12 选择"选择">"取消选择",单击 Main Menu 子图层左侧的三角形（⌄）以隐藏其内容。

9.3.8　更改图层顺序

如您所见,可以在"图层"面板中随意拖动图层、子图层、组和其他内容,重新排列图层的顺序。也有一些图层面板命令选项,比如反向顺序等,可以让重新排列图层顺序变得更简单。

1 单击 Design Content 子图层,按住 Shift 键并单击 Main Menu 子图层名称,选择所有 3 个图层（Design Content、Menu Icons 和 Main Menu）。

2 从"图层"面板菜单（▤）中选择"反向顺序",颠倒图层的顺序。

选择图层　　　　　　　　　　　反向顺序之后的结果

3 单击 Main Menu 图层名称最右侧的选择列,选择图层内容。

4 使用选择工具将内容拖动到其他图稿上,如下图所示。

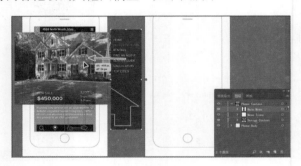

5 选择"选择">"取消选择"（如果可用的话）。

9.3.9　将外观属性应用于图层

在"图层"面板中,可将外观属性,比如样式、效果、透明度等应用于图层、对象组和对象。将外观属性应用于图层时,该属性将应用于图层中的所有对象。而将外观属性应用于特定对象时,仅会影响该对象,而不是整个图层。接下来会将效果应用于图层中的图稿。

> **Ai**　**注意:** 有关使用外观属性的更多信息,请参见第 12 课。

1 单击 Main Menu 子图层左侧的三角形（▶），显示图层内容，如果有必要的话。单击 Background 子图层右侧的目标图标（◎），参见右图。

> **注意：** 单击目标图标也将在画板上选中该对象。也可以只在画板上选中内容，对其应用效果。

单击目标图标，表明要把效果、样式或透明度应用于图层、子图层、对象组或对象。也就是说，该图层、子图层、对象组或对象被选中了。而在文档窗口中，其对应的内容也被选中了。当目标图标变成了双环图标（◎ 或 ◎）时，表明该对象被选中了，而单环图标则表明该对象没有被选中。

2 在控制面板中将"不透明度"更改为 75。

对于 Background 图层，"图层"面板中的目标图标（◎）上也出现了阴影效果，这表明有外观属性（不透明度变更）应用于该对象。此图层上的所有内容都会应用此不透明度变更。

3 选择"选择"＞"取消选择"。

4 选择"窗口"＞"工作区"＞"重置基本功能"。

9.4 创建剪切蒙版

"图层"面板可以创建剪切蒙版，以控制显示或隐藏图层、编组中的内容。剪切蒙版是一个对象或一个对象组，它给自身下层的内容添加蒙版，使得只有在其自身形状内的内容可见。第 14 课将介绍如何不使用"图层"面板来创建剪切蒙版。

现在，将为 Phone Content 图层创建一个剪切蒙版。

1 选择"窗口"＞"图层"，打开"图层"面板。单击 Phone Body 图层左侧的三角形（▶），显示其内容，并单击 Phone Content 图层左侧的三角形（▼）以便隐藏其内容。

再次折叠 Phone Content 图层将保持"图层"面板整洁。

2 将命名为＜路径＞的图层拖动到 Phone Content 图层上，将其移动到该图层。

此路径将用作此图层上所有内容的剪切蒙版。

3 单击 Phone Content 图层左侧的三角形（▶），显示其图层内容，如果有必要的话。

在"图层"面板中，蒙版对象必须位于它要剪切对象的上层。在图层蒙版中，蒙版对象必须是图层中最顶部的对象。可以为整个图层、子图层或对象组创建剪切蒙版。在本节中，由于要剪切 Phone Content 图层上的所有内容，因此，该剪切对象要位于 Phone Content 图层的顶部。

4 按住 Option（macOS）或 Alt（Windows）键，并单击 Phone Content 图层顶部的＜路径＞

对象以便选择画板上的内容。

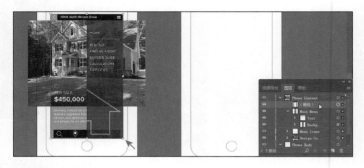

不需要选择形状来制作蒙版。我只是想让您了解它的大小及其位置。

5　选择"选择">"取消选择"。

6　在"图层"面板中选择 Phone Content 图层，以便高亮显示它。单击"图层"面板底部的"建立/释放剪切蒙版"按钮（▣）。

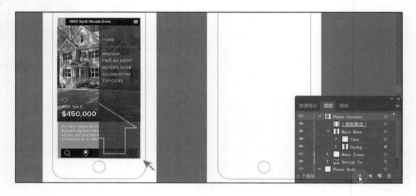

> **Ai** 提示：要释放剪切蒙版，可以再次选中 Phone Content 图层，再单击"建立/释放剪切蒙版"按钮（▣）。

<路径>子图层名称出现了下划线，这表明它是一个蒙版形状，它已被命名为"剪贴路径"。在画板上，<路径>子图层将位于它自身形状外的内容剪切掉了。

现在，图稿已经完成，您可能想把所有图层合并成一个图层，然后删除空白图层，这被称为拼合图稿。以单个图层文件的方式提交完成的图稿可以防止意外事故，比如印刷时隐藏了图层或者是省略了部分图稿。要拼合特定图层，而不删除隐藏图层，可以选择想要拼合的图层，然后从"图层"面板菜单（☰）中选择"合并所选图层"。

> **Ai** 注意：要获得使用"图层"面板的完整快捷键列表，可在 Illustrator 帮助（"帮助">"Illustrator 帮助"）中查找"键盘快捷键"。

7　选择"文件">"存储"，然后选择"文件">"关闭"。

复习题

1 指出创建图稿时使用图层的两个好处。
2 描述如何调整文件中图层的排列顺序。
3 更改图层的颜色有什么用途？
4 将分层文件粘贴到另一个文件中将发生什么？"粘贴时记住图层"选项有什么用处？
5 如何创建图层剪切蒙版？

复习题答案

1 创建图稿时使用图层的好处：有效组织图稿的内容；便于选中特定内容；保护不想修改的图稿；隐藏不想处理的图稿，以免被分散注意力；控制选择要打印的内容。
2 要调整图层的排列顺序，可以在"图层"面板中单击图层名称并将其拖动至新位置。而"图层"面板中各图层的顺序，决定了文档中图层的顺序——面板顶部的图层位于图稿中的最上层。
3 图层的颜色决定了图层中锚点及其方向线的颜色，并有助于识别文档的各个图层。
4 默认情况下，粘贴命令将分层文件或从不同图层复制而来的对象粘贴到当前活动图层中。而"粘贴时记住图层"选项可保留各粘贴对象对应的原始图层。
5 要在图层上创建一个剪切蒙版，可选择该图层，在"图层"面板中单击"建立 / 释放剪切蒙版"按钮（▣）。在该图层中，位于最上方的对象就会成为剪切蒙版。

第10课　渐变、混合和图案

课程概述

在本课中，您将学习如何执行下列操作：

- 创建和保存渐变填色；
- 应用和编辑描边的渐变；
- 应用和编辑径向渐变；
- 向渐变中添加颜色；
- 调整渐变方向；
- 调整渐变中颜色的不透明度；
- 按指定步数混合对象的形状；
- 在对象之间创建平滑的颜色混合；
- 修改混合及其路径、形状和颜色；
- 创建图案并使用图案上色。

 学习本课内容大约需要 60 分钟，请将素材 Lesson10 复制到您的硬盘中。

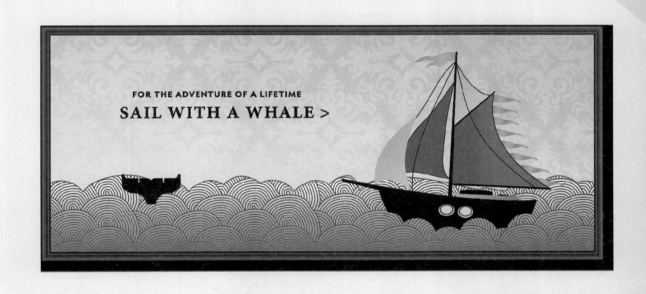

　　在 Illustrator 中，要为图稿添加纹理和趣味性，可以应用渐变填充（两种或多种颜色、图案的过渡混合以及形状和颜色的混合）。在本课中，将探索如何使用这些内容来完成项目。

10.1 开始本课

在本课中，将探索使用渐变、混合形状和颜色以及创建和应用图案的各种方法。

但在此之前需要恢复 Adobe Illustrator CC 的默认首选项。然后，打开本课最终完成的图稿文件以查看最终效果。

1　确保工具和面板的功能如本课所述，请删除或禁用（重命名）Adobe Illustrator CC 首选项文件。

2　启动 Adobe Illustrator CC。

3　选择"文件">"打开"，找到硬盘上的 Lessons>Lesson10 文件夹并打开 L10_end.ai 文件。

选择"视图">"缩小"，使最终图稿变小，如果您想在工作时将它保留在屏幕上的话（使用抓手工具 [✋] 将图稿移动到想要的位置）。如果不想打开此文档，则请选择"文件">"关闭"。

要开始工作，打开需要完成的图稿文件。

4　选择"文件">"打开"。在"打开"对话框中，浏览到硬盘上的 Lessons> Lesson10 文件夹，并选择 L10_start.ai 文件。单击"打开"，打开此文件。

5　选择"视图">"画板适合窗口大小"。

6　选择"文件">"存储为"，将文件命名为 Sailing.ai，并选择 Lessons>Lesson10 文件夹。从"格式"菜单（macOS）选择 Adobe Illustrator（ai），或从"保存类型"菜单选择 Adobe Illustrator（*.AI）（Windows），然后单击"保存"。

> **Ai** **注意：** 如果在工作区菜单中没有看到"重置基本功能"，就请在选择"窗口">"工作区">"重置基本功能"之前选择"窗口">"工作区">"基本功能"。

7　在"Illustrator 选项"对话框中，保留 Illustrator 默认选项，然后单击"确定"。

8　在应用程序栏从工作区切换器中选择"重置基本功能"。

10.2 使用渐变

渐变填充是两种或多种颜色之间的过渡混合，通常包括一个起始色和结束色。在 Illustrator 中，可自行创建各种渐变填充：线性渐变（它的起始色沿着一条直线混合到结束色）和径向渐变（它的起始色从中心处向外辐射渐变为结束色）。用户可使用 Adobe Illustrator CC 提供的渐变，也可自行创建渐变后，将其作为色板保存以备后用。

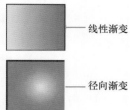

线性渐变

径向渐变

可以使用"渐变"面板（"窗口">"渐变"）或渐变工具（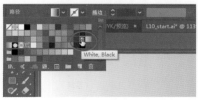）来应用、创建和修改渐变。在"渐变"面板中，渐变填色框或描边色框显示了当前对象的填色或描边所应用的渐变颜色和渐变类型。

A. 渐变	H. 位置
B. 填色框 / 描边框	I. 渐变类型
C. 反向渐变	J. 描边渐变类型
D. 渐变中点	K. 角度
E. 渐变滑块	L. 长宽比
F. 色标	M. 删除色标
G. 不透明度	

> **Ai** **注意**：您看到的"渐变"面板可能与此图不一致，没关系的。

在"渐变"面板中，渐变滑块（上图中标为"E"的区域）下最左侧的渐变色标（标记为"F"）被称为色标，表示起始色；右侧的渐变色标表示结束色。色标是渐变从一种颜色变为另一种颜色的点。可通过在渐变滑块下方单击来添加色标。双击色标将打开一个面板，让用户能够自行通过色板、颜色滑块或吸管工具来指定颜色。

10.2.1 将线性渐变应用于填色

最简单的是两色线性渐变，它的起始色（左侧色标）沿着一条直线混合到结束色（右侧色标）中。本课首先将为背景形状创建一种渐变填充来模拟天空。

1. 使用选择工具（▶）单击选择背景中的黄色大矩形。
2. 在控制面板中将填色更改为"White, Black"。

默认的黑白渐变将应用于所选背景形状的填色。

10.2.2 编辑渐变

接下来，将编辑应用的默认黑白色渐变的颜色。

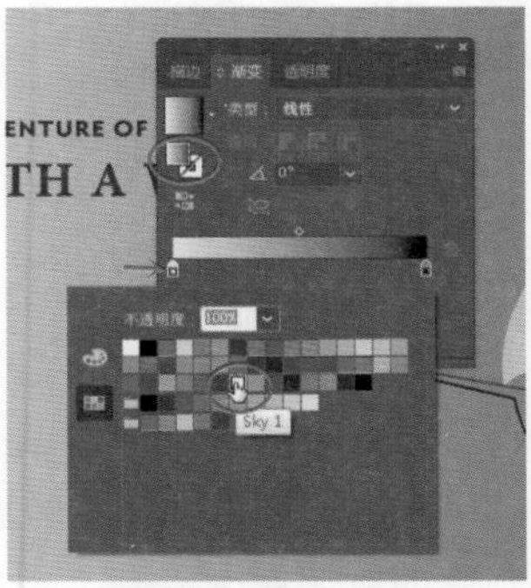

1 打开“渐变”面板（“窗口”>“渐变”），并执行以下操作。

- 确保填色框被选中（图中使用红色圈出的地方）。
- 双击左侧的白色渐变色标，选择渐变的起始色（图中箭头指向的位置）。
- 在出现的面板中单击“色板”按钮（）。
- 单击选择名为“Sky 1”的浅灰色色板。

2 按 Esc 键或在“渐变”面板的空白区域单击关闭“色板”面板。

3 在“渐变”面板中，执行下列操作。

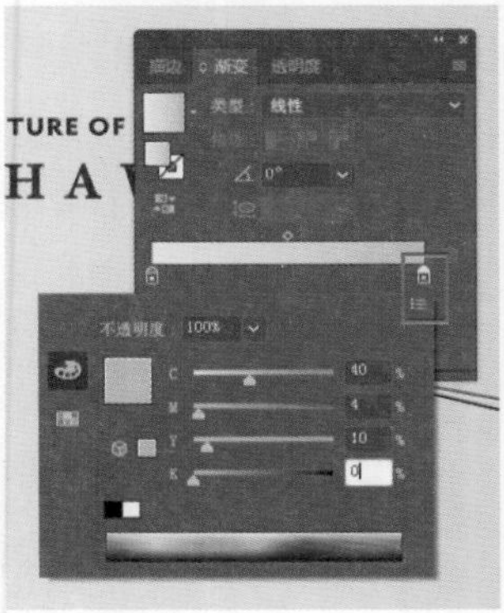

- 在“渐变”面板中，双击渐变滑块右侧的黑色色标以便编辑颜色（图中使用红色圈出的位置）。在出现的面板中，单击“颜色”按钮（），打开颜色面板。
- 单击菜单图标（），从菜单中选择“CMYK”，如果 CMYK 值不显示的话。
- 将 CMYK 值更改为“C=40 M=4 Y=10 K=0”。

> **提示：**要在文本框之间转换，可按 Tab 键。而按 Enter 或 Return 键可应用最近一次输入的数值。

- 输入最后一个值后，在“渐变”面板的空白区域单击返回到“渐变”面板。

下图显示了迄今为止应用的渐变。

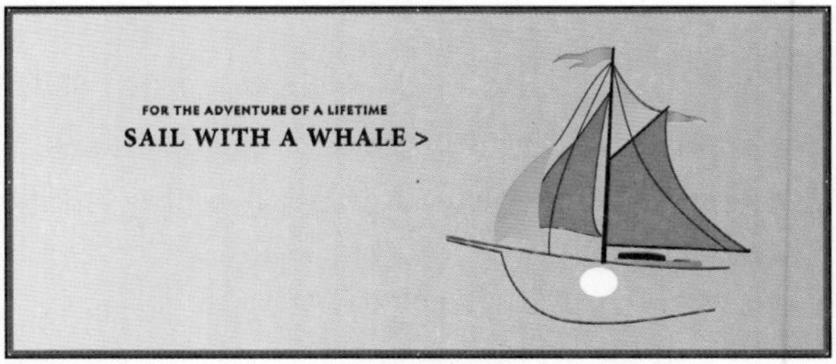

10.2.3 保存渐变

接下来，将在“色板”面板中保存刚才编辑的渐变。

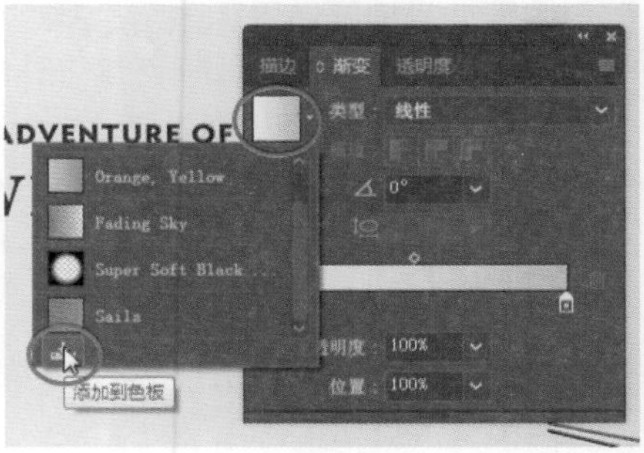

1 在“渐变”面板中，单击“类型”左侧的渐变菜单箭头（），并在出现的面板底部单击“添加到色板”按钮（）。

“渐变”菜单列出了可以应用的所有默认渐变和保存的渐变。

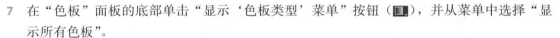
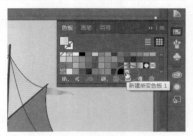

2　打开"色板"面板（"窗口">"色板"）。

在"色板"面板中，双击"新建渐变色板 1"缩略图，打开"色板选项"对话框。

3　在"色板选项"对话框中，在"色板名称"字段中输入 Sky，然后单击"确定"。

4　在"色板"面板的底部单击"显示'色板类型'菜单"按钮（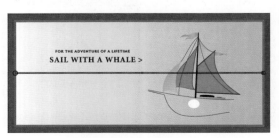），并从菜单中选择"显示渐变色板"，在"色板"面板中只显示渐变色板。

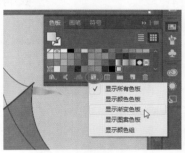

"色板"面板支持根据类型对颜色进行排序。如果只想在面板中显示渐变色板，就可以暂时在面板中对色板进行排序。

5　仍选中画板上的矩形，在色板面板中单击各色板，尝试对它应用其他渐变。

6　在"色板"面板中单击名为"Sky"的渐变以确保应用了它，然后继续下一步。

7　在"色板"面板的底部单击"显示'色板类型'菜单"按钮（■），并从菜单中选择"显示所有色板"。

8　选择"文件">"存储"，并保持选中矩形。

10.2.4　调整线性渐变填充

使用渐变填充对象后，还可以使用渐变工具调整渐变的方向、起点和终点。现在将调整背景形状中的渐变填充。

1　在工具面板中选择渐变工具（■）。

使用渐变工具，可以为对象的填色应用渐变，也可以编辑现有的渐变填充。注意到水平渐变条出现在矩形中央。渐变条指出了渐变的方向，左侧大圆圈显示了渐变的起始点（起始色标），右侧小矩形则表明了终点（结束色标）。

Ai 提示：要隐藏渐变批注者（渐变条），可选择"视图">"隐藏渐变批注者"。要再次显示，可选择"视图">"显示渐变批注者"。

2 将鼠标指针放在渐变批注者上。

Ai 注意：如果将鼠标指针移动到渐变滑块的不同区域，鼠标指针的外观可能会改变。这表明激活了不同的功能。

渐变条变为了渐变滑块，与"渐变"面板中的渐变滑块类似。可以使用图稿上的渐变滑块来编辑渐变，而无须打开"渐变"面板。

3 使用渐变工具，按住 Shift 键，单击画板顶部，并向下拖动到画板底部，以便更改矩形中渐变的起始色和结束色的位置、方向。依次松开鼠标和按键。

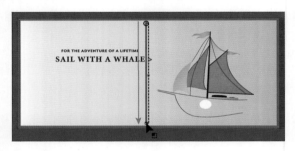

按住 Shift 键将渐变的角度限制为 45 度。

4 使用渐变工具，按住 Shift 键，单击画板底部的下方，并向上拖动到画板顶部上方，以便更改背景矩形中渐变的起始色和结束色的位置、方向。依次松开鼠标和按键。

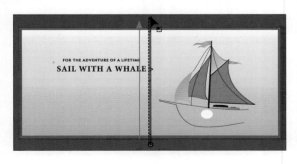

5 使用渐变工具，将鼠标指针指向渐变批注者顶部的白色小矩形。旋转图标（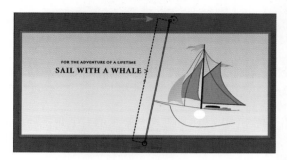）出现时，在矩形中向右拖动旋转渐变，然后释放鼠标按键。

6 在工具面板中双击渐变工具，打开"渐变"面板。确保在该面板中选中了填色框（图中使用红色圈出的位置），然后在"角度"字段中将旋转角度更改为 80，按 Enter 或 Return 键。

> **Ai** 注意：在"渐变"面板中输入渐变旋转角度，而不是直接在画板中手动调整，将有助于保持渐变色的一致性和精确性。

7 选择"对象">"锁定">"所选对象"，锁定矩形，以免稍后意外地移动它，并使选择其他图稿变得更简单一些。

8 选择"文件">"存储"。

10.2.5 将线性渐变应用于描边

还可以将渐变混合色应用于对象的描边。要作用于描边，则不能像应用于填色一样的使用渐变工具来编辑渐变了。与渐变填充相比，在"渐变"面板中，渐变描边具有更多的选项。下面，将对描边渐变添加一系列颜色以为图稿创建边框。

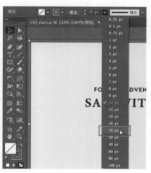

1 在工具面板中选中选择工具（▶），并单击画板边缘的红色描边选择矩形。在控制面板中从"描边粗细"菜单中选择18pt。

2 单击工具面板底部的描边框，然后单击填色框下方的渐变框，应用上一次使用的渐变。

> **Ai** 注意：根据屏幕分辨率，可能会看到单列工具面板。

3 在控制面板中，确保"约束宽度和高度比例"是关闭的（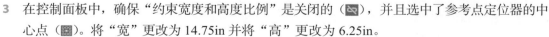），并且选中了参考点定位器的中心点（▦）。将"宽"更改为 14.75in 并将"高"更改为 6.25in。

这将确保描边位于画板的边界内。

4 在工具面板中选择缩放工具（🔍），在所选矩形的右上角拖动，进行放大。

10.2.6 编辑描边的渐变

对于描边的渐变，可以选择如何将渐变与描边对齐：描边中、沿描边或跨描边。在本节中，将介绍如何将渐变与描边对齐，并编辑渐变的颜色。

1 在"渐变"面板中，单击描边色框（如果为选中的话；图中使用红色圈出的位置），编辑应用于描边的渐变。保留"类型"为"线性"，再单击"跨描边应用渐变"按钮（▣），更改渐变类型。

2 双击右侧的蓝色色标，并单击"色板"按钮（▦），显示色板。单击选择名为 Border 2 的色板。单击面板外部接受选择。

 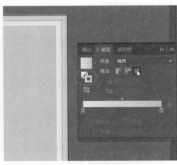 

放大角落　　　　　　　　编辑描边渐变类型　　　　　　　调整色标颜色

3 双击最左侧的色标（白色色标），并选中"色板"按钮（▦），单击选择名为 Border 3 的色板。按 Esc 键以隐藏色板并返回到"渐变"面板。

4 将鼠标指针置于渐变滑块下方的两个色标之间。当鼠标指针旁出现一个加号符号（▷₊）时，则单击添加另一个色标，如下面中间的图所示。

5 双击新的色标，选择色板（▦），单击名为"Border 1"的色板。按 Esc 键，隐藏色板并返回到"渐变"面板。

编辑最左侧的色标　　　　　　添加一个新色标　　　　　　更改色标的颜色

6　仍选择新色标，将"位置"更改为80%。

Ai **注意：** 选中的色标在色标图标的顶部有一个实心白色三角形（）。

未选中的色标在色标图标顶部有一个空心三角形（）。

对于接下来的几个步骤，您将了解如何通过在"渐变"面板中拖动色标副本来向渐变添加更多的颜色。

7　按住 Option（macOS）或 Alt（Windows）键，将选定（中间）的色标向左拖动（靠近左侧的色标），当看到"位置"值大约为25%时，则释放鼠标按键，然后释放修正键。

Ai **提示：** 要在渐变滑块中删除一个颜色色标，可选中色标再单击"删除色标"按钮（），也可以直接将该色标向下拖动到"渐变"色板外即可。但是需注意的是，渐变至少应包含两种颜色。

8　按住 Option（macOS）或 Alt（Windows）键，将最右侧的（Border 3）色标向左拖动。当看到"位置"大约为35%时，则释放鼠标按键，然后释放修正键。

9　选择"选择">"取消选择"。

10　选择"文件">"存储"。

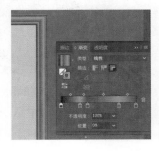

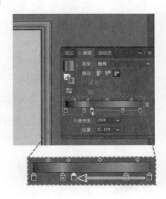

10.2.7　将径向渐变应用于图稿

如前所述，径向渐变的起始色（最左侧的色标）位于填色的中心处，并向外辐射到结束色（最右侧的色标）。下面，将对船的视窗（舷窗）创建并应用径向渐变填充。

1　选择"视图">"画板适合窗口大小"。

2　选择缩放工具（🔍），从左到右在船的红帆下面横跨白色椭圆进行拖动，进行放大。

3　在工具面板中选中选择工具（▶），单击白色椭圆。

4　在控制面板中，将填充颜色更改为"White, Black"渐变。按 Esc 键隐藏"色板"面板。

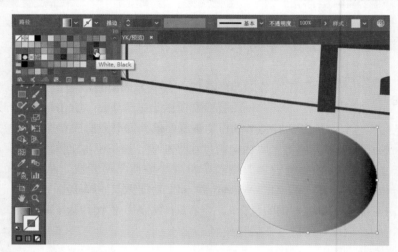

5　单击"渐变"面板图标（▇），显示"渐变"面板（如果有必要的话）。在"渐变"面板中，确保填色框已被选中。从"类型"菜单中选择"径向"，将形状中的线性渐变转换成径向渐变。保持选中椭圆并显示"渐变"面板。

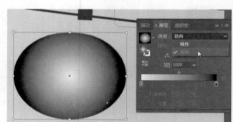

10.2.8　编辑径向渐变的颜色

接下来，将使用渐变工具来调整径向渐变的颜色。

1　仍选中椭圆，在"渐变"面板中，单击"反向渐变"按钮（▦），交换渐变中的黑色和白色。

2　在工具面板中选择渐变工具（▇）。

3　将鼠标指针放在椭圆中的渐变批注者（渐变条）上，将显示渐变滑块，执行以下操作。

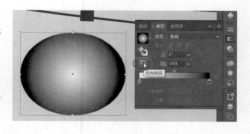

Ai　**注意**：双击色标时，可以看到面板中的"位置"选项。创建径向渐变色时，可以输入本节图中的数值，以精确匹配这些色标的位置。

- 双击椭圆中心的黑色色标，编辑颜色。
- 在出现的面板中，单击"颜色"按钮（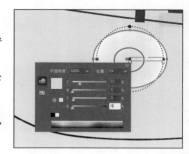），如果未选中它的话。
- 从面板菜单中选择 CMYK（如果有必要的话），显示 CMYK 滑块。
- 将颜色值更改为"C=22 M=0 Y=3 K=0"。按 Enter 键或 Return 键，更改值并隐藏面板。

Ai 注意：对于后续步骤，我又放大了一点图稿，以便更轻松地查看渐变中的色标。

注意到渐变批注者起始于椭圆中心，并指向右侧。它周围的虚线圆形表明这是径向渐变。下面，将为径向渐变设置其他的选项。

4 将鼠标指针放在渐变滑块下方最右侧的白色色标左侧一点，当鼠标指针旁出现加号符号时（▷₊），单击为渐变添加另一种颜色（下图中的第一个图）。

5 双击新的色标。在出现的面板中，单击"色板"按钮（⊞），选择名为"Window 1"的色板。将"位置"更改为 87%。按 Enter 键或 Return 键，更改值并隐藏面板。

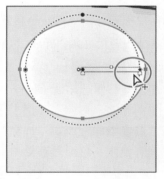 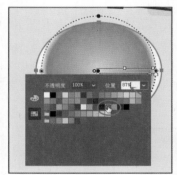

6 按住 Option（macOS）或 Alt（Windows）键，将刚才创建的色标向左拖动（参见右图）。释放鼠标按键，然后释放修正键。

7 双击新色标，并在出现的面板中将"位置"值更改为 80%。按 Enter 键或 Return 键，更改值并隐藏面板。

在渐变中设置了颜色后，始终可以删除、添加颜色或更改颜色的顺序。

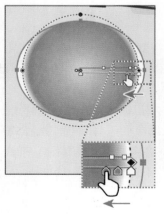 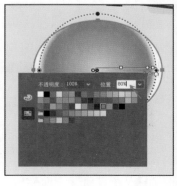

Ai 提示：编辑应用了色板的色标时，可以轻松地看到阴功了哪个色板，因为色板会在面板中突出显示。

8 双击最左侧的浅蓝色色标，在出现的面板中将"位置"值更改为 70%。按 Enter 键或 Return 键隐藏面板。

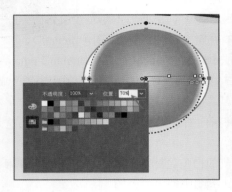
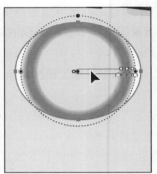

9 选择"文件">"存储"。

10.2.9 调整径向渐变

下面将更改径向渐变的长宽比、调整位置并更改径向渐变的半径和起始点。

1 选择渐变工具（▦），将鼠标指针放在渐变批注者最右端，单击并将黑色菱形形状（◆）向右拖动，直到刚刚超过椭圆形右侧边缘时松开鼠标。

这样就延伸了渐变。确保仍会在渐变边缘看到一些白色。如果没有看到白色，则可以拖动将菱形形状向左侧拖动一点。

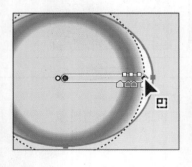
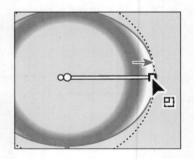

Ai 注意：拖动渐变批注者的端点时可能无法看到虚线圆形。如果拖动右侧端点前，先将鼠标指针指向渐变条，该圆形就会出现。

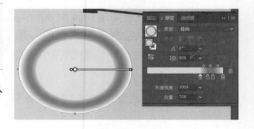

2 在"渐变"面板中，确保填色框被选中，然后从菜单中进行选择将"长宽比"（▦）更改为 80%。

长宽比可将径向渐变色变为椭圆形渐变，让它更适合图稿的形状。编辑长宽比的另一种方法是直观地进行更改。如果选中了渐变工具，将鼠标指针放在所选图稿的渐变上，然后将鼠标指针放在虚线路径顶部的黑色圆圈上，鼠标指针将变为▶，然后就可以拖动来更改渐变的长宽比了。

 注意： 长宽比是位于 0.5% ～ 32,767% 之间的数值。长宽比越小，椭圆就会越扁、越宽。

接下来，将拖动渐变滑块来重新定位椭圆中的渐变。

3 选择渐变工具，单击渐变滑块并将其向上拖动一点，移动椭圆中的渐变。参见右图了解大致的拖动位置。

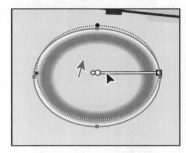

 提示： 可以将白色小圆点向大圆点的左侧拖动，以重新定位渐变的中心，而无须移动整个渐变条。这样做还会更改渐变的半径。

4 在工具面板中选中选择工具（▶），并在工具面板中双击比例缩放工具（▣）。将比例缩放"等比"值更改为 60%，然后单击"确定"。

如果变换应用了渐变的形状，比如缩放或旋转形状（以及其他类型的变换），则渐变也会变换。顺便说一下，与其他变换工具一样，双击比例缩放工具与选择"对象">"变换">"缩放"的效果一样（在本例中是这样）。

5 再次选中选择工具，按住 Option（macOS）或 Alt（Windows）键并将视图向右拖动制作一个副本。把它放置在原始视窗的右侧，如图所示。

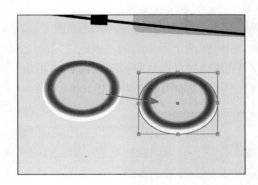

6 选择"选择">"取消选择"，然后选择"文件">"存储"。

10.2.10 将渐变应用于多个对象

要将渐变应用于多个对象，可选中这些对象，应用一种渐变色，再使用渐变工具在这些对象中拖动。

下面，将为船帆应用线性渐变填充并编辑其颜色。

1 选择"视图">"画板适合窗口大小"。

2　使用选择工具（▶），单击选择最左侧的红色船帆形状。按住 Shift 键并单击其右侧的红色船帆，选择两个形状。

3　在控制面板中，从填充颜色中选择名为"Sails"的渐变。按 Esc 键隐藏"色板"面板，如果有必要的话。

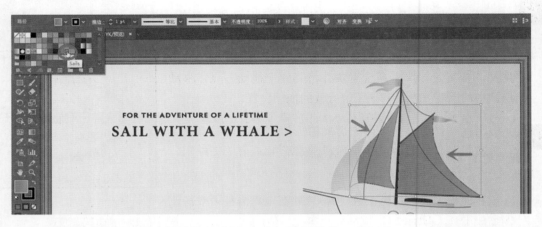

将渐变应用于多个选定对象的填色或描边时，它们是独立应用的。接下来，将调整渐变的形状，使渐变在两个形状之间混合。

4　确保在工具面板的底部或"色板"面板中选中了填色框。

5　在工具面板中选择渐变工具（▨）。

注意，每个船帆上都会出现一个渐变批注者（渐变条）。这表示当渐变应用于多个选定对象时，渐变是独立应用于每个对象的。

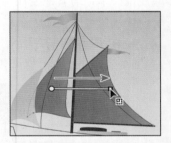

6　从左侧船帆形状的中心向右侧船帆的最右侧边缘拖动，如图所示，在两个形状之间一致地应用渐变。

7　选择"选择">"取消选择"。

8　选择"文件">"存储"。

10.2.11　增加渐变的透明度

通过给渐变的不同色标指定不同的不透明度，可以创建渐隐、渐显、隐藏或显示底层图稿的渐变效果。下面，将应用渐变使水逐渐变成透明的。

1　打开"图层"面板，单击 Water 图层左侧的可视性栏，显示其内容。确保选中了 Water 图层。可能需要向下滚动面板或折叠图层。

2　在工具面板中选择矩形工具（▭），在文档窗口的任意位置单击。在"矩形"对话框中，将"宽度"更改为 15in，将"高度"更改为 2in。单击"确定"，创建一个矩形。

注意: 由于文档的单位设置为英寸,因此不需要输入英寸。

3 按字母 D,以确保矩形具有默认的白色填充和黑色描边。

注意: 与控制面板类似,"渐变"面板是另一种应用渐变的方法。

4 单击"渐变"面板图标(□),打开"渐变"面板。确保选择了填色框,单击渐变菜单箭头(□),然后选择"White, Black",为填色应用通用渐变。

5 选中选择工具(▶),在控制面板中从"对齐"菜单(□)选择"对齐画板"(如果有必要的话)。

注意: 根据您的屏幕分辨率,可能需要单击控制面板中的"对齐"一词来访问"对齐"面板。

6 单击"水平居中对齐"按钮(□)和"垂直底对齐"按钮(□),让矩形与画板的中心和底部对齐。

7 在控制面板中将描边粗细更改为 0。

8 在"渐变"面板中从"角度"菜单中选择 −90,旋转矩形中的渐变。

9 在"渐变"面板中双击白色色标。在出现的面板中,确保选中了"色板"按钮(□),选择名为 Water 的色板。按一次 Esc 键,隐藏色板。

10 在"渐变"面板中仍选中最左侧的色标,将"不透明度"更改为 0%。

 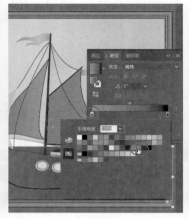 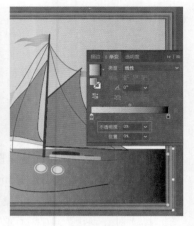

11 双击最右侧的色标（黑色）。在出现的面板中，选择"色板"按钮（），选择名为 Water 的色板。按一次 Esc 键，隐藏色板。

12 将渐变中点（菱形）向右拖动，直到"位置"字段的值大约为 60% 为止。单击"渐变"面板选项卡，以便折叠"渐变"面板组。

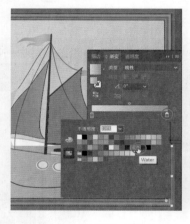 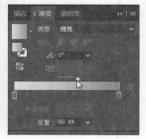

13 选择"对象">"锁定">"所选对象"。

14 选择"文件">"存储"。

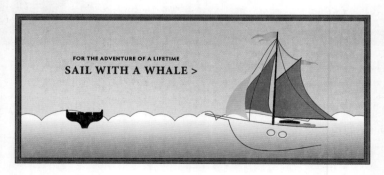

10.3 使用混合对象

可以通过混合两个对象，在它们之间创建多个形状并均匀分布它们。而用于混合的形状可以相同，也可以不同。可以混合两条非闭合路径，从而在两个对象之间创建平滑的颜色过渡，也可以同时混合颜色和对象，以创建一系列颜色和形状平滑过渡的对象。

以下是可以创建的不同混合对象类型的示例：

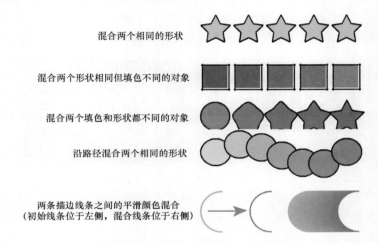

混合两个相同的形状

混合两个形状相同但填色不同的对象

混合两个填色和形状都不同的对象

沿路径混合两个相同的形状

两条描边线条之间的平滑颜色混合
（初始线条位于左侧，混合线条位于右侧）

创建混合时，被混合的对象将被视作一个整体对象，称为混合对象。如果移动原始对象之一或编辑原始对象的锚点，混合得到的形状将自动改变。另外，还可以扩展混合，将其分解为不同的对象。

10.3.1 使用指定的步数创建混合

接下来，将使用混合工具（📍）来混合两个形状，稍后将使用它们来为船下面的水创建图案填充。

1 如果有必要的话，在文档窗口中向下滚动，以便查看画板底部的形状。将创建两个形状之间的混合。

2 在工具面板选择缩放工具（🔍），并从左到右拖动放大画板底部的两个白色形状。

3 在工具面板中选择混合工具（📍），将鼠标指针放在左侧较大的形状上。当鼠标指针变为 ▯* 时单击，然后，悬停在右侧的小形状上，直到鼠标指针变为 ▯+（这表示可以添加混合对象）时，再次单击在两个对象之间创建混合。

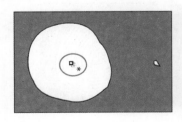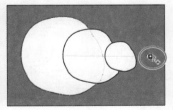

 **提示：** 可以为混合添加两个以上的对象。

 **注意：** 要结束当前路径，并在另一条路径上混合其他对象，可先单击工具面板中的混合工具，再单击要混合的对象。

4 仍选中混合对象，选择"对象">"混合">"混合选项"。在"混合选项"对话框中，从"间距"菜单选择"指定的步骤"，将指定的步骤更改为 10，然后单击"确定"。

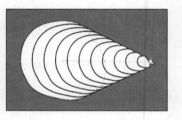

 **提示：** 要编辑对象的混合选项，还可以选中混合对象后双击混合工具。也可以在工具面板中双击混合工具（ ），设置工具选项，然后创建混合对象。

5 在工具面板中选中选择工具（ ），在混合对象的任意位置双击，进入隔离模式。

这暂时取消混合对象的编组，可以编辑每个原始形状和轴。轴是混合对象中各步骤对齐的路径。默认情况下，轴是一条直线。

6 选择"视图">"轮廓"。

在轮廓模式下，可以看到两个原始形状的轮廓线和贯穿它们的一条直线路径。看到的直线路径被称为轴，是混合对象中各步骤对齐的路径。默认情况下，这 3 个对象组成了混合对象。而在轮廓模式下，编辑原始对象之间的路径会更加简单一些。

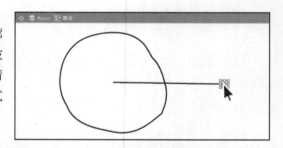

7 单击选择较小形状的边缘。

8 选择"视图">"GPU 预览"如果支持的话，或者如果不支持，选择"视图">"CPU 预览"（"预览"）。

9 将较小的形状大致拖到较大形状的中心，会看到混合变化。

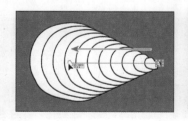

确保拖动的是形状而不是路径（轴）。您可能会想要放大［按 Command＋＋（macOS）或 Ctrl＋＋（Windows）组合键］，以便更轻松地进行选择。

10 选择"选择">"取消选择"，按 Esc 键，退出隔离模式。

10.3.2 修改混合

现在，将要建立另一个混合，并编辑混合路径的形状（称为混合轴）。将在刚创建的两个混合对象副本之间创建混合。在两个混合对象之间建立混合会产生意想不到的结果。这就是首先要扩展混合对象的原因。

1 选择"视图">"画板适合窗口大小"。

2 在工具面板中选择缩放工具（🔍），并横跨船右侧橘色的旗帜向右拖动，进行放大。

3 使用选择工具（▶）单击选择旗帜。按住 Option（macOS）或 Alt（Windows）键并沿着橘色帆船的边缘向下拖动旗帜，如下图所示。

 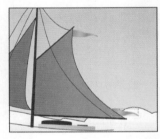

在之前创建的混合中，在创建混合之后编辑了混合选项。对于下一个混合，将首先编辑混合选项，然后根据这些混合选项创建混合。

4 在工具面板中双击混合工具（🖿），打开"混合选项"对话框。将指定的步骤更改为 6。单击"确定"。

5 选择混合工具，将鼠标指针放在顶部的旗帜上。当鼠标指针变为🖿₊时单击。然后，将鼠标指针悬停在底部的旗帜上，在鼠标指针变为🖿₊时单击混合对象。现在，使用 6 步在两个对象之间建立了混合。

6　选择"视图">"轮廓"。

7　选择"选择">"取消选择"。

8　在工具面板中选择钢笔工具（✐）。按住 Option（macOS）或 Alt（Windows）键，将鼠标指针放在两个旗帜之间的路径上。鼠标指针改变时（▸），将路径向左拖动，如下图中的第一个图所示。

> **Ai** 提示：一种调整混合路径形状的快捷方法是，让对象沿另一条路径混合。可以绘制另一条路径，选中混合对象，再选择菜单"对象">"混合">"替换混合轴"。

9　选择"视图">"GPU 预览"，如果支持的话，或者选择"视图">"CPU 预览"（"预览"），如果不支持的话。按住 Option（macOS）或 Alt（Windows）键，并稍微拖动选定的路径（如果需要的话），以便让旗帜看起来像是来自船帆后面（参见下图）。

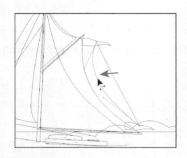

10　选择"选择">"取消选择"。

10.3.3　创建和编辑平滑的颜色混合

混合两个及以上的对象形状和颜色以创建新对象时，可选择多个混合选项。如果选择"平滑颜色"混合选项，Illustrator 将会混合对象的形状和颜色以创建多个中间对象，从而在原始对象之间创建平滑过渡的混合。如果对象的填色或描边具有不同的颜色，则会计算步骤，以提供最佳数量的步骤，获得平滑的颜色过渡。如果对象包含相同的颜色，或如果它们包含渐变或图案，则会根据两个对象的边界框边缘之间最长的距离来计算步数。

现在，会将两个形状合并成一个平滑的颜色混合来创建船。

1　选择"视图">"画板适合窗口大小"。

2　选择缩放工具（🔍），单击两次放大船的舷窗。

现在将混合两条路径，使其成为一只船。两条路径都有描边颜色，但没有填色。与没有描边的对象相比，描边对象的混合方式不同。

3　在工具面板中选择混合工具（🔧），并将鼠标指针（🔧*）放在船帆下面顶部的路径上并单击。将鼠标指针（🔧₊）放在底部路径上并单击。保持选中混合对象。

使用"混合选项"对话框的最后一次设置（指定步数：6）来创建混合。

接下来，将更改船的混合设置，使其混合为平滑的颜色，而不是使用指定的步数。

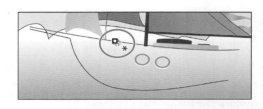 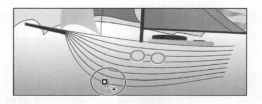

4 　仍选择混合对象，在工具面板中双击的混合工具。在"混合选项"对话框中，从"间距"
菜单中选择"平滑颜色"，设置混合选项，这将保持设置，直到您改变它们。选择"预览"，
然后单击"确定"。

5 　选择"选择">"取消选择"。

在对象之间建立平滑颜色混合时，Illustrator 将自动计算对象之间创建平滑过渡所需的中间步
数。在对象之间建立平滑颜色混合后，还可对其进行编辑。下面，将编辑组成混合的路径。

> **Ai** | **注意**：在有些情况下，在路径之间创建平滑颜色混合有些棘手。例如，线条相交或曲
> 率过大，将可能导致意想不到的结果。

6 　使用选择工具（▶）双击颜色混合对象（船），进入隔离模式。单击顶部路径选择它，在
控制面板中任意更改描边颜色。按 Esc 键，隐藏面板。注意颜色是如何混合的。

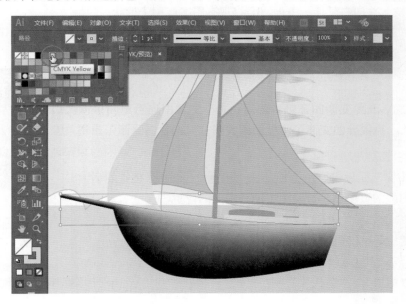

7 选择“编辑 > “还原应用色板”，直到显示出原始颜色。

8 在混合对象外双击退出隔离模式并取消选择船。

9 选择“视图” > “画板适合窗口大小”。

10 选择“文件” > “存储”。

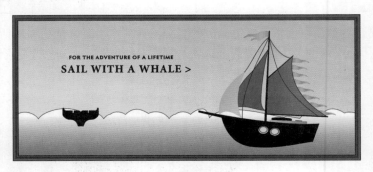

10.4 使用图案上色

除印刷色、专色和渐变外，“色板”面板还可以包含图案色板。在 Illustrator 默认的“色板”面板中，各种类型的色板是作为独立库存在的，而且还可以创建自定义的图案和渐变色板。在本节中，将会创建、应用和编辑各种图案。

10.4.1 应用现有图案

图案是存储在“色板”面板中的图稿，可将其应用于对象的填色和描边。可以定制现有图案，还可以使用 Illustrator 工具设计图案。所有图案都是在一个形状内平铺单个并拼贴形成的，平铺时从标尺原点出发，并向右延伸。下面，会将现有图案应用于形状。

1 选择“对象” > “全部解锁”。

2 选择“选择” > “取消选择”。

3 使用选择工具（▶），单击选择具有表示天空（文本和船后面）的蓝色渐变的矩形。

4 选择“窗口” > “外观”，打开“外观”面板。
单击此面板底部的“添加新填色”按钮。这会为矩形添加第二个渐变填充并将它放在图层的顶部。

5 在“外观”面板中，单击顶部的“填色”（如果有必要的话），选择顶部的“填色”行。图中箭头指向的位置。

Ai | 注意：第 12 课将介绍有关“外观”面板的详细信息。

---

6 选择“窗口” > “色板库” > “图案” > “装饰” > “Vonster 图案”打开图案库。

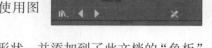

提示： 可以在查找字段中键入单词"王冠"中对图案色板进行排序，或者从面板菜单中选择"小列表视图"，以便查看图案色板的名称。

7 在"Vonster 图案"面板中，选择"王冠"图案色板，使用图案填充路径，关闭"Vonster 图案"面板。

图案色板填作为第二个填色（位于第一个填色顶部）填充于形状，并添加到了此文档的"色板"面板列表中。

8 在控制面板中单击"不透明度"一词，打开"透明度"面板（或选择"窗口">"透明度"）。从混合模式菜单中选择"滤色"，并将"不透明度"值更改为 30。按 Esc 键，隐藏面板。

9 选择"对象">"锁定">"所选对象"，然后选择"文件">"存储"。

10.4.2 创建自己的图案

在本节中，将会创建自定义图案并将其作为色板添加到此文档的"色板"面板中。

1 按住空格键。向上拖动画板，查看画板底部的混合对象，如果有必要的话，松开空格键。

注意： 建立空图案时，不需要选中任何对象。

2 使用选择工具（▶），单击选择混合对象，然后选择"对象">"图案">"建立"。在出现的对话框中单击"确定"。

注意： 图案可由多个形状、符号或置入的光栅图像组成。例如，创建用于衬衫的法兰绒图案，创建 3 个彼此重叠、外观选项各不相同的矩形或直线。

与之前遇到的对象组隔离模式相似，创建图案时，Illustrator 将进入图案编辑模式。图案编辑模式可以互动地创建和编辑图案，因此同时能在画板上预览图案的变化，还可以打开"图案选项"

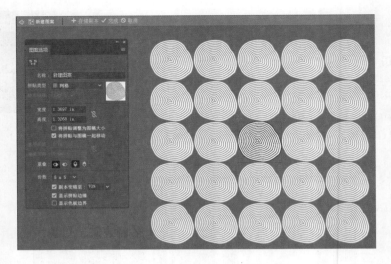

面板（"窗口" > "图案选项"），提供创建图案时必需的选项功能。

3 使用选择工具单击中心的图稿选择它。

混合对象现在是一组对象。在图案中，混合对象会被扩展和编组，这意味着不能再将图稿作为混合对象进行编辑。之后我会将混合对象视为一个组。

4 按 Command＋＋（macOS）或 Ctrl＋＋（Windows）组合键几次，以便进行放大。

中心图稿周围的系列浅色对象是图案重复。它们在那里预览并会变暗，以便专注于原始图案。原始对象组周围的蓝框是图案拼贴。

5 在"图案选项"面板中，将名称更改为 Waves，并从"拼贴类型"菜单中选择"十六进制（按列）"。名称 Waves 作为工具提示，会出现在"色板"面板中对应图案色板的上方。这对于识别各种图案色板很有帮助。拼贴类型决定如何平铺图案。有 3 个主要的拼贴类型可供选择：默认的网格图案、砖形图案或十六进制图案。

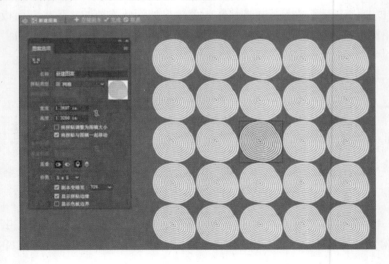

6 从"图案选项"面板底部的"份数"菜单中选择 1×1。这将删除重复图案，让您暂时专注于主要的图案图稿。

7 使用选择工具稍微拖动一下该组。完成拖动后，请注意蓝色拼贴随原稿一起移动。

8 仍选中此组，按住 Option（macOS）或 Alt（Windows）键并拖动两次制作副本。更改每个形状的大小，使其大小不同，并按照右图排列它们。

> **Ai** 提示：因为混合对象在图案编辑图案中重复，所以很难选择 3 个原始对象。您可以选择"视图">"轮廓"进入轮廓模式，以便查看原始仅混合对象。

9 在"图案选项"面板中，更改下列选项（使用下图作为参考）。

- 从"份数"菜单中选择 5×5，以便再次查看重复图案。
- 选中"将拼贴调整为图稿大小"复选框。

  该选项将拼贴区域（蓝色的六边形）调整为适合图稿大小，改变了重复对象之间的间距。取消选中"将拼贴调整为图稿大小"复选框后，还可以在"宽度"和"高度"文本框

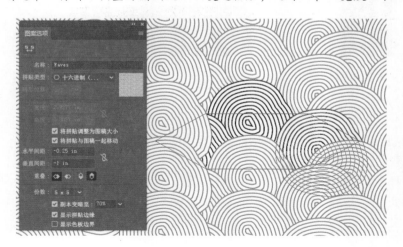

中手动更改图案定义区域的宽度和高度，以包含更多内容或编辑图案之间的间距。另外，还可以通过"图案选项"面板左上角的"图案拼贴工具"按钮（▦）来手动编辑拼贴区域。

- 将"水平间距"设为 −0.25in，将"垂直间距"设为 −1in。

Ai **提示**：间距可为正值、可为负值，分别对拼贴部分进行分离或靠近。

- 对于"重叠"选项，单击"底部在前"按钮（◆），并观察图案的变化。

Ai **注意**：图案选项面板拥有一系列图案编辑选项，比如观察更多或更少的图案，即"份数"。有关"图案选项"面板的更多信息，可在 Illustrator 帮助（"帮助" > "Illustrator 帮助"）中搜索"创建和编辑图案"。

由于设置的间距值和拼贴图形的大小，图案中的图稿可能是重叠的。默认情况下，对象水平重叠时，左侧对象在顶层，垂直拼贴时，上方的对象在顶层。

Ai **提示**：如果想要创建图案的变体，可在该灰色栏中单击"存储副本"，这将在"色板"面板中，将当前图案保存为副本，并可以继续对该图案进行编辑。

10 在"图案选项"面板底部，选择"显示色板边界"复选框，以便查看将会保存在色板中的虚线框区域。再取消选择"显示色板边界"复选框。

11 单击文档窗口上方灰色栏中的"完成"。如果有对话框出现，单击"确定"按钮。

12 选择"文件" > "存储"。

10.4.3 应用自己的图案

指定图案有很多种方法。这里将使用控制面板中的填色框来应用图案。

1 选择"视图" > "画板适合窗口大小"。

2 使用选择工具（▶），单击船背后的白色扇形。

3 在控制面板中从填色中选择名为 Waves 的色板。

4 选择"文件" > "存储"。

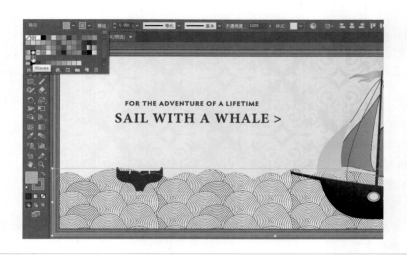

注意：您的图案可能看起来不同，没关系的。

10.4.4　编辑图案

接下来，会在"图案编辑"模式下编辑 Waves 图案色板。

提示：您也可以选择一个对象填充图案色板，以便填补框选的色板，颜色，或工具面板，选择"对象">图案>编辑图案。

1　在"色板"面板（"窗口">"色板"）中，双击 Waves 图案色板，在图案编辑模式下编辑图案。

2　在图案编辑图案下，选中选择工具（▶），并选择"选择">"全部"来选择所有 3 个对象。

3　在控制面板中，将描边颜色更改为名为 Window 1 的灰蓝色。

4　单击文档窗口顶部灰色条中的"完成"，以便退出图案编辑模式。

5　单击波浪形状选择它，如果有必要的话。

6　仍选中此形状，在工具面板中双击比例缩放工具（▣），缩放图案而不是形状。在"比例缩放"对话框中，更改下列选项（如果尚未设置的话）。

Ai 提示：在"缩放"对话框中，如果要缩放图案和形状，可以选择"转换对象"并选择 "变换图案"。还可以在变换面板 B 中转换图案 Y 选择变换仅图案，只转换对象，或从 面板菜单中转换（■）应用变换之前。

- 等比：120%。
- 缩放圆角：取消选择它（默认设置）。
- 比例缩放描边和效果：取消选择它（默认设置）。
- 变换对象：取消选择它。
- 变换图案：选择它。

7 选择"预览"以查看更改。单击"确定"并保持选中形状。

8 选择"对象">"显示全部"，显示船顶部隐藏的白色形状。将使用此形状来遮挡船，让它 看起来像在水里一样。

9 选中选择工具和新的形状，按住 Shift 键并单击深色的船形状。选择"对象">"剪切蒙 版">"建立"。

10 选择"选择">"取消选择"，然后选择"文件">"存储"。

11 选择"文件">"关闭"。

复习题

1 什么是渐变？
2 如何调整渐变中的颜色混合？
3 指出两种在渐变中添加颜色的方法。
4 如何调整渐变的方向？
5 渐变和混合之间有什么不同？
6 在 Illustrator 中将图案保存在哪里？

复习题答案

1 渐变是两种或多种颜色（或同一种颜色的不同色调）之间的过渡混合。渐变可应用于对象的填色或描边。
2 要调整渐变中的颜色混合，可选中渐变工具（█），将鼠标指针放在渐变批注者或"渐变"面板中的渐变滑块上，再拖动菱形图标或色标。
3 要为渐变添加颜色，可以在"渐变"面板中单击渐变滑块下方添加色标。然后，双击该色标编辑颜色，方法是在出现的面板中直接应用现有色板或创建新颜色。还可以在工具面板中选择渐变工具，将鼠标指针放在渐变填充的对象上，然后单击图稿中渐变滑块的下方添加色标。
4 要调整渐变方向，使用渐变工具在图稿中拖动即可。长距离拖动将逐渐改变颜色；短距离拖动会让颜色急剧变化。还可以使用渐变工具旋转渐变，更改半径、长宽比和渐变的起点等。
5 渐变和混合之间的区别是颜色的混合方式不同。渐变混合的是颜色，而混合指的是混合对象。
6 在 Illustrator 中保存图案时，它作为色板保存在"色板"面板中。默认情况下，色板与当前打开的文件保存在一起。

第11课　使用画笔制作海报

课程概述

在本课中，您将学习如何执行下列操作：

- 使用 4 种类型的画笔：书法画笔、艺术画笔、毛刷画笔和图案画笔；
- 将画笔应用于路径；
- 使用画笔工具绘制和编辑路径；
- 使用光栅图像创建艺术画笔；
- 更改画笔颜色并调整画笔设置；
- 使用 Adobe Illustrator 图稿创建新画笔；
- 使用斑点画笔工具和橡皮擦工具。

 学习本课内容大约需要 60 分钟，请将素材 Lesson11 复制到您的硬盘中。

Adobe Illustrator CC 提供了各种类型的画笔，这样仅使用画笔工具或绘图工具进行上色或绘画，就可以创建各种效果。可使用斑点画笔工具，或选择艺术、书法、图案、毛刷和散点画笔，还可以基于图稿创建新画笔。

11.1 开始本课

在本课中，将通过"画笔"面板学习如何使用不同类型的画笔、更改画笔选项和创建自定义画笔。但在此之前需要恢复 Adobe Illustrator CC 的默认首选项。然后，打开本课最终完成的图稿文件，以便查看最终效果。

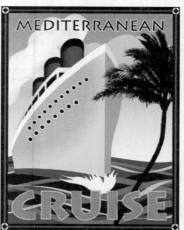

1 确保工具和面板的功能如本课所述，请删除或禁用（重命名）Adobe Illustrator CC 首选项文件。

2 启动 Adobe Illustrator CC。

3 选择"文件">"打开"，在"打开"对话框中，浏览到 Lessons>Lesson11 文件夹，并选择 L11_end.ai 文件。单击"打开"，打开此文件。

4 如果需要，选择"视图">"缩小"，使完成的图稿变小，然后调整窗口大小，并在工作时将图稿留在屏幕上（使用抓手工具 [✋] 将图稿移到文档窗口中想要的位置）。如果不想打开此图稿，则选择"文件">"关闭"。

要开始工作，将打开一个现有的图稿文件。

5 选择"文件">"打开"，在"打开"对话框中，浏览到 Lessons>Lesson11 文件夹，并选择 L11_start.ai 文件。单击"打开"，打开此文件。

6 选择"视图">"画板适合窗口大小"。

Ai 注意：如果在工作区菜单中没有看到"重置基本功能"，则请在选择"窗口">"工作区">"重置基本功能"之前选择"窗口">"工作区">"基本功能"。

---

7 选择"文件">"存储为"。在"存储为"对话框，将文件命名为 CruisePoster.ai，选择 Lesson11 文件夹。从"格式"菜单（macOS）选择 Adobe Illustrator（ai），或从"保存类型"菜单选择 Adobe Illustrator（*.AI）（Windows），然后单击"保存"。

8 在"Illustrator 选项"对话框中，保留 Illustrator 默认选项，然后单击"确定"。

9 在应用程序栏从工作区菜单中选择"重置基本功能"。

11.2 使用画笔

通过使用画笔，可以用图案、图像、画笔描边或纹理装饰路径。用户可以修改 Illustrator 提供的画笔，还可以创建自定义画笔。

可以将画笔描边应用于现有路径，也可以使用画笔工具绘制路径的同时应用画笔描边。用户可以修改画笔的颜色、大小和其他属性。还可以在应用画笔后（包括添加填色）再编辑路径。

在"画笔"面板（"窗口">"画笔"）中，有五种类型的画笔：书法画笔、艺术画笔、毛刷画笔、图案画笔和散点画笔。在本课中，将学习如何使用除散点画笔外的所有画笔。

画笔类型

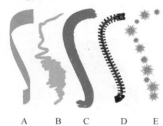

A. 书法画笔
B. 艺术画笔
C. 毛刷画笔
D. 图案画笔
E. 散点画笔

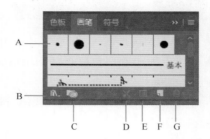

A. 画笔
B. 画笔库菜单
C. 库面板
D. 删除画笔
E. 所选对象的选项
F. 新建画笔
G. 删除画笔

11.3 使用书法画笔

首先介绍的画笔是书法画笔。书法画笔模拟使用了书法钢笔笔尖绘制的描边。书法画笔是由椭圆定义的，该椭圆的中心位于路径上。使用这种画笔可以创建外观类似于使用平而尖的钢笔手绘的描边。

书法画笔示例

11.3.1 为图稿应用书法画笔

首先，会过滤"画笔"面板显示的画笔类型，只显示书法画笔。

1 单击工作区右侧的"画笔"面板图标（），显示"画笔"面板。单击"画笔"面板菜单图标（▤），并选择"列表视图"。

2 再次单击"画笔"面板菜单图标（▤），取消选择"显示艺术画笔"、"显示毛刷画笔"和"显示图案画笔"，使得"画笔"面板中仅显示书法画笔。不能一次取消选择它们，因此，您会必须持续单击此菜单图标（▤）来访问菜单。

Ai | **注意**：在"画笔"面板中，画笔类型旁出现勾选符号表明了该类型的画笔将会在面板中显示。

---

3 在工具面板中选中选择工具（▶），按住 Shift 键，单击橘黄色船形状上方的两条粉色曲线路径，选中这两个对象。

4 在"画笔"面板中选择 5pt. Flat 画笔，将它应用于粉色路径。

Ai | **注意**：就像在使用真正的书法钢笔一样，比如应用 5pt. Flat 画笔时，线条越垂直，路径描边就会越细。

---

5 在控制面板中，将描边粗细更改为 6pt，并将描边色更改为 White。按 Esc 键，隐藏"色板"面板，如果有必要的话。

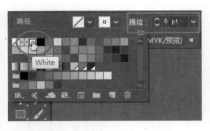
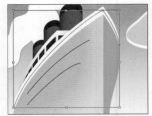

6　选择"选择">"取消选择"。

7　使用选择工具单击较小的白色路径（图中箭头指示的位置），刚刚为它应用了画笔。

在控制面板中，将描边色更改为浅灰色（我所选颜色的工具提示是"C=0 M=0 Y=0 K=10"）。

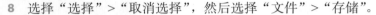

8　选择"选择">"取消选择"，然后选择"文件">"存储"。

11.3.2　使用画笔工具绘制

如前所述，画笔工具可以在绘画时应用画笔。而用画笔工具绘制的矢量路径既可以使用画笔工具编辑，也可以使用其他绘图工具编辑。下面，将使用画笔工具应用默认画笔库中的书法画笔，为水中的波浪上色。如果自己绘制的波浪线与本课图中所示不完全一致，这没有关系。

1　使用选择工具（▶）单击船下的深蓝色海水形状。

2　选择"选择">"取消选择"。

海水形状所在的图层是船的子图层。选中该形状，也就在"图层"面板中选中了它所在的子图层，这样之后绘制的所有波浪线都会与海水形状位于同一子图层。

3　在工具面板中选择画笔工具（🖌）。

4　单击"画笔"面板底部的"画笔库菜单"按钮（🗏），选择"艺术效果">"艺术效果_书法"。这时将出现一个包含了多种描边的画笔库面板。

Illustrator 提供了多种可在图稿中使用的画笔库。而每个类型的画笔都有一系列可选择的画笔库。

5　单击"艺术效果_书法"面板菜单图标（☰），选择"列表视图"。单击"50 点扁平"，画笔将其添加到"画笔"面板上。

6　关闭"艺术效果_书法"面板。

在画笔库，比如"艺术效果_书法"库，选中画笔就会将其添加到现用文档上。

7　在控制面板中，将填色更改为"[无]"（☑），将描边色设为 Dark Blue 色板，将描边粗细设为 1pt（如果需要的话）。

注意，画笔指针旁边出现了一个星号（✍），这表明可以开始绘制新路径。

8 将鼠标指向画板左侧、船的下方。从左向右绘制一条长的曲线，在海水形状大约中间位置处停止，参见下图。再在水中绘制另外 3 条贯穿整个海水形状的曲线路径，参见下图。

> **Ai** | **注意：** 书法画笔可在路径上创建各种随机角度，绘制的曲线不需要与图中完全一致。

9 选择"选择" > "取消选择"（如果需要的话），然后选择"文件" > "存储"。

11.3.3　使用画笔工具编辑路径

下面将使用画笔工具来编辑一条选定的路径。

1 在工具面板中选中选择工具（▶），单击选择之前在海水形状中绘制的第一条路径（位于船体底部下方）"。

> **Ai** | **提示：** 要使用画笔工具编辑绘制的路径，还可以使用平滑工具（✐）和路径橡皮擦工具（✐），它们位于铅笔工具（✐）下的隐藏工具组。

2 在工具面板中选择画笔工具（✐）。将鼠标指针放置在选定路径的右端附近，此时画笔图标旁没有星形（*）。向右拖动延伸路径到画板右侧边缘。而这将从开始拖动鼠标的地方编辑选定路径。

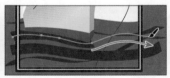

3 按住 Command（macOS）或 Ctrl（Windows）键暂时切换到选择工具，然后单击选择另一条画笔工具绘制的路径。单击后再松开按键，返回到画笔工具。

4 用画笔工具指向所选路径的任意部位，鼠标指针旁的星形消失时，向右拖动重新绘制路径。

5 选择"选择" > "取消选择"（如果需要的话），然后选择"文件" > "存储"。

接下来，将编辑画笔工具选项。

6 在工具面板中双击画笔工具（✐），显示"画笔工具选项"对话框，并进行以下更改。

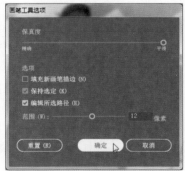

7 单击"确定"。

"画笔工具选项"对话框可以修改画笔工具工作的方式。对于"保真度"选项，平滑度越大，创建的路径越平滑，路径中的锚点就会越少。由于选中了"保持选定"复选框，因此编辑完路径后，它将仍保持被选中的状态。

8 在控制面板中，将描边色设为 Medium Blue 色板，将描边粗细设为 0.5pt。

9 选择画笔工具，在海水形状中再绘制另外 3 ～ 4 条贯穿的曲线路径。

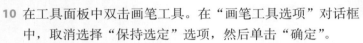

注意到每条路径绘制完成后，它仍保持被选中的状态，如果需要，就可以进行编辑。

10 在工具面板中双击画笔工具。在"画笔工具选项"对话框中，取消选择"保持选定"选项，然后单击"确定"。

现在路径在完成绘制后不会被选中，并且可以在不改变先前绘制的路径的情况下绘制重叠路径。

 注意：取消选中"保持选定"复选框后，要编辑某条路径，可使用选择工具（▶）选中它，或使用直接选择工具（▷）选中路径的某一段或某个锚点，再重新使用画笔工具绘制路径的相应部分。

---

11 选择"选择" > "取消选择"，然后选择"文件" > "存储"。

11.3.4 编辑画笔

要更改画笔的选项，可以在"画笔"面板中双击该画笔。编辑画笔时，还可以选择是否更新文档中应用了该画笔的对象。下面，将修改"50 点扁平"画笔的外观。

1 在"画笔"面板（▦）中，双击文本"50 点扁平"左侧的画笔缩略图或"画笔"面板中名称的右侧，打开"书法画笔选项"对话框。

2 在此对话框中，进行下列更改。

 提示：在对话框中"名称"文本框下方的"预览"窗口，可观察画笔的变化。

 注意：对画笔所做的编辑只在当前文档中有效。

- 名称：30 点扁平。
- 角度：0°。
- 从"角度"右侧的菜单中选择"固定"（选择"随机"时，每次绘制时都会生成一个随机的画笔角度）。

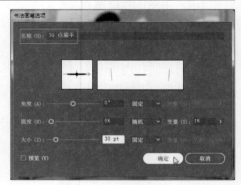

- 圆度：5%（默认设置）。
- 大小：30pt。

3 单击"确定"。

4 在随后出现的对话框中，单击"保留描边"按钮，让修改不会作用于该画笔之前绘制的波浪路径。

5 在控制面板中，将描边色更改为 Light Blue 色板，将描边粗细更改为 1pt。

6 在"画笔"面板中单击"30 点扁平"画笔，确保接下来使用它绘图。选中画笔工具（✐），在海水形状中再绘制另外 3 条贯穿的曲线路经，绘制时可覆盖现有路径。如果愿意，可使用右图作为参考。

7 选择"选择"＞"取消选择"，如果有必要的话，然后选择"文件"＞"存储"。

这时，取消选择了画板上的任何对象，而"取消选择"命令也变成了灰色（您不能选择它）。

11.3.5 删除画笔描边

可以轻松删除为图稿应用的不需要的画笔描边。下面，将删除云朵形状的画笔描边。

1 选中选择工具（▶），单击天空中具有白色描边的蓝色云朵。

2 在"画笔"面板底部单击"移去画笔描边"按钮（▨）。

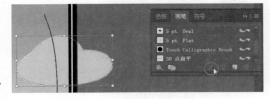

> **Ai** | **注意**：此图显示的是单击了"移去画笔描边"按钮后的结果。

删除画笔描边不会删除描边色和粗细，它只是删除画笔应用。

3 在控制面板中将描边粗细更改为 0pt。

4 选择"选择"＞"取消选择"，然后选择"文件"＞"存储"。

11.4 使用艺术画笔

艺术画笔可沿路径均匀地拉伸图稿或置入的光栅图像。也可以像其他画笔那样，通过编辑画笔选项来修改画笔工作的方式。

11.4.1 应用现有的艺术画笔

下面，要把现有的艺术画笔应用于船下的波浪。

1 在"画笔"面板中，单击"画笔"面板菜单按钮（▤），并取消选择"显示

艺术画笔示例

书法画笔"。然后再从同一面板菜单中选择"显示艺术画笔"选项，在"画笔"面板中显示各种艺术画笔。

2 单击"画笔"面板底部的"画笔库菜单"按钮（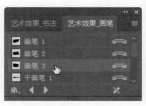），并选择"艺术效果"＞"艺术效果＿画笔"。

3 单击"艺术效果＿画笔"面板菜单图标（▤），并选择"列表视图"。在列表中选择"画笔3"，将其添加到"画笔"面板中。关闭"艺术效果＿画笔"面板。

4 在工具面板中选择画笔工具（✐）。

5 在控制面板中，将填色更改为"[无]"（▨），将描边色更改为White（如果有必要的话），并将描边粗细更改为1pt（如果有必要的话）。

6 单击工作区右侧的"图层"面板图标（），打开"图层"面板。单击Spray/Tree子图层，以便在该图层上绘图。单击"图层"面板图标，折叠该面板组。

Ai | 提示：选中画笔工具后，按住Caps Lock键可以看到更精确的鼠标指针（X）。在某些情况下，这样绘图更加方便精确。

---

7 将画笔指针（✐）指向船的底部（图中标×的位置），参见下图，开始沿红色船底向左拖动沿着水位线绘制曲线，但不需要完全一致。绘制不满意时，随时可以在选择"编辑"＞"还原艺术描边"后重新绘制。

8 从上步操作的同一起点（红色×）向右绘制曲线，在船的尖端处绘出U形以覆盖住船与水相接的部分。下图显示了绘制的两条曲线。

9 再尝试绘制一些路径，确保每次绘制的起点都与之前相同，结果如下图所示。

10 选择"文件"＞"存储"。

11.4.2 使用光栅图像创建艺术画笔

在本节中，将要置入光栅图像并用它来创建新的艺术画笔。创建了任何类型的新画笔后，它都只会显示在当前文档的"画笔"面板中。

1 选择"文件">"置入"。在"置入"对话框中，浏览到 Lesson11 文件夹并选择 tree2.psd 文件，确保取消选中了"链接"选项，再单击"置入"。

2 在画板的右侧边缘外单击置入图像。

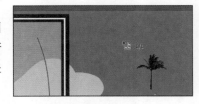

下面，将用所选图稿来新建一种艺术画笔。可以使用矢量图稿或嵌入的光栅图像来创建新的艺术画笔，但图稿中不能包含渐变、混合、画笔描边、网格对象、图形、链接文件、蒙版或尚未被转换为轮廓的文本。

3 选中选择工具（▶）。选择"窗口">"画笔"，打开"画笔"面板。仍选中置入的图像，单击"画笔"面板底部的"新建画笔"按钮（▣），这样就可以开始用选定的光栅图像创建画笔了。

4 在"新建画笔"对话框中，选择"艺术画笔"，然后单击"确定"。

5 在出现的"艺术画笔选项"对话框中，将名称更改为"Palm tree"，再单击"确定"。

6 删除在画板右侧外置入的图像，因为之后不会再用到它了。

7 使用选择工具单击选中船右侧的黑色曲线。

8 在"画笔"面板中单击"Palm tree"画笔来应用它。

注意，原始的树形状沿着黑色曲线路经延伸了。这是艺术画笔的默认操作。

11.4.3 编辑艺术画笔

接下来，将编辑 Palm tree 艺术画笔并更新画板上棕榈树的外观。

1. 仍选中 Palm tree 形状所在的曲线路径。在"画笔"面板中，双击 Palm tree 文本左侧的画笔缩略图或名称右侧，打开"艺术画笔选项"对话框。

Ai | **提示**：要了解有关"艺术画笔选项"对话框的更多信息，请参见 Illustrator 帮助（"帮助"＞"Illustrator 帮助"）中的"艺术画笔选项"。

2. 在"艺术画笔选项"对话框中，选择"预览"复选框，以便观察图稿中的变化。可以移动对话框以便查看应用画笔的曲线。更改下列选项。

   - 在参考线之间伸展：选择它。
   - 起点：5in。
   - 终点：6in。
   - 纵向翻转：选择它。

3. 单击"确定"。

4. 在出现的对话框中，单击"应用于描边"按钮，修改应用了 Palm tree 画笔的曲线。

5. 在控制面板中，单击"不透明度"一词，并从"混合模式"菜单中选择"正片叠底"。按 Enter 或 Return 键，关闭透明度面板。

6 选择"选择">"取消选择",然后选择"文件">"存储"。

11.5 使用毛刷画笔

毛刷画笔可以创建外观与带鬃毛的自然画笔相同的描边。使用画笔工具中的毛刷画笔绘图时,它创建的是矢量路径。

在本节中,首先修改画笔的选项以调整其外观,然后使用画笔工具上色并使用毛刷画笔创建浓烟效果。

毛刷画笔示例

11.5.1 修改毛刷画笔选项

如您所见,要更改画笔的外观,可在"画笔选项"对话框中修改其设置。这可在应用画笔前,也可在应用画笔后。对于毛刷画笔,通常,最好在绘画前调整毛刷画笔的设置,这是因为更新画笔描边需要较长的时间。

> **Ai** **注意:** 要了解有关"毛刷画笔选项"对话框及其设置的更多信息,参见 Illustrator 帮助("帮助">"Illustrator 帮助")中的"使用毛刷画笔"。

1 在"画笔"面板中,单击面板菜单图标(▤),选择"显示毛刷画笔",然后取消选择"显示艺术画笔"。

2 双击默认的 Mop 画笔缩略图或其名称右侧,打开"毛刷画笔选项"对话框。在此对话框中,更改以下选项。

- 形状:团扇(默认设置)。
- 大小:7mm(画笔的直径)。

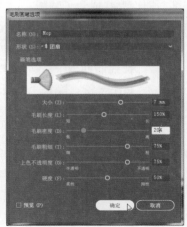

> **Ai** **提示:** Illustrator 自带了一系列默认的毛刷画笔。要使用它们,可在"画笔"面板的底部选择"画笔库菜单"按钮(▥),并从中选择"毛刷画笔">"毛刷画笔库"。

- 毛刷长度:150%(默认设置)(计算长度时,以鬃毛和毛刷手柄相连的地方为起点)。

- 毛刷密度：20%（毛刷特定区域的鬃毛数）。
- 毛刷粗细：75%（默认设置）（取值范围 [1%，100%]，取值越小表示鬃毛越细）。
- 上色不透明度：75%（默认设置）（使用的颜料的不透明度）。
- 硬度：50%（默认设置）（指的是鬃毛的硬度）。

3 单击"确定"。

11.5.2 使用毛刷画笔上色

现在，将使用 Mop 画笔绘制船上的烟。使用毛刷画笔可创建非常自然生动的描边。为了限定绘画范围，让烟形状成为蒙版，绘制的内容要位于烟形状内部。

1 在工具面板中选择缩放工具（🔍），在船（而不是云）上方的烟形状处缓慢地单击数次，放大视图。

2 在工具面板中选中选择工具（▶），单击选择烟形状。同时也就选择了烟形状所在的图层，确保之后的绘图在同一图层。

Ai	**注意：** 要了解关于绘图模式的更多信息，请参见第 3 课。

3 单击工具面板底部的"内部绘图"按钮（⬛）。

Ai	**注意：** 如果工具面板是单栏显示的，可在工具面板底部的"绘图模式"按钮（⬛）上按住鼠标左键，即可从出现的菜单中选择"内部绘图"。

4 仍选中烟形状，在控制面板中将填色更改为"[无]"（⬜）（按 Esc 键隐藏"色板"面板），保留描边色。

5 选择"选择" > "取消选择"，取消选择烟形状。

烟形状周围的虚线框表明接下来绘制的内容都将位于该形状内部，即烟形状成为了蒙版。

6 在工具面板中选择画笔工具（✏）。在控制面板的"画笔定义"菜单中选择 Mop 画笔，如果未选中它的话。

7 在控制面板中，确保将填色设为"[无]"（⬜），将描边色设为白色，并确保描边粗细为 1pt。按 Esc 键，隐藏"色板"面板。

Ai	**提示：** 要在绘画时编辑路径，可在"画笔工具选项"对话框中，选择复选框"保持选定"，也可以使用选择工具选中路径。本课示例中不必将整个形状都填满。

8 将鼠标指针指向最大烟囱的上部（参见下图中的红色 ✕），向上拖动一些，然后向左下方拖动，过程中大致沿着烟形状边缘即可。

释放鼠标左键时，注意到绘制的路径将以烟形状为蒙版。

9 使用画笔工具中的 Mop 画笔在烟形状内部绘制更多的路径。从各个烟囱尝试沿烟形状绘制路径。目的是使用绘制的路径填满烟形状。

绘制第一条路径　　　　　　　　观察绘制了更多路径后的结果

10 选择"视图" > "轮廓"，观察上色时绘制的路径。

11 选择"选择" > "对象" > "毛刷画笔描边"，以便选中所有使用 Mop 画笔绘制的路径。

12 选择"对象" > "编组"，然后选择"视图" > "GPU 预览"（如果支持的话）或"视图" > "CPU 预览"（如果不支持的话）。

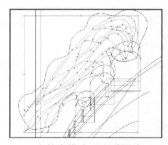 

在轮廓模式下查看图稿　　　　　　在预览模式观察结果

13 单击工具面板底部的"正常绘图"按钮（ ）。

14 在工具面板中选中选择工具。选择"选择" > "取消选择"。

15 双击烟形状的边缘进入隔离模式。单击同一烟形状的边缘选择它。在控制面板中将描边色更改为"[无]"（ ）。

> **Ai** **注意**：如果工具面板是单栏显示的，可在工具面板底部的"绘图模式"按钮上按住鼠标左键，即可从出现的菜单中选择"正常绘图"。

16 按 Esc 键数次，隐藏面板并退出隔离模式。

> **Ai** **提示**：还可以在图稿外双击退出隔离模式。

17 在工作区右侧单击"图层"面板图标（⬛），打开"图层"面板。单击 Spray/Tree 图层名称左侧的眼睛图标（👁），在画板上隐藏该图层的内容。单击"图层"面板图标，以便折叠此面板。

18 选择"选择">"取消选择"，然后选择"文件">"存储"。

保存文档时，可能会出现一个警告对话框，提示目前保存的文档包含多个具有透明效果的毛刷画笔路径。如前所述，使用毛刷画笔上色时，会创建出一系列独立的矢量路径。这会导致文档过于复杂而无法打印或保存为 EPS/PDF 或旧版格式。为了降低复杂度、减少毛刷画笔路径，可以通过选择毛刷画笔路径和栅格化来降低复杂度和保留外观。具体操作是：选中应用了毛刷画笔的路径，再选择"对象">"栅格化"。

毛刷画笔和绘图板

通过绘图板使用毛刷画笔时，Illustrator 将对光笔在绘图板上的移动进行跟踪。它将反映光笔在路径上任意一点的方向和压力。于是，Illustrator 将诠释光笔所提供的 x 轴位置、y 轴位置、压力、倾斜度、方位和旋转。

——摘自 Illustrator 帮助

11.6 使用图案画笔

图案画笔用于绘制由不同部分（拼贴）组成的图案。在图稿中使用图案画笔绘画时，将根据所处的路径位置（边缘、中间或拐点）绘制图案的不同部分。创建自己的图稿时，有数百种有趣的图案画笔可以选择，从 grass 到 cityscapes。下面，将把现有的图案画笔应用于路径，以创建船上的窗户。

1 选择"视图">"画板适合窗口大小"。

2 在"画笔"面板中，单击面板菜单图标（▤），选择"显示图案画笔"，然后取消选中"显示毛刷画笔"。在"画笔"面板中单击 Windows 画笔。

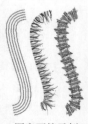

图案画笔示例

下面，将应用图案画笔，然后编辑该画笔的属性。

3 选中选择工具（▶），按住 Shift 键并单击选中橘色船身上的两条黑色路径。

4 在控制面板的"画笔定义"菜单或"画笔"面板中选择"Windows"图案画笔，以便应用该图案画笔。接下来，将编辑所选路径的画笔属性。

5 选择"选择">"取消选择"。

6 单击选中位于下方的那条应用了 Windows 画笔的路径。

7 单击"画笔"面板底部的"所选对象的选项"按钮（▥），以便编辑画板上所选路径的画笔选项。

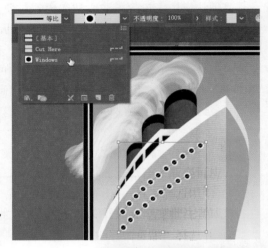

这将打开"描边选项（图案画笔）"对话框。

8 在"描边选项（图案画笔）"对话框中选择"预览"，并拖动"缩放"滑块（或直接输入数值），将"缩放"更改为 110%，单击"确定"。

编辑所选对象的画笔选项时，只会看到一部分画笔选项。"描边选项（图案画笔）"对话框可用于编辑所选画笔路径的属性，而不会影响画笔本身。

9 选择"选择">"取消选择"，然后选择"文件">"存储"。

11.6.1　创建图案画笔

有多种创建图案画笔的方式。例如，要创建应用于直线的简单图案，可以选择相应的对象，再单击"画笔"面板底部的"新建画笔"按钮（）。

要创建应用于包含了曲线和尖角的对象，可先在文档窗口中选定要用于创建画笔的图稿，再在"色板"面板中根据图稿创建相应的色板，还可以令 Illustrator 自动生成图案画笔的尖角。在 Illustrator 中，只有边线拼贴需要自行定义。而 Illustrator 可根据用于边线拼贴的图稿，自动生成 4 种不同类型的尖角。这 4 个自动生成的选项可以完美地适合各种尖角。

接下来，将为海报的边框创建一种图案画笔。

1　选择"视图">"Pattern objects"。这将放大画板右侧边缘的救生圈和绳子的视图。

Ai｜**注意：**您会在视图菜单底部找到模式对象。

2　使用选择工具（▶）单击选择棕色绳子对象组。

3　单击"画笔"面板图标（），展开此面板。如果有必要的话，则单击面板菜单图标（），并选择"缩览图视图"。

在"画笔"面板中，注意到缩览图视图中的图案画笔都是段状的。每一段对应着一个图案拼贴。边线拼贴是在"画笔"面板的缩览图视图中不断重复的。

4　在"画笔"面板中，单击"新建画笔"按钮（），根据绳子来创建一个图案。

5　在"新建画笔"对话框中，选择"图案画笔"，单击"确定"。

不论是否选中了图稿，都可以创建图案画笔。创建图案画笔时，如果没有选中图稿，则可以在创建后把图稿拖到"画笔"面板中，也可以在编辑画笔时从图案色板中选择图稿。本节稍后将介绍后一种方法。

6　在"图案画笔选项"对话框中，将画笔命名为 Border。

图案画笔最多可以包含五种拼贴：边线拼贴、起点拼贴、终点拼贴以及用于路径尖角上的内角拼贴和外角拼贴。

可以在对话框中的"间距"选项下面看到这 5 种拼贴按钮，这样就可以将不同的图稿应用到路径不同的部分。可以单击需要定义的拼贴按钮，再选择一个自动生成的拼贴或在出现的菜单中选择一个图案色板。

Ai｜**注意：**有些画笔没有尖角拼贴，这是因为它们只用于平滑曲线。

7　在"间距"选项下，单击"边线拼贴"框（左起第二个）。可以发现除了"无"选项，画

板上选中的对象"原始"、"色板"面板中的图案色板 Pompadour 也出现在菜单中。从菜单中选择 Pompadour。

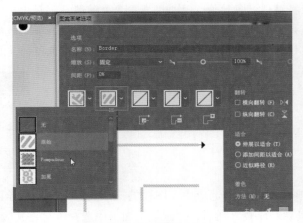

在拼贴下面的"预览"区域，将看到新图稿如何影响路径。

Ai | 提示：将鼠标指针指向"图案画笔选项"对话框中的拼贴按钮，就会提示该按钮是哪种拼贴。

Ai | 提示：创建图案画笔时，所选图稿默认被视作边线拼贴。

---

8 再次单击"边线拼贴"框，然后选择"原始"选项。

Ai | 提示：要保存画笔并在另一个文件中使用它，可以把要用到的画笔创建成一个画笔库。有关更多信息，可在 Illustrator 帮助中搜索"使用画笔库"。

---

9 单击"外角拼贴"框，显示菜单。

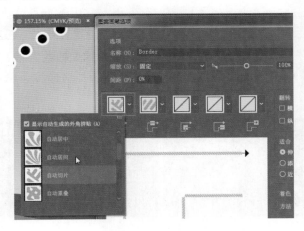

外角拼贴是由 Illustrator 根据原始绳子图稿自动生成的。在它的菜单中，可以从自动生成的 4 种尖角中选择。

- 自动居中：边线拼贴沿尖角延伸，且拼贴在尖角处的路径上居中。
- 自动居间：边线拼贴的副本一路延伸至尖角，尖角每侧都有一个边线拼贴的副本。
- 自动切片：边线拼贴被对角切片再垂直结合，类似于木质相框的边角。
- 自动重叠：拼贴的副本在边界处重叠了起来。

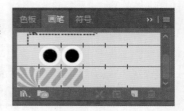

10 从菜单中选择"自动居间"。这就生成了由绳子创建的图案画笔的外角。

11 单击"确定"。这样 Border 画笔就出现在"画笔"面板中了。

11.6.2 应用图案画笔

在本节中，将会把 Border 图案画笔应用于图稿的矩形边界上。使用绘图工具将画笔应用于图稿时，首先使用绘图工具绘制路径，然后在"画笔"面板中选择画笔将其应用于路径即可。

1 选择"视图">"画板适合窗口大小"。

2 使用选择工具（▶）单击选中边界处的白色矩形描边。

3 在工具面板中，确保填色和描边色都设为"[无]"（▢）。

4 仍选中该矩形，在"画笔"面板中单击 Border 图案画笔。

5 选择"选择">"取消选择"。

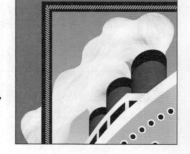

这时使用 Border 画笔绘制矩形，其中边线使用的是边线拼贴，而各个角则是外角拼贴。

11.6.3 编辑图案画笔

现在将使用创建的图案色板来编辑 Border 图案画笔。

1 单击"色板"面板图标（▦），展开该面板，或者选择"窗口">"色板"。

Ai | **提示**：有关创建图案色板的更多信息，参见 Illustrator 帮助中的"关于图案"。

---

2 选择"视图">"Pattern Objects"，放大画板右侧边缘处的救生圈。

3 使用选择工具（▶），把救生圈拖入到"色板"面板。这样将会在"色板"面板中生成新的图案色板。

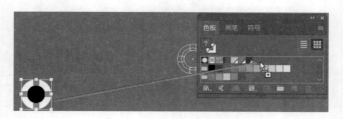

创建了新的图案画笔后，如果之后不会在其他的图稿中再使用它，也可以在"色板"面板中将其删除。

4 选择"选择">"取消选择"。

5 在"色板"面板中，双击刚才创建的图案色板。在"图案选项"对话框中，将色板名称改为 Corner，并从"份数"菜单中选择 1×1。

6 单击文档窗口顶部灰色栏中的"完成"按钮，以便完成图案的编辑。

7 选择"视图">"画板适合窗口大小"。

8 在"画笔"面板中，双击 Border 图案画笔，打开"图案画笔选项"对话框。

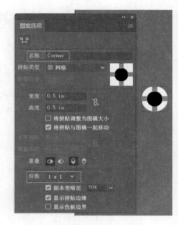

Ai **提示：** 要修改图案画笔中的图案拼贴，还可按住 Alt（Windows）或 Option（macOS）键，将图稿直接从画板中拖入图案画笔对应的拼贴处。

---

9 单击"外角拼贴"框，从出现的菜单中选择"Corner"图案色板（可能需要滚动）。将"缩放"更改为70%，单击"确定"。

10 在出现的对话框中，单击"应用于描边"，更新画板上的边界框。

11 使用选择工具单击船身窗口所在路径中的一条。在"画笔"面板中单击应用 Border 画笔。

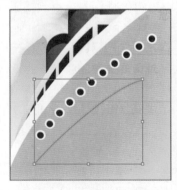

Ai **注意：** 在本课前些节中，已经通过单击画板面板中的"移去画笔描边"按钮（▣）来删除应用于对象的画笔。在这里则是选择"编辑">"还原应用图案画笔"。这是因为单击"移去画笔描边"按钮后，将删除该弧形之前的格式，使其只有默认的填色和描边色。

注意到此时是 Border 画笔的边线拼贴，而不是救生圈，应用于该路径。这是因为该路径不包含尖角，所以外角拼贴和内角拼贴无法应用于该路径。

12 选择"编辑">"还原应用图案画笔"，从该路径上移除该画笔。

13 选择"选择">"取消选择"，然后选择"文件">"存储"。

11.7　使用斑点画笔工具

可以使用斑点画笔工具（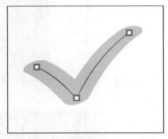）来绘制有填色的性状，并将其与其他颜色相同的形状相交或合并。使用斑点画笔工具，可以像使用画笔工具那样绘图，但画笔工具用于创建非闭合路径，而斑点画笔工具可创建只有填色、没有描边色的闭合路径，还可使用橡皮擦工具或斑点画笔工具对其进行编辑。另外，斑点画笔工具无法编辑有描边色的形状。

| 使用画笔工具创建的路径 | 使用斑点画笔工具创建的形状 |

11.7.1　使用斑点画笔工具绘图

下面将使用斑点画笔工具来创建云朵。

1. 单击工作区右侧的"图层"面板图标（），展开"图层"面板。单击 Ship 子图层左侧的眼睛图标（），隐藏该图层的内容。再单击 Background 子图层，选中该图层。

2. 在控制面板中将填色更改为 Light Blue，并将描边色更改为"[无]"（）。

使用斑点画笔工具绘图时，如果绘画前设置了填色和描边色，则描边色将作为斑点画笔工具绘制形状时的填色。如果只设置了填色，那么该填色将填充绘制的形状。

3. 在工具面板中单击并按住画笔工具（），选择斑点画笔工具（）。双击工具面板中的斑点画笔工具。在"斑点画笔工具选项"对话框中，更改下列内容。
    - 保持选定：选择它。
    - 大小：70pt。
4. 单击"确定"。
5. 将鼠标指向天空中浅蓝色云朵的左侧，沿 Z 字形拖动以便绘制云朵形状。小心不要让该形状与其右侧的小云朵相碰，参见下图。

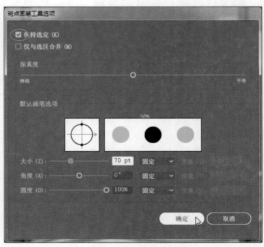

Ai 提示：要更改斑点画笔的大小，还可按住键盘右中括号（]）键或左中括号键（[）以便放大或缩小画笔的尺寸。

使用斑点画笔工具绘图时，创建的是已填色的闭合形状。这些形状可包含任何类型的填色，如渐变色、纯色和图案等。注意到绘图前斑点画笔图标旁有一个圆形，这表明绘图时画笔的大小（70pt，在前文的步骤中设置的）。

11.7.2 使用斑点画笔工具合并路径

除了可以使用斑点画笔工具绘制新形状之外，还可用它来连接、合并同一颜色的形状。而待合并的对象需要有相同的外观属性，即没有描边色、位于同一图层或图层组，如果位于同一图层组，则所属图层必须相邻。

Ai 注意：要了解有关斑点画笔工具的更多信息，在 Illustrator 帮助（"帮助" > "Illustrator 帮助"）中搜索对填色和描边上色。在帮助页面上，转到标题为使用斑点画笔工具绘制和合并路径部分。

下面，将把刚刚创建的云朵形状与其右侧的小云朵合并成一个大云朵。

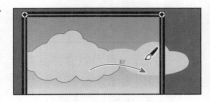

1　选中 "选择" > "取消选择"。
2　选择斑点画笔工具（🖊），将鼠标指向云朵形状的内部，向右拖动到右侧小云朵的内部，将这两个形状连接起来。

Ai 注意：在图中，绘制的云有蓝色轮廓。您可能看不到，这没关系。

Ai 注意：如果两个形状没有合并，可能是它们的描边色或填色不同。这时可使用选择工具（▶）选中这两个形状，然后在控制面板中确保填色为 Light Blue 色板，描边色为 [无]。之后再切换到斑点画笔工具，重新操作第 2 步。

3　继续使用斑点画笔工具在合并后的形状上绘图，使其更像云朵。

如果这一步中发现不小心创建了新的形状，而不是编辑现有形状，只需还原这一步。然后切换到选择工具（▶），选中合并后的形状，再取消选择后继续操作即可。

4　选中 "选择" > "取消选择"，然后选择 "文件" > "存储"。

11.7.3 使用橡皮擦工具进行编辑

使用斑点画笔工具绘制和合并形状时，可能需要编辑绘制结果。使用橡皮擦工具（◆）可以调整形状，并纠正一些不理想的修改结果。

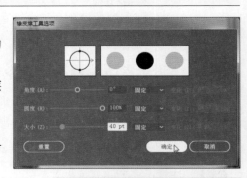

> **Ai** | 提示：使用斑点画笔工具和橡皮擦工具绘制时，建议拖曳较短的距离后就松开鼠标。这样方便撤销上一步所做的编辑，否则，拖曳较长的距离仍不松开鼠标，撤销时可能会删除整个描边。

1　使用选择工具（▶）单击选择云朵形状。

在使用橡皮擦工具之前先选中形状，可约束橡皮擦的作用范围，使其只擦除选定的形状。

2　在工具面板双击橡皮擦工具（◆）。在"橡皮擦工具选项"对话框中，将"大小"更改为40pt，然后单击"确定"。

3　将鼠标指向云朵形状的边缘，使用橡皮擦工具沿云朵形状的下部拖动，删除部分云朵。

选择斑点画笔或橡皮擦工具后，工具图标旁都有一个圆圈，它表明了画笔的直径。

4　选择"选择">"取消选择"。

5　单击工作区右侧的"图层"面板图标（▧），展开"图层"面板，如果有必要的话，则单击所有图层左侧的可视性栏，以便确保画板中显示了所有内容。在"图层"面板顶部，单击选中 Mask 主图层。再单击"图层"面板底部的"建立/释放剪切蒙版"按钮（▣）。

单击"建立/释放剪切蒙版"按钮后，就将现有的 Mask 矩形形状作为蒙版，遮住整个内容。有关蒙版的更多信息，请参见第14课。

6　单击"图层"面板选项卡，折叠面板组。

7　选择"对象">"显示全部"，显示海报文本。

8　选择"选择">"取消选择"。

9　选择"文件">"存储"，然后关闭所有打开的文件。

复习题

1 使用画笔工具（✐）将画笔应用于图稿和使用绘图工具将画笔应用于图稿之间有什么不同？
2 描述如何将艺术画笔中的图稿应用于内容。
3 描述如何编辑那些使用画笔工具绘制的路径？"保持选定"选项又是如何影响画笔工具的？
4 要将光栅图像应用于某些画笔中，需要做什么工作？
5 对于哪些类型的画笔，要在创建之前在画板上选中图稿？
6 斑点画笔工具（✐）有什么作用？

复习题答案

1 要使用画笔工具（✐）来绘图，可选择画笔工具后，从"画笔"面板中选择一种画笔，然后在图稿中绘图，那么画笔将直接作用于绘制的路径。要使用绘图工具来应用画笔，可先使用绘图工具在图稿中绘制路径，然后选择该路径并在"画笔"面板中选择一种画笔，即可将其应用于选定的路径。
2 可通过图稿（矢量路径、嵌入的光栅图像）来创建艺术画笔。将艺术画笔应用于对象的描边时，艺术画笔中的图稿默认将沿所选对象的描边而延伸。
3 要使用画笔工具编辑路径，只需在选定路径上拖动重新绘制它。使用画笔工具绘图时，"保持选定"选项将保持最后绘制的路径被选中。如果想便捷地编辑最后绘制的路径，则应保留"保持选定"复选框被选中；如果要使用画笔工具绘制重叠的路径、不修改之前的路径时，则应取消选择"保持选定"复选框。在没有选中"保持选定"复选框时，可以使用选择工具（▶）选中路径，然后编辑路径。
4 要在特定的画笔（艺术画笔、图案画笔和散点画笔）中使用光栅图像，首先需要置入该图像。
5 要创建艺术画笔或散点画笔时，需要先选中图稿，再使用"画板"面板底部的"新建画笔"按钮（▣）。
6 使用斑点画笔工具（✐）可以编辑带填色的形状，使其与其他颜色相同的形状相交或合并，还可以从头开始创建图稿。

第12课 探索效果和图形样式的创意用法

课程概述

在本课中，您将学习如何执行下列操作：

- 使用"外观"面板；
- 编辑和应用外观属性；
- 复制、禁用和启用，以及删除外观属性；
- 重新排列外观属性；
- 应用和编辑效果；
- 应用各种效果；
- 以图形样式保存和应用外观；
- 将图形样式应用于图层；
- 缩放描边和效果。

 学习本课内容大约需要 60 分钟，请从配套资源中将文件夹 Lesson12 复制到您的硬盘中。

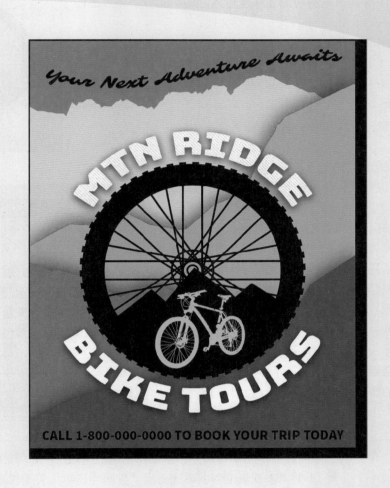

通过"外观"面板应用外观属性（比如填色、描边和效果），可以更改对象的外观，而不会改变对象的结构。由于效果本身是实时的，因此可以随时修改或删除效果。可以将外观属性保存为图形样式，并将它们应用于其他对象。

12.1 开始本课

在本课中，将使用"外观"面板、各种效果和图形样式来更改图稿的外观。但在此之前需要恢复 Adobe Illustrator CC 的默认首选项。然后，打开一个包含完稿的文件，查看将要创建的内容。

1 确保工具和面板的功能如本课所述，请删除或禁用（重命名）Adobe Illustrator CC 首选项文件。

2 启动 Adobe Illustrator CC。

3 选择"文件">"打开"，找到硬盘上的 Lessons>Lesson12 文件夹并打开 L12_end.ai 文件。

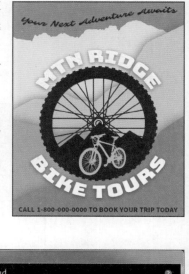

 注意： 需要互联网连接才能同步字体。

此文件展示的是自行车旅游公司传单的完整插图。

4 这时很可能会出现一个"缺少字体"对话框，单击"同步字体"将所有缺失的字体同步到计算机上。如果它们已经同步，会看到一条信息，提示没有缺少字体，单击"关闭"。

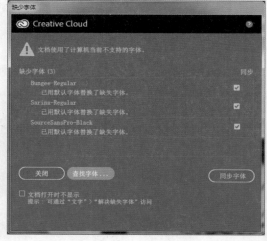

如果无法同步字体，可以访问 Creative Cloud 桌面应用并选择"资源">"字体"查看可能出现的问题（有关如何解决此问题的更多信息，请参见第 8 课）。

还可以单击"缺少字体"对话框中的"关闭"，忽略缺失字体，继续操作。第三种方法是在"缺少字体"的对话框中单击"查找字体"按钮并使用自己计算机上的本地字体替换它们。也可以访问"帮助"（"帮助">"Illustrator 帮助"）并搜索"查找缺少的字体"。

5 选择"视图">"缩小"以使完稿变小，如果您想在工作的时将它保留在屏幕上的话（使用抓手工具 [✋] 将图稿移动到目标位置）。

如果不想打开此图像，请选择"文件">"关闭"。

要开始工作，则需要打开一个现有的图稿文件。

6 选择"文件">"打开"，在"打开"对话框中，浏览到硬盘上的 Lessons>Lesson12 文件夹，并选择 L12_start.ai 文件。单击"打开"以打开此文件。

 注意： 有关解决缺少字体的帮助，请参考步骤 4。

L12_start.ai 文件使用的字体与 L12_end.ai 文件完全相同。如果已经同步了字体，则不需要再做一遍。如果没有打开 L12_end.ai 文件，那么很可能会出现"缺少字体"对话框。单击"同步字体"以将所有缺失的字体同步到您的计算机上。如果它们已经同步，则会看到一条信息，提示没有缺少字体，单击"关闭"。

7 选择"文件">"存储为"，将此文件命名为 BikeTours.ai，并选择 Lesson12 文件夹。从"格式"菜单（macOS）选择 Adobe Illustrator（ai），或从"保存类型"菜单选择 Adobe Illustrator（*.AI）（Windows），然后单击"保存"。

8 在"Illustrator 选项"对话框中，保留 Illustrator 默认选项，然后单击"确定"。

9 在应用程序栏的工作区切换器中选择"重置基本功能"，以重置工作区。

Ai | **注意：** 如果在工作区菜单中没有看到"重置基本功能"，请在选择"窗口">"工作区">"重置基本功能"之前选择"窗口">"工作区">"基本功能"。

10 选择"视图">"画板适合窗口大小"。

12.2 使用"外观"面板

外观属性（比如填色、描边、透明度或效果）是一种美学属性，它们影响对象的外观，但不影响对象的基本结构。到目前为止，一直在控制面板和"色板"面板等面板中更改外观属性。也可以在"外观"面板中找到所选图稿的这些属性。本课将重点介绍使用"外观"面板来应用和编辑外观属性。

1 选择"窗口">"外观"以查看"外观"面板。

2 使用选择工具（▶）单击以选择背景中文本"CALL 1-800..."后面的橘色形状。

提示： 您可能想要将"外观"面板组的底部向下拖动以使其更长一些，如下图所示。

"外观"面板显示对象的类型（路径）和应用于对象的外观属性（描边、填色、投影和不透明度）。"外观"面板中可用的不同选项如下所述：

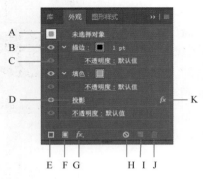

A. 选定的对象及其缩览图　　　G. 添加新效果
B. 属性行　　　　　　　　　　H. 清除外观
C. 可视性栏　　　　　　　　　I. 复制所选项目
D. 链接到效果选项　　　　　　J. 删除所选项目
E. 添加新描边　　　　　　　　K. 表示应用了效果
F. 添加新填色

 注意： 您看到的"外观"面板的内容可能看起来与此处不一样，没关系的。

可以使用"外观"面板（"窗口">"外观"）来查看和调整所选对象、对象组或图层的外观属性。填色和描边会按堆栈顺序列出；面板中从上到下的顺序对应图稿中从前到后的顺序。各种效果按其在图稿中的应用顺序从上到下排列。使用外观属性的优点是，在"外观"面板中，可以随时更改或删除所选对象的所选外观属性，不会影响底层图稿或应用于所选对象的其他属性。

12.2.1 编辑外观属性

首先，将使用"外观"面板来更改图稿的基本外观。

1 选择橘色形状，在"外观"面板中，单击"填色"属性行中的橘色填色框，直到出现色板面板。选择名为"Mountain1"的色板进行填色。按 Esc 键以隐藏色板面板。

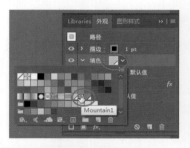

 注意： 要打开色板面板可能需要单击多次。在"外观"面板中，第一次单击填色框会选择"填色"行，第二次单击会显示色板面板。

您会发现在"外观"面板或工作区的其他位置可以更改外观属性，比如填色。

2 单击描边行中的"1pt"，将出现"描边粗细"选项。将描边粗细更改为 0 以删除描边（"描边粗细"字段为 0 [零] 时将是空白）。

3 单击带下划线的"描边"一词以显示"描边"面板。

与在控制面板中一样，单击"外观"面板中带下划线的字样，可以显示更多的格式选项，通常会打开色板面板或"描边"面板。外观属性（比如填色和描边）可以具有其他选项，比如不透明度或仅应用于该属性的效果。这些额外的选项都在属性行的子集中，可通过单击属性行左侧的三角形（▶）切换按钮来选择显示或隐藏它们。

4 按 Esc 键以隐藏"描边"面板。

5 在"外观"面板中，单击"填色"一词左侧的三角形（▶）以显示填色的选项，如果有必要的话。参见图中红色圈出的位置。

如果单击"不透明度"一词，则会显示"透明度"面板。每个外观行（描边、填色）都有自己的不透明度，可以对其进行调整。底部的"不透明度"外观行（在本例中，位于"投影"行下方）会影响整个选定对象的透明度。

6 在"外观"面板中，单击"投影"属性名称左侧的可视性栏（👁）。

可以暂时隐藏或删除外观属性，这样它们就不再应用于所选图稿。

> **Ai** 提示：在"外观"面板菜单（▤）中选择"显示所有隐藏的属性"选项，可以查看所有隐藏的属性（关闭的属性）。

7 选中"投影"行（单击链接"投影"的右侧，如果它未选中的话），单击面板底部的"删除所选项目"按钮（🗑）以完全删除投影，而不仅仅是关闭可视性。

隐藏投影   删除投影

> **Ai** 提示：您可能想拖动"外观"面板组的底部以使其更长一些。

> **Ai** 提示：在"外观"面板中，可以将属性行（比如"投影"）拖到"删除所选项目"按钮（🗑）上以删除它，或者可以选择属性行，然后单击"删除所选项目"按钮。

12.2.2 为图稿添加描边和填色

Illustrator 中的图稿可以拥有多个描边或填色，以便创作出有趣的设计效果。下面，将使用"外观"面板给对象添加另一种填色。

1 仍选中此形状，单击"外观"面板底部的"添加新填色"按钮（□）。

此图显示了单击"添加新填色"按钮后的面板。"外观"面板中添加了第二个"填色"行。默认情况下，会直接在所选属性行的上方添加新的填色或描边属性行。如果没有选择属性行，则会在"外观"面板列表的顶部显示新的填色或描边行。

> **Ai** **注意**：图中的"填色"行是选中的，可以显示其内容。您的图可能不是这样的，没关系的。

2 多次单击底部"填色"属性行中的（原始）填色框，直到色板面板出现。单击名为"USGS 22 Gravel Beach"的图案色板，将其应用于原始填色。按 Esc 键以隐藏色板面板。

此图案在所选图稿中不会出现，因为新的填色会覆盖原始填色。两个填色堆叠在一起。

> **Ai** **提示**：要关闭那些单击带下划线字样后打开的面板，除了按 Esc 键外，还可以单击其属性行，按 Enter 键或 Return 键。

3 单击顶部"填色"属性行左侧的眼睛图标以隐藏它。

隐藏顶部的填色属性行

结果

现在您应该看到形状中的图案填充。在下一节中，将在"外观"面板中重新排列属性行，以便使图案位于颜色填充的上方。

4　单击顶部"填色"属性行左侧的眼睛图标以显示它。

接下来，将使用"外观"面板为形状添加另一个描边。这可能是只使用一个对象就能实现有趣设计效果的一种好方式。

5　使用选择工具（▶）单击以选择作为自行车轮胎的黑色圆。

6　单击"外观"面板底部的"添加新描边"按钮（■）。

在"外观"面板中，将添加一个新的描边属性行，它是原始描边属性行的副本。

7　选择新的"描边"属性行，将描边粗细更改为10pt。

8　单击"描边"一词以打开"描边"面板。单击"使描边居中对齐"按钮（圖），选择"虚线"，并确保"虚线"设置为12pt。按 Esc 键以隐藏"描边"面板。

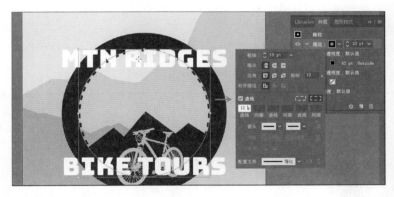

现在第二个描边应用于所选的圆。这是一种为设计添加趣味的好方法，不需要复制形状、改变格式（在本例中是描边）或将它们彼此堆叠起来。

9　选择"选择">"取消选择"。

12.2.3　为文本添加描边和填色

为文本添加多个描边和填色是为文本添加趣味的一种好方法。接下来，将为文本添加另一种填色。

1 选择文字工具（**T**），并选择文本"MTN RIDGES"。注意到"文字：无外观"出现在"外观"面板的顶部。这指的是文本对象，而不是内部的文本。

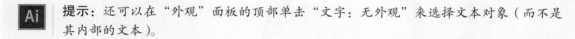

还可以看到"字符"字样。在此字样下方列出了文本（而不是文本对象）的格式。应该会看到描边（无）和填色（白色）。

还要注意到，这里无法为文本添加新的描边和填色，因为面板底部的"添加新描边"和"填色新填色"按钮是灰色的。

要为文本添加新的描边和 / 或填色，需要选择文本对象而不是其内部的文本。

2 使用选择工具（▶）选中文本对象（而不是文本）。

Ai **提示**：还可以在"外观"面板的顶部单击"文字：无外观"来选择文本对象（而不是其内部的文本）。

3 单击"外观"面板底部的"添加新填色"按钮（▣）以在"字符"字样上方添加另一个填色。

再次说明，"字符"是指文本对象中文本的格式。如果双击"字符"字样，会选择文本并看到其格式选项（填色、描边等）。

4 如果它尚未被选中，则单击"填色"属性行以选择它。单击"填色"框，选择"USGS 8B Intermit. Pond"色板。按 Esc 键以隐藏色板。

Ai **注意**：如果想知道为什么我会将色板命名为"USGS 8B Intermit.Pond"，实际上并不是我命名的，它是 Illustrator 默认提供的图案色板（"窗口" > "色板库" > "图案" > "基本图形" > "基本图形_纹理"）。

5 如果需要的话，单击同一填色行左侧的三角形（▶）以显示其他属性。单击"不透明度"一词，以显示"透明度"面板，并将"不透明度"更改为 20%。按 Esc 键以隐藏"透明度"面板。

Ai **提示**：要关闭那些单击带下划线字样（比如"不透明度"）后打开的面板，除了按 Esc 键外，还可以单击其属性行，按 Enter 键或 Return 键。

Ai **提示**：根据在属性面板中选择的属性行，面板（比如控制面板、渐变面板等）中的选项将影响所选属性。

6　保持选中文本对象。

12.2.4　重新排列外观属性

外观属性行不同的排列顺序可以极大地改变图稿的外观。在"外观"面板中，填色和描边从上到下的顺序对应图稿中从前到后的顺序。与在"图层"面板中拖动图层一样，可以在"外观"面板中拖动各个属性行来重新排列其堆叠顺序。下面，将通过在"外观"面板中重新排列属性行来更改图稿的外观。

1　使用选择工具（▶）单击以选择底部"CALL 1-800..."文本后面的形状。

2　在"外观"面板中，将底部的填色属性行（应用了图案色板）拖动到原始填色属性行的上方。当填色属性行上方出现一条蓝线时，释放鼠标按键以查看结果。

Ai **提示**：也可以为每个填色行应用不同的混合模式和不透明度，实现不同的结果。将新的填色属性移动到原始填色属性上方将改变图稿的外观。

图案填充现在位于纯色填充的顶部。

3   选择"选择">"取消选择",然后选择"文件">"存储"。

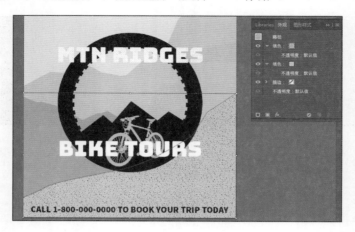

12.3   应用实时效果

效果可以在不更改底层图稿的情况下更改对象的外观。将效果应用于对象时,该效果将成为对象的外观属性。可以随时通过"外观"面板编辑、移动、删除和复制该效果。

 注意: 应用栅格效果时,将使用文档的栅格效果设置将原始矢量数据栅格化。而栅格效果的设置则决定了生成图像的分辨率。有关文档栅格效果设置的更多信息,请在Illustrator 帮助中搜索"文档栅格效果设置"。

在 Illustrator 中有两种类型的效果:矢量效果和栅格效果。在 Illustrator 中,单击"效果"菜单项以查看可用的不同类型的效果。

- Illustrator 效果(矢量):"效果"菜单的上半部分为矢量效果。在"外观"面板中,只能将这些效果应用于矢量对象或位图对象的填色、描边。可应用于矢量或位图对象的矢量效果具体为:3D 效果、SVG 滤镜、变形效果、变换效果、投影、羽化、内发光和外发光。
- Photoshop 效果(栅格):"效果"菜单的下半部分为栅格效果。可以将它们应用于矢量对象和位图对象。

在本节中,首先将探讨如何应用和编辑效果。然后,将探讨 Illustrator 中经常使用的一些效果,以了解可用的效果范围。

12.3.1   应用效果

使用"效果"菜单或"外观"面板可以将效果应用于对象、对象组或图层。下面,将首先学习如何使用"效果"菜单来应用效果,然后学习如何使用"外观"面板来应用效果。

1 使用选择工具（▶），按住 Shift 键并单击画板上的黄色背景形状及其下方的灰褐色背景形状。图中箭头指示的位置。

2 选择"对象" > "编组"。

在应用效果之前对对象进行编组，会将该效果应用于该组而不是单个对象。稍后会了解到，如果取消编组，将会删除效果。

3 在出现的菜单中，选择"效果" > "风格化" > "投影"。

4 在"投影"对话框中，更改下列选项。

- 模式：正片叠底（默认设置）。
- 不透明度：50%。
- X 位移：0。
- Y 位移：0。
- 模糊：0.25in。
- 颜色：选中它。

5 选择"预览"以查看应用于该组的投影。单击"确定"。

由于投影被应用于该组，因此它出现在该组（而不是各个对象）的周围。如果现在查看"外观"面板，会在顶部看到"编组"一词和应用的"投影"效果。"内容"一词是指编组中的内容。组中的每个对象都可以有自己的外观属性。

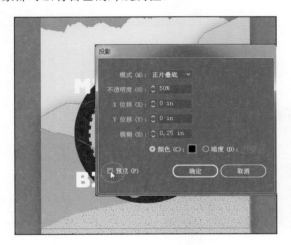

6 选择"文件" > "存储"，并保持选中该组。

12.3.2 编辑效果

效果是实时的，因此可在效果应用于对象后对其进行编辑。可以在"外观"面板中编辑效果，方法是在"外观"面板中，选择应用了效果的对象，然后单击效果名称或双击该属性行，以打开对应效果的对话框。而修改效果后，图稿将会及时更新。在本节中，将编辑应用于背景形状组的投影效果。

Ai **注意**：如果试图对已经有同样效果的图稿应用效果，Illustrator 会警告您已经应用了同一效果。

1. 仍选中该组，选择"对象" > "取消编组"，以取消编组形状，并保持选中它们。

注意，投影不再应用于该编组。当效果应用于对象组后，它作用的是这个整体。取消编组对象后，该效果就不存在了。在"外观"面板中，会看到"混合外观"一词，这意味着当前选中了多条路径，并且它们有不同的外观（例如不同的填色）。

2. 仍选中这两个形状（已取消编组），选择"效果" > "应用投影"。

这是一种快速应用具有相同选项集的上一次效果的方式。投影效果现在单独应用于每个选中的对象。

Ai **提示**：如果选择"效果" > "投影"，则会出现"投影"对话框，允许您在应用效果之前进行更改。

3. 仍选中这两个形状，在"外观"面板中单击文本"投影"。

Ai **注意**：在"外观"面板中，也可以单独选择每个形状以编辑"投影"效果。

4. 在"投影"对话框中，将"不透明度"更改为 75%。选择"预览"以查看更改，然后单击"确定"。

12.3.3 使用变形效果设置文本样式

文本可以具有多种效果，包括第 8 课中介绍的"变形"。下面，将使用"变形"效果来变形文本。

第 8 课中使用的变形与此处"变形"效果之间的区别是，可以轻松地启用、禁用、编辑或删除"变形"效果。

1. 使用选择工具（▶）单击文本"MTN RIDGES"，按住 Shift 键并单击"BIKE TOURS"文本。

2. 选择"效果" > "变形" > "弧形"。

3. 在"变形选项"对话框中，将"弯曲"设为 65% 以创建一种弧形效果。选择"预览"复选框以预览更改。尝试从"样式"菜单中选择其他样式，然后再恢复到"弧形"。尝试调整"扭曲"部分的"水平"和"垂直"滑块，并查看效果。确保"扭曲"部分的值均为 0，然后单击"确定"。

4　选中"选择">"取消选择"。

5　单击"BIKE TOURS"文本。在"外观"面板中，单击"变形：弧形"文本以编辑效果。在"变形选项"对话框中，将"弯曲"更改为 –65%。单击"确定"。

12.3.4　编辑具有变形效果的文本

可以编辑应用了"变形"效果的文本，但有时关闭效果，更改文本，然后再启用效果会更简单一些。

1　使用选择工具（▶）单击以选择"MTN RIDGES"文本对象。在"外观"面板中，单击"变形：弧线"左侧的可视性图标（◉）以暂时关闭此效果。

注意，画板上的文本此时没有变形（参见下图）。

2　在工具面板中选择文字工具（T），并将文本更改为 MTN RIDGE。

3　在工具面板中选中选择工具（▶）。这会选择文本对象，而不是文本。

4　在"外观"面板中单击"变形：弧线"行左侧的可视性栏以显示该效果，注意到文本会再次变形。

5　在"外观"面板中，单击"变形：弧线"文本以编辑此效果。在"变形选项"对话框中，将"弯曲"更改为 64%。单击"确定"。

Ai　**注意**：您可能希望按几次箭头键以将文本移动得离黑色车轮形状更近或更远一些。

6　选中"选择">"取消选择"，然后选择"文件">"存储"。

12.3.5　应用位移路径效果

下面，将相对于自行车轮胎（黑色圆）移动虚线描边。这样可以营造出多个形状堆叠的效果。

1. 使用选择工具（▶）单击以选择黑色圆。
2. 单击"外观"面板中描边粗细为 10pt 的"描边"行。
3. 在"外观"面板中选择描边属性行，单击面板底部的"添加新效果"按钮（*fx*），选择"路径">"位移路径"。
4. 在"偏移路径"对话框中，将"位移"更改为 0.57in，选择"预览"，然后单击"确定"。

5. 在"外观"面板中，单击"描边：10pt 虚线"字样左侧的三角形（▶），以打开其中的内容（如果未打开的话）。

注意到"位移路径"效果是"描边"的子集。这表明该"位移路径"效果只作用于该描边。

6. 选择"选择">"取消选择"。
7. 选择"文件">"存储"。

12.4　应用 Photoshop 效果

如本课前面所述，栅格效果将生成像素而不是矢量数据。栅格效果包括 SVG 滤镜、"效果"菜单下半部分的所有效果以及"效果">"风格化"子菜单中的"投影"、"内发光"、"外发光"和"羽化"命令。可以将它们应用于矢量对象或位图对象。

下面，将对一些背景形状应用 Photoshop（栅格）效果。

1. 在"图层"面板（"窗口">"图层"）中，单击 Mountains 图层右侧的选择列以选择图层内容。

2 选择"效果">"纹理">"纹理化"。

大多数栅格（Photoshop）效果被选中时，都会打开"滤镜库"对话框。和 Adobe Photoshop 中的滤镜相似，在 Illustrator 的滤镜库中，可以尝试各种栅格效果以观察图稿的变化。

3 当"滤镜库"对话框打开时，可以看到滤镜类型（"纹理化"）显示在顶部。在对话框左下角的视图菜单中选择"符合视图大小"。这会使图稿适合预览区，以便观察效果如何改变形状。

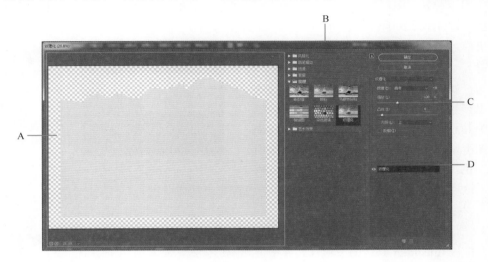

"滤镜库"对话框是可调整大小的，它包括了预览区（A 部分）、可以单击以应用的效果缩览图（B 部分）、当前所选效果的设置（C 部分）以及以应用效果列表（D 部分）。要应用不同的效果，可展开对话框中间面板的各个类别（B 部分）并单击效果的缩览图。

4 在对话框右上角的"纹理化"设置中，更改下列选项（如果有必要的话）。

- 纹理：砂岩。
- 比例：145%。
- 凸现：4。
- 光照：上。

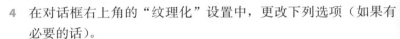

提示： 可以在标为 D 的部分中单击"纹理化"名称左侧的眼睛图标（👁），查看没有应用效果的图稿。

注意： 滤镜库一次只能应用一种效果。如果想要应用多种 Photoshop 效果，可单击"确定"按钮以应用当前效果，然后从"效果"菜单中选择另一种效果。

5 单击"确定"将栅格效果应用于所有 4 个形状。

6 选择"选择">"取消选择"。

12.5　使用图形样式

图形样式是一组保存的外观属性，可重复使用它们。通过应用不同的图形样式，可以快速、全面地更改对象和文本的外观。

可以使用"图形样式"面板（"窗口">"图形样式"）创建、命名、保存和删除各种效果和属性，并将其应用于对象、图层或对象组。还可以断开对象与应用的图形样式之间的链接并编辑对象自身的属性，并且不会影响使用了同一图形样式的其他对象。

这里描述了"图形样式"面板中可用的不同选项：

例如，如果有一幅使用形状表示城市的地图，可以创建一种图形样式将该形状绘制为绿色，并为其添加投影，然后使用该图形样式来绘制地图上的所有城市形状。如果决定要使用不同的颜色，可以直接将图形样式的填色更改

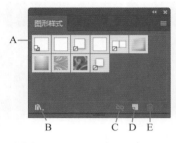

A. 图形样式缩览图
B. 图形样式库菜单
C. 断开图形样式链接
D. 新建图形样式
E. 删除图形样式

为蓝色。这样使用该图形样式的所有对象的填色都将更新为蓝色。

12.5.1　应用现有的图形样式

可直接从 Illustrator 默认的图形样式库中选择图形样式，将其应用于图稿。下面，将介绍一些内置的图形样式并将其应用于图稿。

1　选择"窗口">"图形样式"，单击面板底部的"图形样式库"菜单按钮（ ），并选择"Vonster 图案样式"。

> **Ai** 　**提示**：使用"Vonster 图案样式库"面板底部的箭头按钮来加载上一个或下一个图形样式库。

2　使用选择工具（ ）选择底部的背景山形状。

3　在"Vonster 图案样式"面板中，单击"溅泼 2"样式，然后单击"溅泼 3"图形样式。关闭"Vonster 图案样式"面板。

单击这两种样式会将其外观属性应用于所选图稿，并将这两种图形样式添加到活动文档的"图形样式"面板中。

4　仍选中图稿，在"外观"面板中查看应用于所选图稿的填色。还要注意"路径：溅泼 3"出现在面板的顶部。这表明应用了名为"溅泼 3"的图形样式。

5　单击"图形样式"面板选项卡以再次显示此面板。

现在，应该会看到在面板中列出了两种图形样式："溅泼 2"和"溅泼 3"。

6　在"图形样式"面板中，右键单击并按住"溅泼 2"图形样式缩览图，以便预览该图形样式在所选图稿中的效果。预览后，释放鼠标按键。

预览图形样式是观察图形样式如何影响所选对象而不真正应用它的一种好方法。

 注意： 在控制面板左侧可能会出现警告图标，这没有关系的。这只是说明"外观"面板中最顶部的填色/描边没有处于活动状态。

12.5.2　创建和应用图形样式

现在，将创建一种新的图形样式并将此图形样式应用于图稿。

1　使用选择工具单击下图中箭头指向的黄色形状。

 提示： 要创建图形样式，还可以单击以选中将用于创建图形样式的对象。在"外观"面板中，将列表顶部的外观缩览图拖曳到"图形样式"面板中去。这两个面板不能位于同一个面板组中。

2　单击"图形样式"面板选项卡以显示"图形样式"面板，单击面板底部的"新建图形样式"按钮（▣）。

这样就将所选形状的外观属性保存为一个图形样式。

3 在"图形样式"面板中，双击新图形样式的缩览图。在"图形样式选项"对话框中，将新样式命名为 Mountain。单击"确定"。

4 单击"外观"面板选项卡，在"外观"面板的顶部可以看到"路径：Mountain。"

这表明，Mountain 图形样式已经应用于所选图稿。

 注意：可以将"外观"面板底部向下拖动以查看更多属性，就像我做的那样。

5 使用选择工具单击以选中背景中底部的矩形形状（在"Call 1-800..."文本下方）。在"图形样式"面板中，单击 Mountain 图形样式以应用此样式。

6 保持选中此形状，然后选择"文件">"存储"。

将图形样式应用于文本

　　将图形样式应用于文本区域时，图形样式的填色默认将覆盖文本的填色。如果从"图形样式"面板菜单（▤）中取消选中"覆盖字符颜色"，则文本的填色（如果有的话）将覆盖图形样式的颜色。

　　如果从"图形样式"面板菜单（▤）中选择"使用文本进行预览"，则可以右键单击并按住图形样式以预览文本的图形样式。

12.5.3　更新图形样式

　　创建了图形样式后，还可以更新图形样式，这样应用了该样式的所有图稿都将自动更新其外观。如果编辑应用了图形样式的图稿的外观，则图形样式会被覆盖，并且在图形样式更新后图稿不会变化。

1　仍选中底部的黄色形状，在"图形样式"面板中，您会看到，Mountain 图形样式缩览图呈高亮显示（周围有边框），这表明应用了此图形样式。

2　单击"外观"面板选项卡。注意，文本"路径：Mountain"出现在此面板顶部，这表明应用了 Mountain 图形样式。就像您前面看到的那样，这是另一种告知图形样式是否应用于所选图稿的方式。

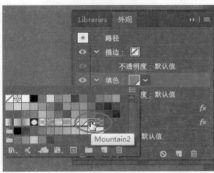

3　多次单击黄色填色框以打开色板面板。选择名为"Mountain2"的色板。按 Esc 键以隐藏色板。

请注意，"外观"面板顶部的"路径：Mountain"文本现在变为了"路径"，这表示图形样式 Mountain 不再应用于所选图稿。

4　单击"图形样式"面板选项卡以查看该图形样式，发现它不再呈高亮显示，这意味着此时没有应用该图形样式。

5　按住 Option（macOS）或 Alt（Windows）键，将所选形状拖动到"图形样式"面板中 Mountain 图形样式缩览图上。在该缩览图呈高亮显示后，依次松开鼠标按键和修正键。这样两个山形状将是一致的，因为两个对象都应用了 Mountain 图形样式。

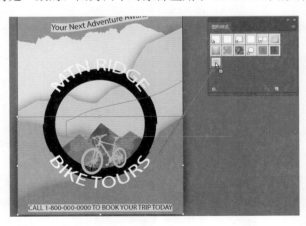

6　选择"选择">"取消选择"。

7　单击"外观"面板选项卡。可以看到面板顶部为"未选择对象：Mountain"（可能需要向上滚动）。

将外观设置、图形样式等应用于图稿后，下一个绘制的形状将拥有与上一次"外观"面板中列出的外观设置相同的外观设置。

8　单击以在背景中选择应用了 Mountain 图形样式的顶部形状。下图中箭头指向的位置。

9 单击"填色"外观行的填色，在出现的色板面板中，选择 Mountain1 色板。

10 选择"选择">"取消选择"，然后选择"文件">"存储"。

12.5.4 将图形样式应用于图层

将图形样式应用于图层后，该样式将应用于该图层中的所有对象，包括之后再添加的对象。下面，将把投影图形样式应用于名为 Block Text 的图层，以便一次就将该样式应用于该图层的所有内容。

> **Ai** **注意：**如果先将图形样式应用于对象，再将该图形样式应用于内容所在的图层（或子图层），那么图形样式格式将会被添加到图稿的外观属性中——而图稿的外观属性是累计叠加的。这会以意想不到的方式更改图稿，因为为图层应用图层样式会为图稿添加格式。

1 在"图层"面板中，单击 Block Text 图层的目标图标（圆）。
这将选择图层内容并将所有外观属性都应用于此图层。

> **Ai** **提示：**在"图层"面板中，可以将目标图标拖动到"删除所选项目"按钮（圖）上，以删除外观属性。

2 单击"图形样式"面板图标（圖），然后单击名为"Shadow"的图形样式，将该样式应用于图层及其所有内容。
现在，"图层"面板中 Block Text 图层的目标图标变为环形了。

提示：在"图形样式"面板中，图形样式缩览图显示了一个带红色斜线的小方框（▨），这表明图形样式不包含描边或填色。例如，它可能只是一个投影或外发光。

3 单击"外观"面板选项卡，您应该看到，仍选中了 Block Text 图层的所有图稿，并出现了"图层：Shadow"。

这表示在"图层"面板中选中了此图层目标图标并且为此图层应用了"Shadow"图形样式。

注意：如果您想编辑应用于文本对象的投影，可以使用以下几种方法。可以在"图层"面板中单击目标图标，以在"外观"面板中查看投影效果，或者可以选择图稿（在本例中是文本对象），并在"外观"面板中单击"图层：Shadow"，查看此图层的外观属性，然后单击"投影"。

4 选择"选择">"取消选择"，然后选择"文件">"存储"。

应用多种图形样式

可以将图形样式应用于已经具有图形样式的对象。如果想为对象添加另一种图层样式的属性，这可能很有用。为所选图稿应用了图形样式后，可以按住 Option（macOS）或 Alt（Windows）键并单击另一种图形样式缩览图来为现有格式添加图形样式格式，而不是取代它。

12.5.5 缩放描边和效果

在 Illustrator 中，默认情况下，缩放内容（调整大小）时，应用于该内容的所有描边和效果都不会改变。例如，一个描边粗细为 2pt 的圆形，将其从很小放大到画板尺寸时，圆形的形状放大了，但默认情况下，它的描边粗细仍为 2pt。这样，缩放后图稿外观就产生了不希望出现的变化。因此在变换图稿时需要注意这样的情况。下面将使辐条组变得更大一些。

1 选择"视图">"画板适合窗口大小"，如果有必要的话。

2 在"图层"面板中，单击名为"Spokes"的图层的可视性栏以显示此图稿。

这会在画板上显示一个大辐条组。

3 单击辐条图稿，注意到控制面板中的描边粗细为 6pt。

4 在控制面板中单击 X、Y、W 或 H 以显示"变换"面板（"窗口">"变换"），并在面板中编辑下列内容。

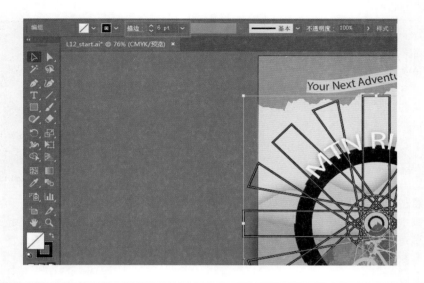

- 在"变换"面板底部选择"缩放描边和效果"。

如果不选中此选项，则缩放辐条时不会影响描边粗细或效果。我们选中了此选项，这样在缩小辐条时，描边粗细也会变小。

- 单击"约束宽度和高度比例"按钮（🔒）以确保启用它（🔒）。
- 将"宽度（W）"更改为 5in。按 Tab 键移动到下一个字段。高度应随宽度变化。

缩放辐条后，如果在控制面板中查看描边粗细，则会看到它已经改变（缩放）了。

5 选择"选择">"取消选择"。

6 选择"文件">"存储"，然后选择"文件">"关闭"。

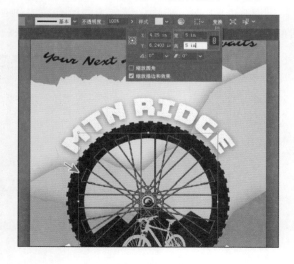

复习题

1 如何给图稿添加第二种填色或描边？

2 指出将效果应用于对象的两种方法。

3 将 Photoshop（栅格）效果应用于矢量图稿时，图稿将会有何变化？

4 在哪里可以访问应用于对象的效果选项？

5 将图形样式应用于图层和将图层样式应用于所选图稿之间有什么不同？

复习题答案

1 要给图稿添加第二种填色或描边，请单击"外观"面板底部的"添加新描边"按钮（▣）或"添加新填色"按钮（▣），也可以从"外观"面板菜单中选择"添加新描边 / 添加新填色"。这样将在外观属性列表顶部添加一个描边，它与原始描边的颜色和描边粗细相同。

2 要将效果应用于对象，可以选中对象，再从"效果"菜单中选择要应用的效果。也可以选中对象，在"外观"面板底部单击"添加新效果"按钮（𝑓𝑥），再从菜单中选择要应用的效果。

3 将 Photoshop 效果应用于图稿后，将会生成像素，而不是矢量数据。Photoshop 效果包括"效果"菜单下半部分的所有效果以及菜单"效果" > "风格化"子菜单中的"投影"、"内发光"、"外发光"和"羽化"命令。可以将它们应用于矢量对象或位图对象。

4 可以编辑应用于所选图稿的效果，方法是在"外观"面板中单击效果链接以访问效果选项。

5 将图层样式应用于单个对象时，该对象所在图层中的其他对象不受影响。例如，将"粗糙化"效果应用于一个三角形路径，再将该三角形移动到另一个图层中，它会保留"粗糙化"效果。

　　图形样式应用于图层后，该样式应用于该图层中添加的所有对象。例如。在"图层 1"上创建了一个圆形，再将它移动到应用了投影效果的"图层 2"中，那么该圆形也会有投影效果。

第13课　创建T恤图稿

课程概述

在本课中，您将学习如何执行下列操作：

- 使用现有符号；
- 创建、修改和重新定义符号；
- 在"符号"面板中存储和获取图稿；
- 了解 Creative Cloud Library；
- 使用 Creative Cloud Library；
- 了解透视绘图；
- 使用预设网格并调整网格；
- 在透视下绘制和变换内容；
- 编辑网格平面和其中的内容；
- 创建文本并将其添加到透视网格。

学习本课内容大约需要 60 分钟，请将素材 Lesson13 复制到您的硬盘中。

本课中，您将了解各种有用的概念，包括使用符号和"符号"面板，使用库以使设计资源随处可用，并了解如何使用透视网格以透视方式渲染图稿。

13.1　开始本课

在本课中，将通过创建 T 恤图稿来了解几个概念，比如符号、"库"面板和透视网格。但在此之前需要恢复 Adobe Illustrator CC 的默认首选项。然后，打开本课最终完成的图稿文件，以便查看最终效果。

1　为了确保工具和面板的功能如本课所述，请删除或禁用（重命名）Adobe Illustrator CC 首选项文件。

> **Ai** | **注意**：如果出现"缺少字体"对话框，单击"关闭"。

2　启动 Adobe Illustrator CC。

3　选择"文件">"打开"，打开硬盘中 Lessons>Lesson13 文件夹中的 L13_end.ai 文件。

将创建一个 T 恤设计图稿。

4　选择"视图">"画板适合窗口大小"，保持文件打开以供参考，或者选择"文件">"关闭"。

5　选择"文件">"打开"，在"打开"对话框中，浏览到 Lessons>Lesson13 文件夹，并选择 L13_start.ai 文件。单击"打开"，打开此文件。

6　选择"视图">"全部适合窗口大小"。

7　选择"文件">"存储为"，在"存储为"对话框中，浏览到 Lesson13 文件夹，将此文件命名为 TShirt.ai。从"格式"菜单（macOS）选择 Adobe Illustrator（ai），或从"保存类型"菜单选择 Adobe Illustrator（*.AI）（Windows），然后单击"保存"。

8　在"Illustrator 选项"对话框中，保留 Illustrator 默认选项，然后单击"确定"。

9　在应用程序栏从工作区菜单中选择"重置基本功能"。

> **Ai** | **注意**：如果在工作区菜单中没有看到"重置基本功能"，请在选择"窗口">"工作区">"重置基本功能"之前选择"窗口">"工作区">"基本功能"。

13.2　使用符号

符号是存储在"符号"面板("窗口">"符号")中可重复使用的图稿对象。例如，如果将绘制的花朵形状创建为符号，便可快速地将该花朵形符号的多个实例添加到图稿中，而无须分别绘制每个花朵形状。文档中的所有花朵形实例都将链接到"符号"面板中的花朵形符号。编辑原始符号时，链接到符号的所有花朵形实例都将自动更新。这样可以快速地将所有花朵从白色全部变为红色。通过使用符号，不仅可以节约时间，还可以极大地缩减文件。

 注意：Illustrator 自带了一系列可供用户使用的符号库，从"提基"符号库到"毛发和毛皮"，都可在"符号"面板或通过选择"窗口">"符号库"访问它们。

- 单击工作区右侧的"符号"面板图标（🔥）。下面是"符号"面板中可用的不同选项。

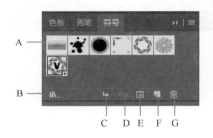

A. 符号缩览图　　E. 符号选项
B. 符号库菜单　　F. 新建符号
C. 置入符号实例　　G. 删除符号
D. 断开符号链接

13.2.1　利用现有的 Illustrator 符号库

首先会从现有的符号库向图稿添加符号。

1　选择"窗口">"画板"以打开"画板"面板。双击名称 T-Shirt 左侧的 2，显示中间画板。

2　选择"视图">"智能参考线"，暂时禁用智能参考线。

3　单击"图层"面板选项卡以显示"图层"面板。单击 Content 图层确保选择它。确保两个图层都是折叠的，方法是单击图层名称左侧的三角形（如果有必要的话）。

向文档中添加符号时，它将成为当前选定图层的一部分

4　单击工作区右侧的"符号"面板图标，显示"符号"面板。

在"符号"面板中看到的符号是当前文档可以使用的符号。每个文档都有自己保存的一个符号集。

5　在"符号"面板中，单击底部的"符号库菜单"按钮（🔖），并从菜单中选择"提基"。

提基库是一个自由浮动面板。此库中的符号不一，这个库不在当前的文件中，但仍可以将任何符号导入到文档中并在图稿中使用它们。

6　将鼠标放在"提基"面板的符号上，工具提示中将显示其名称。

单击名为"吉他"的符号，将它添加到文档的"符号"面板中。关闭"提基"面板。

将符号添加到"符号"面板中时，它只保存到当前文档中。

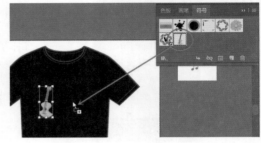

7 使用选择工具（▶），将"吉他"符号从"符号"面板拖动到画板上黑色 T 恤的中心。执行此操作两次，在 T 恤上创建两个吉他实例。

每次将符号拖动到画板上时，都会创建一个"吉他"符号实例。下面将在页面上重新调整其中一个符号实例的大小。

8 单击选择右侧的吉他实例，如果它未被选中的话。按住 Shift 键并将右上角的边界点向中心拖动，使其更小一些，同时限制其比例。释放鼠标左键，然后释放 Shift 键。

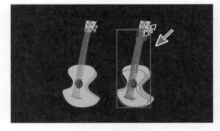

符号实例被视为一组对象并且具有可以更改的一些变换和外观属性（如缩放、旋转、移动、透明度等）。无法在断开与原始符号链接的情况下编辑组成实例的各个图稿。注意，在画板上选中符号实例，在控制面板中就能看到"符号（静态）"和符号相关的选项。

9 仍选中同一实例，选择"对象">"变换">"对称"。在"镜像"对话框中，选择"垂直"，然后选择"预览"。单击"确定"。

13.2.2 编辑符号

在本节中，将编辑"吉他"符号，并且文档中的所有实例都会更新。编辑符号的方式有好几种，本节重点介绍其中一种方法。

1　使用选择工具（▶）双击刚才调整的"吉他"符号实例。会出现一个警告对话框，表明将编辑原始符号，并且所有实例都会更新。单击"确定"继续。

这会进入符号编辑模式，此时无法编辑此页上的任何其他对象。刚才双击的"吉他"符号实例会显得更大，并且不再是镜像。这是因为在符号编辑模式下，看到的是原始符号图稿。现在可以编辑组成符号的图稿。

> **Ai**　**提示**：另一种编辑符号的方法是，选择画板中的符号实例并单击控制面板中的"编辑符号"按钮。

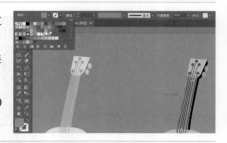

2　选择缩放工具（🔍），拖曳选框选中符号内容，放大视图。

3　选中直接选择工具（▷），单击选择吉他图稿的蓝色琴颈。下图中箭头指示的位置。

4　在控制面板中将填色更改为工具，提示为"C=30 M=50 Y=75 K=10"的棕色色板。

> **Ai**　**注意**：可能会很难选择形状。可能会想要放大视图或进入"轮廓"模式（"视图">"轮廓"）。

5　双击符号内容以为的位置，或者单击画板左上角的"退出符号编辑模式"按钮（◁），直到退出符号编辑模式，这样就可以编辑其他内容了。

6　选择"视图">"画板适合窗口大小"，注意，画板上的两个"吉他"符号实例都改变了。

13.2.3　使用动态符号

如您所见，编辑符号会更新所有文档中的实例。符号也可以是动态的，这意味着使用直接选择工具（▷）可以更改实例的一些外观属性，而无须编辑原始符号。在本节中，将编辑"吉他"符号的属性，让它变为动态的，以便之后可以单独编辑每个实例。

1　在"符号"面板中，单击"吉他"符号缩览图选择它，如果它未被选中的话。单击"符号"面板底部的"符号选项"按钮（▦）。

2　在"符号选项"对话框中，选择"动态符号"，并单击"确定"。符号及其实例现在都是动态的。

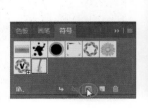

3 选择缩放工具（🔍），拖动选框，选择符号内容（吉他）进行放大。

4 在工具面板中选择直接选择工具（▶）。单击选中右侧吉他实例的大琴身。

选中部分符号时，控制面板左端会出现"符号（动态）"字样，表示这是一个动态符号。

5 在"色板"面板（"窗口" > "色板"）中，将填色更改为工具提示为"C=25 M=40 Y=65 K=0"的浅棕色色板。

尝试单击同一吉他的其他蓝色部分，并更改其填色。我使用直接选择工具和"色板"面板更改了所有蓝色形状的填色。

6 使用选择工具（▶）再次双击右侧的吉他编辑原始符号。在出现的对话框中单击"确定"。

7 在符号编辑模式下，单击吉他，选择"对象" > "取消编组"。

8 选择"选择" > "取消选择"。

9 选择吉他顶部的大形状。将顶部中间的边界点向上拖动一点使其更高。参见下图的第一部分。

10 双击符号内容以外的位置，或者单击画板左上角的"退出按钮符号编辑模式"（🔄）按钮，直到退出符号编辑模式，这样就可以看到变化了。

您会看到两个符号实例的顶部形状都改变了，但颜色仍然是不同的。

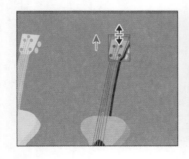 

注意：右侧的吉他可能看起来和您的不一样，没关系的。我在上一步中使用直接选择工具和"色板"面板更改了所有蓝色形状的填色。

符号选项

在"符号选项"对话框中，会遇到几个选项。下面是这些选项的简要介绍。

- 导出类型："影片剪辑"是 Flash 和 Illustrator 中默认的符号类型。在 Illustrator 中，此选项不影响图稿。如果图稿是从 Flash 导入的或将导出供 Flash 使用，则 Flash 中的影片剪辑符号可以包含可重复使用的动画，而 Flash 中的图形符号将保持静态。
- 动态符号：选择此选项可以在动态符号实例中覆盖本地外观，但其与主符号的关系是不变的。
- 静态符号：选择此选项不支持本地外观覆盖；只支持某些操作，比如变换和不透明度等。
- 指定符号锚点在注册网格上的位置。锚点的位置会影响屏幕坐标中符号的位置。
- 如果想在 Illustrator 或 Flash 中利用 9 格切片缩放，则可选中"启用 9 格切片缩放的参考线"。

——摘自 Illustrator 帮助

13.2.4 创建符号

在 llustrator 中，可以创建和保存自定义符号。可以使用对象来创建符号，包括路径、复合路径、文本、嵌入（而不是链接）的栅格图像、网格对象和对象组。符号甚至可包含活动的对象，比如画笔描边、混合、效果或其他符号实例。下面，将使用现有的图稿来创建自定义符号。

1 在文档窗口的左下角从画板菜单中选择 3 Symbol Artwork。
2 使用选择工具（▶）单击画板顶部的"音符"形状选择它。
3 单击"符号"面板底部的"新建符号"按钮（▣），根据所选图稿创建一个符号。

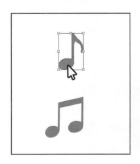

提示：也可以将所选内容拖动到"符号"面板的空白区域来创建符号。

4 在打开的"符号选项"对话框中，将名称更改为 Note1，并选择"图形"作为"导出类型"。确保还选中了"动态符号"，以防稍后想编辑其中一个实例的外观。单击"确定"创建符号。

在"符号选项"对话框中，会看到一个注意，Illustrator 中有一个影片剪辑和图形类型之间没有差异。如果不打算将此内容导出到 Adobe Flash，则无须担心选择哪种导出类型。

 提示：默认情况下，所选图稿将会成为新符号。如果不想要将图稿设为符号的实例，可在创建新符号时按住 Shift 键。

创建符号后，画板上的音符图稿将转化为 Note1 符号的实例。此符号也会出现在"符号"面板中。

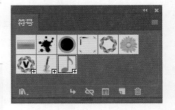

 提示：可以在"符号"面板中拖动符号缩览图来更改其顺序。在"符号"面板重新排列符号不会影响图稿。这是一种组织符号的简单方式。

5 删除画板上的原始音符图稿。
6 在文档窗口的左下角从画板菜单中选择 2 T-Shirt。
7 将 Note1 符号从"符号"面板拖动到画板上，拖动 4 次，并将实例放在吉他周围，参见下图。
8 尝试在画板上调整 Note1 实例的大小（右图显示的是调整大小之后的结果）。
9 选择"选择">"取消选择"，然后选择"文件">"存储"。

13.2.5 复制符号

通常会想为图稿添加一系列的符号实例。毕竟，使用符号的一个原因就是存储和更新频繁使用的内容，比如树木或云朵。在本节中，将会创建、添加和复制另一个音符符号。

1 在文档窗口左下角从画板菜单中选择 3 Symbol Artwork。
2 使用选择工具（▶），单击底部的"音符"形状并将其从画板拖动到"符号"面板的空白区域，以便创建一个新符号。
3 在"符号选项"对话框中，将名称更改为 Note2，并确保选中了"动态符号"。其余设置保留其默认值，并单击"确定"创建符号。

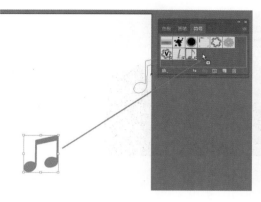
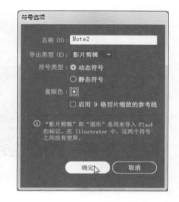

4　删除画板上的原始音符图稿。

5　在文档窗口左下角从画板菜单中选择 2 T-Shirt，返回到 T 恤图稿。

6　将 Note2 符号的实例从"符号"面板拖动到 T 恤上，放在其他音符附近。

7　按住 Option（macOS）或 Alt（Windows）键，并拖动画板上的 Note2 符号实例创建一个副本。将新实例放到恰当的位置后（参见右图），释放鼠标左键，然后释放修正键。

Ai 　**注意**：您的符号实例可能与图中不一样，没关系的。

8　按住 Option（macOS）或 Alt（Windows）键并拖动其中任何一个音符符号实例，创建更多副本。将它们拖动到吉他周围并放置在想放的位置。

稍后会在吉他背后创建图稿并覆盖吉他之间的区域。

9　调整几个音符符号实例的大小，让它们大小不一，看起来各不相同。

10　选择"文件">"存储"。

13.2.6　替换符号

可以轻松使用另一个符号代替文档中的符号实例。下面将替换几个 Note2 符号实例。

1　使用选择工具（▶）选择画板上的一个 Note2 符号实例。

选择符号实例时，可以在控制面板中通过"实例：Note2"来了解符号的出处。另外，在"符号"面板中，所选实例的符号呈高亮显示（它周围有一个边框）。

2　在控制面板中，单击"用符号替换实例"右侧的箭头，在"符号"面板中显示符号。在"符号"面板中单击 Note1 符号。

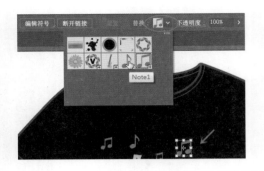

注意：此选项不适用于透视视图中的符号。

如果替换的原始符号实例应用了变换，比如旋转，则替换的符号实例将具有相同的变换。

3 在"符号"面板中双击 Note2 符号缩览图，编辑此符号。

在文档窗口的中心会出现一个临时的符号实例。在"符号"面板中双击符号会编辑符号，隐藏除符号图稿之外的所有画板内容。这只是另一种编辑符号的方式。

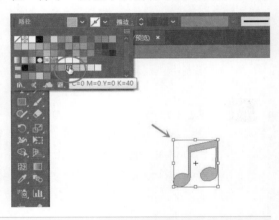

4 按 Command++（macOS）或 Ctrl++（Windows）组合键几次，放大视图。

5 在工具面板中选中选择工具（▶），并单击音符形状。

6 在控制面板中将填色更改为浅灰色，工具提示为"C=0 M= 0 Y=0 K=40"。

7 在符号内容外双击退出符号编辑模式，这样就可以编辑其余内容了。

注意：所选路径的颜色可能与此图不同，没关系的。

8 选择"视图">"画板适合窗口大小"。

9 使用选择工具（▶）单击其中一个音符符号实例。无论是哪个符号（Note1 或 Note2）都没关系。选择"选择">"相同">"符号实例"。

这是选择文档中符号的所有实例的一种好方式。

10 选择"对象">"编组"，将音符符号实例编组在一起。

注意：如果愿意，可以在画板上选择其他音符符号实例并将它们编为一组。

11 选择"选择">"取消选择"。

符号图层

　　使用前面介绍的任何方法来编辑符号时，打开"图层"面板就可以看到各个符号图层。

　　与在隔离模式下处理编组一样，只能看到与该符号相关联的图层，而看不到文档的图层。在"图层"面板中，可以重命名、添加、删除、显示 / 隐藏符号图层，还可调整这些图层的顺序。

13.2.7　断开符号链接

　　有时需要编辑画板中特定的符号实例，而不是所有的实例。如您所见，只可以对符号实例进行某些更改，如缩放、设置不透明度、翻转，而将符号保存为动态符号则支持使用选择工具编辑某些外观属性。在一些情况下，可能需要断开符号和实例之间的链接。这将会在画板上把实例拆解为原始图稿，并且如果编辑此符号，则其实例将不再更新。

　　下面，将要断开吉他符号与它的一个实例之间的链接。

1　使用选择工具（▶）单击选择左侧的吉他符号实例。在控制面板中，单击"断开链接"按钮。

　　这个对象现在是一系列路径，控制面板左侧的"混合对象"字样说明了这一点，可以直接编辑。您应该能够看到此形状的锚点。如果编辑"吉他"符号，此内容将不再更新。

Ai　**提示：**要断开符号实例的链接，也可以选中画板上的符号实例，再单击"符号"面板底部的"断开符号链接"按钮（⊞）。

2　选择缩放工具（🔍），拖动选框选中所选吉他图稿的顶部，放大视图。

3　选择"选择">"取消选择"。

4　使用选择工具单击吉他顶部上方的小圆形。按住 Option（macOS）或 Alt（Windows）键并将此圆形向上拖动创建一个副本。先释放鼠标左键，然后释放修正键。

5　选择"选择">"取消选择"。

6　选择"文件">"存储"。

符号工具

工具面板中的符号喷枪工具（▣）能够在画板中喷绘符号，从而创建符号组。符号组是一组使用符号喷枪工具创建的符号实例。符号组很有用，例如，需要为一片草地创建草时，就可以使用符号组。因为使用喷枪创建草坪将会提速该过程，而且可以更加方便地编辑单个实例或对象组（喷枪喷出的草）。您可以对一个符号使用"符号喷枪"工具，然后对另一个符号再次使用，来创建符号实例混合集。

使用符号工具可修改符号组中的多个符号实例。例如，可以使用符号紧缩器工具在较大的区域中分布实例，或逐步调整实例颜色的色调，使其看起来更加逼真。

——摘自 Illustrator 帮助

13.3　使用 Creative Cloud Library

Creative Cloud Library 是创建存储内容并在许多 Adobe 应用程序（比如 Adobe Photoshop CC、Adobe Illustrator CC、Adobe InDesign CC 和某些 Adobe 移动应用）之间共享存储内容的一种简单方法。这些内容包括图像、颜色、文本样式、Adobe Stock 资源和 Creative Cloud Market 资源等。

Creative Cloud Library 连接到您的 Creative 文档，将您关心的创意资源触手可得。在 Illustrator 中创建矢量图稿并将它保存到 Creative Cloud Library 时，所有自己的 Illustrator 文件都可以使用此资源。这些资源都是自动同步的，可与具有 Creative Cloud 账户的任何人进行共享。当您的创意团队在 Adobe 桌面应用和移动应用上工作时，您的共享库资源始终可以保持最新并随处可用。

在本节中，将了解 CC 库并在您的项目中使用它们。

Ai　注意： 为了使用 Creative Cloud Library，需要使用自己的 Adobe ID 登录并具有互联网连接。

13.3.1　为 Creative Cloud Library 添加资源

首先要了解的是在 Illustrator 中如何使用"库"面板（"窗口">"库"）并将资源添加到 Creative Cloud Library。将在 Illustrator 中打开一个现有文档，以便捕获资源。

1 选择"文件">"打开"，在"打开"对话框中，浏览到 Lessons>Lesson13 文件夹并选择 Sample.ai 文件。单击"打开"。

Ai　注意： 可能会出现一个"缺少字体"对话框，需要互联网连接才能同步字体。同步过程可能需要几分钟。单击"同步字体"将所有缺少字体同步到计算机上。如果它们已经同步，会看到一条信息，提示没有缺少字体，单击"关闭"。如果无法同步字体，可以访问帮助（"帮助">"Illustrator 帮助"）并搜索"查找缺少字体"。

2 选择"视图">"画板适合窗口大小"。

使用此文件，您将捕获图稿、颜色和文本格式，将它们用于 TShirt.ai 文档。

3 选择"窗口">"库"，打开"库"面板，如果有必要的话。

默认情况下，您有一个名为"My Library"的库。可以为此默认库添加自己的设计资源，或者也可以创建无数个库（可能会根据客户或项目保存资源）。

 注意：您看到的"库"面板可能停靠在工作区右侧。在本节中，它与主面板一起停靠在右侧。

4 选择"选择">"取消选择"，如果有必要的话。

5 使用选择工具（▶）单击包含文本"The Guitar Company"的文本区域。"在"库"面板中，单击"添加内容"图标（+）并取消选中"图形""文本填充颜色"，只保持选中"段落样式"。单击"添加"，捕获文本格式并将它保存到库中。

 注意：单击"添加内容"图标（+）之后出现的菜单是上下文相关的。这取决于所选图稿可以保存的内容。

段落样式的格式将被保存在当前选定的库中。在本例中，它将添加到名为"My Library"的默认库。

6 将鼠标指针悬停在"库"面板的新资源上，会看到一个工具提示，显示捕获的格式。双击该名称，并将其更改为 Guitar。按 Enter 键或 Return 键接受名称更改。

文本格式已被保存在"库"面板中名为 Guitar 的段落样式中。如果以后将此格式应用于文本，则 Guitar 段落式将添加到那个文档的"段落样式"面板中。

7 单击选中文档中的棕色吉他形状。

8 在"库"面板中，单击"添加内容"图标（+），确保"填充颜色"是唯一选中的内容，并单击"添加"保存唯一的颜色。

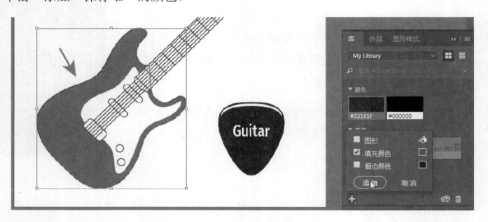

> **Ai** **注意：** 如果图稿具有填色和 / 或描边，单击"库"面板底部的"添加内容"图标（+）时，出现的选项会改变。

将资源保存在"库"面板中时，注意资源类型是如何分类的。可以单击"库"面板右上角的按钮来更改项目（图标或列表）的外观。

9 拖动选框选择右下角带 Guitar 文本的黑色图稿。

> **Ai** **提示：** 可以在"库"面板中双击资源名称来编辑资源。

10 将所选图稿拖动到"库"面板中。当出现一个加号（+）和名称（如"图稿 1"）时，则释放鼠标左键，以便添加此图形。

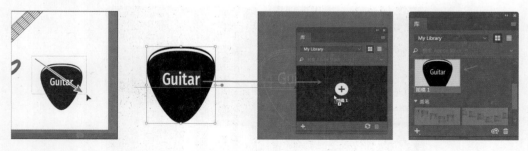

作为图形保存在 Creative Cloud Library 中的资源会保留其矢量形式。在另一个 Illustrator 文档中重用 Creative Cloud Library 的图形时，会以矢量形式重用。

11 将鼠标指针悬停在"库"面板中的新吉他资源（很可能名为"图稿 1"）上。双击该名称，并将它更改为 Pick。按 Enter 或 Return 键接受名称更改。

12 选择"文件">"关闭",关闭 Sample.ai 文件并返回到 TShirt.
ai 文件。如果询问是否保存文件,选择"否"。

注意到"库"面板仍会显示所选库(My Library)中的资源。此库
及其资源适用于在 Illustrator 中打开的所有文档。

> **Ai** 提示:可以与其他人分享您的库,方法是在"库"面板中
> 选择想要分享的库,然后从面板菜单中选择"分享链接"。

13.3.2 使用库资源

现在,"库"面板中已经有了一些资源,一旦同步,这些资源将可供支持库的其他应用程序使
用,只要您使用同一 Creative Cloud 账户进行登录。接下
来,会在 TShirt.ai 文件中使用这些资源。

1 仍选择 2 T-Shirt 画板,选择"视图">"画板适合
窗口大小"。

2 选择文字工具,在画板的空白区域单击。键入
Rock On。

3 选中选择工具(▶),并且仍选中文本对象,在
"库"面板中单击 Guitar 段落样式缩览图,以便应
用此文本格式

4 选择"窗口">"文字">"段落样式"。如果出现
一个警告对话框,单击"确定"。

在"段落样式"面板中,注意到名为 Guitar 的新样式。

5 选中文本区域,在控制面板中将填色更改为白色,
将"字体大小"更改为 40pt。

6 将文本区域拖动到吉他下方的黑色 T 恤上,如右
图所示。

7 将 Pick 资源从"库"面板拖动到画板的空白区域。

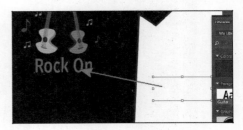

> **Ai** 提示:如下一节所述,从"库"面板拖
> 动的图形是链接的。如果按住 Option
> (macOS)或 Alt(Windows)键并将图
> 稿从"库"面板拖入文档,默认会将
> 它嵌入进来。

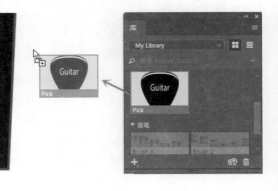

8 选择"文件">"存储",并保持选中图稿。

稍后,将图稿添加到透视网格时,会使用保存
到"库"面板中的颜色来查看其效果。

13.3.3 更新库资源

将图形从 Creative Cloud Library 拖动到 Illustrator 项目中时，它会
自动作为链接资源置入。如果更改库资源，则项目中的链接实例会更
新。下面将介绍如何更新资源。

1. 仍选中画板上的 Pick 资源，查看控制面板的左上角。单击"链
   接的文件"字样，打开"链接"面板。

在出现的"链接"面板中，会看到名为 Pick 的资源，并且名称右
侧有一个云图标。云图标表示此图稿是一个链接的库资源。

> **注意：**第 14 课将介绍有关"链接"面板的更多信息。

2. 返回到"库"面板中，双击 Pick 资源缩览图。

此图稿将出现在一个新的临时文档中。

3. 使用选择工具单击选择黑色形状。在控制面板中将填色更改为灰色，工具提示为"C=0
   M= 0 Y=0 K=70"。

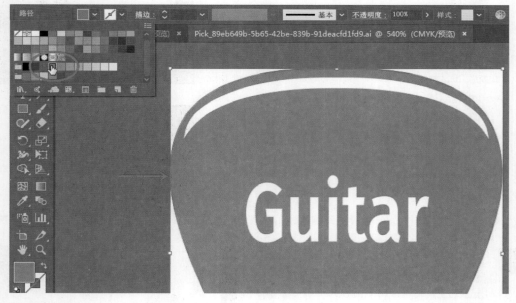

4. 选择"文件">"存储"，然后选择"文件">"关闭"。

在"库"面板中，图形缩览图应该更新以便反映所做的外观变化。

5. 返回到 TShirt.ai 文件，画板上的 pick 图形应该已经更新。如果没有更新，选中画板上的
   pick 图稿，在控制面板中单击"链接的文件"链接。在"链接"面板中，选择 Pick 行，单
   击面板底部的"更新链接"按钮（⟳）。

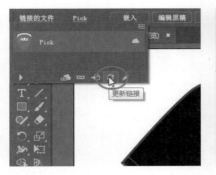

6　仍选中此图稿，在控制面板中单击"嵌入"按钮。

图稿不再链接到原来的库项目并且如果 Pick 库更新此图稿将不会更新。这也意味着它目前在 TShirt.ai 文件中是可编辑的。只需要知道，置入后嵌入的库面板图稿通常会应用剪切蒙版。

7　使用选择工具，按住 Shift 键并拖动 pick 图稿的角点，使其更小一些。将此图稿拖动到两个吉他之间。

可能需要拖动吉他来放置此图稿，如右图所示。

8　选择"选择">"取消选择"，然后选择"文件">"存储"

9　选择"窗口">"工作区">"重置基本功能"，如果有必要的话。

10　在"图层"面板（"窗口">"图层"）中，折叠所有图层并单击名为 Content 的主图层选择它，如果有必要的话。单击"图层"面板选项卡折叠它。

13.4　使用透视网格

在 Illustrator 中，透视网格工具（🁢）和透视选区工具（🀫）能够以透视角度轻松地绘制或渲染图稿。可以将透视网格定义为一点透视、两点透视或三点透视，定义缩放效果、移动网格平面，还可以直接在透视角度绘制对象。甚至还可以使用透视选区工具将平面图稿放到网格平面中去。

在本节中，将创建的 T 恤的透视图稿。

1　在文档窗口左下角从画板菜单中选择 1 Perspective。

2　选择"视图">"画板适合窗口大小"。选择"视图">"缩小"一次。

3　在工具面板中选择透视网格工具（🁢）。

默认情况下，出现在画板上的是两点透视网格（该网格不会被打印出来）。它可用于帮助以透视角度绘制和对齐画板中的内容。两点网格由多个平面或表面组成，默认情况下有左侧网格（蓝色）、右侧网格（橘色）和水平网格（绿色）。

下图展示了默认透视网格及其所有选项（例如，默认情况下不会看到标尺）。在本课中，可以及时查阅下图来帮助学习。

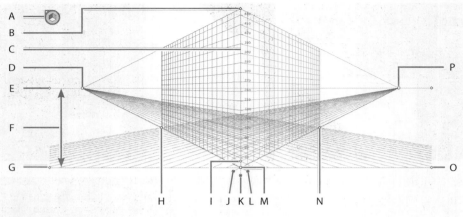

A. 平面切换构件   G. 地平面左控制点   M. 原点

B. 垂直网格范围   H. 网格范围   N. 网格范围

C. 透视网格尺（默认不显示）   I. 网格单元格大小   O. 地平面右控制点

D. 左侧消失点   J. 左侧网格平面控制点   P. 右消失点

E. 视平线   K. 水平网格平面控制点

F. 视高   L. 左侧网格平面控制点

13.4.1 使用预设网格

首先，练习使用 Illustrator 的一些预设网格。默认情况下，使用的是两点透视网格。还可以通过预设选项将其设为一点透视、两点透视或三点透视，这就是接下来要做的事情。

 注意：一点透视对于观察公路、铁轨时很有帮助。两点透视可用于观察正方体（如建筑）或两条相交的公路，通常有两个消失点。三点透视常用于俯视或仰视建筑。

1　选择"视图">"透视网格">"三点透视">"[3 点 -
正常视图]"。注意网格会变为三点透视。

除了每侧平面的消失点，还在地下或高空显示了这些平面的消失点。

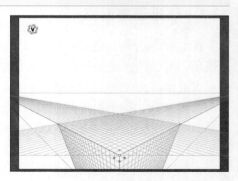

2　选择"视图">"透视网格">"两点透视">"[2 点 -
正常视图]"。注意网格变回默认的两点透视。

13.4.2 调整透视网格

要在透视下创建图稿，可以使用透视网格工具（▦）或"视图">"透视网格">"定义网格"命令来调整网格。即使网格上有内容，也可以修改网格，不过在添加内容前设置网格会更方便些。

在本节中，将对网格进行一些调整。

1　确保启用了智能参考线（"视图">"智能参考线"）。

2　选择透视网格工具（▦），将鼠标指针指向左侧地平面点（图中红色圈出的位置）。当鼠标指针改变形状后（），向上方拖动整个透视网格。尽可能与右图保持一致，但不必完全一样。

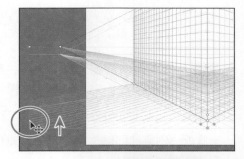

Ai **注意：** 可能需要放大，以便查看地平面控制点。

拖曳左、右任意一个地平面控制点，可以移动整个透视网格，甚至可以搬移到另一个画板中去。在本例中，不需要移动网格，因为正在创建一个将成为 2 T-Shirt 画板上现有图稿一部分的透视图稿，但了解如何实现移动很重要。

3 按 Command +-（macOS）或 Ctrl +-（Windows）组合键缩小视图。

4 将鼠标指针指向地平线右控制点，当鼠标指针显示垂直箭头（）时，单击并向下拖动一点，直到看到鼠标指针旁边的灰色度量标签显示大约 230pt 为止。

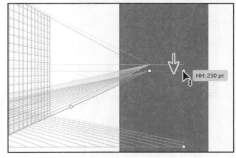

网格视图越大，可以调整的增量越精细。

接下来，会调整平面，以便可以绘制一个一侧比其他侧更多的立方体。这需要移动消失点。

5 选择"视图"＞"透视网格"＞"锁定站点"。

这将锁定左消失点和右消失点，以便调整时两点一起移动。

6 使用透视网格工具，将鼠标指针放在右消失点上（图中使用红色圈出的位置）。当鼠标指针包含水平箭头（）时，向右拖动直到度量标签显示 X 值约为 11in。

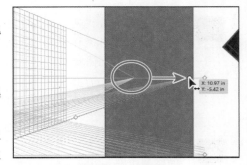

Ai **提示：** 如果网格上有图稿，它将与网格一起移动。

这将修改网格中的两个平面，而创建的透视图稿显示更多的将会是右侧。

要在一定透视角度下创建图稿时，按需求设置网格很重要。下面，将通过"定义透视网格"对话框来观察透视网格的一些设置选项。

7 选择"视图"＞"画板适合窗口大小"。

8 选择"视图"＞"透视网格"＞"定义网格"。

9 在"定义透视网格"对话框中，更改下列选项。

- 单位：in。

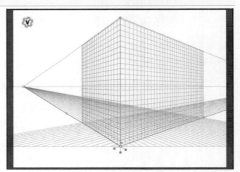

> **Ai** 提示：设置完"定义网格选项"后，可将其存储为一个预设，以便以后使用。为此，可在修改完"定义网格选项"对话框中的设置后，单击"存储预设"按钮（🔽）。

- 网格线间隔：0.3in。

修改"网格线间隔"选项，可以调整网格单元的大小，以便使用网格绘制和编辑时更加精确。这是因为默认情况下，绘制的内容会与网格线对齐。如果涉及现实中的测量数据时，还可以修改网格的"缩放"选项。另外，还可以使用透视网格工具来编辑"水平高度""视角"等选项。本课示例中将"网格颜色和不透明度"保留为默认选项即可。

> **Ai** 注意：如果"定义透视网格"对话框中的其他值与图中不一致，没关系的。不要尝试匹配值，因为这可能会以意想不到的方式更改网格。

完成更改后，单击"确定"。网格的外观会略有变化。网格现在看起来应该非常接近下图（但不需要完全一致）。

> **Ai** 注意：选择透视网格工具（ ▣ ）以外的工具时，不能编辑透视网格。另外，如果透视网格被锁定，无法使用透视网格工具编辑大部分网格设置。可以通过选择"视图">"透视网格">"定义网格"来编辑锁定的网格。

> **Ai** 注意：有关"定义透视网格"对话框中选项的更多信息，请在 Illustrator 帮助（"帮助">"Illustrator 帮助"）中"透视绘图"的插图帮助搜索。

10 选择"视图">"透视网格">"锁定网格"。

这个命令将限制网格的移动以及透视网格工具中的一些网格编辑功能。此时，只能修改网格的可视性及各个网格平面的位置。

11 选择"文件">"存储"。

13.4.3　在透视下绘制图稿

要在透视下绘制对象，可在网格可见的情况下，使用直线段工具组和矩形工具组中的工具（光晕工具除外）。在使用这些工具绘图前，需要使用平面切换构件或键盘快捷键来选择将内容关联到的网格平面。

默认情况下，透视网格显示后，平面切换构件将出现在文档窗口的左上角。可使用它来指定活动的现用网格平面。在平面切换构件中，可以看到选中的网格平面。另外，也可使用键盘快捷键选中所需网格平面。

首先，将为吉他音箱创建一些简单的形状。

1　在工具面板中选择矩形工具（▭）。

2　在平面切换构件中选择左侧网格（1）（如果尚未选中的话）。

> **Ai** 提示：在透视下绘图时，还可以使用绘制对象时的常用快捷键，如按住 Shift 键拖动约束移动方向等。

3　将鼠标指针指向透视网格的原点（图中的红 × 处）。注意到鼠标指针旁出现了一个左向箭头（◂），这表明将要在左侧平面上绘图。向左上方拖动直到度量标签显示宽为 1.2in，高为 3.3in。拖动时，形状应该与网格线对齐。

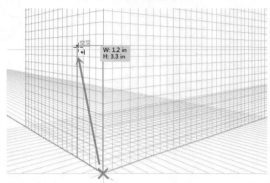

> **Ai** 提示：要关闭对齐网格功能，可以选择菜单"视图">"透视网格">"对齐网格"。默认情况下，是开启对齐网格功能的。

放大视图后，在靠近消失点处可以看到更多的网格线。因此，如果网格和本课图中有所不同，这没有关系，因为这取决于视图放大的程度。

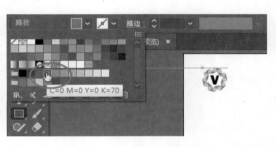

4　选中矩形，在控制面板中将填色更改为名为"C=0 M=0 Y=0 K=70"的深灰色。按 Esc 键隐藏色板面板。

5　在控制面板中将描边色更改为"[无]"（▧）。

有很多种向透视网格中添加内容的方法。下面，将使用不同方法创建另一个矩形。

6　仍选中矩形工具，单击平面切换构件中的右侧网格（3），以便在右侧平面上透视绘图。

7　将鼠标指针指向绘制的矩形的右上角，出现"锚点"字样后单击。在出现的对话框中，显示的是最后绘制的矩形的宽和高。然后单击"确定"。

在鼠标指针旁出现一个右向箭头（▸），这表明可以在右侧网格上绘图了。

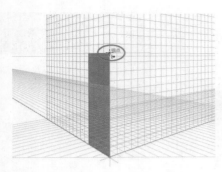

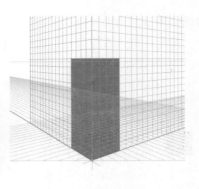

8 选中矩形，单击工具面板底部的填色框，确保编辑所选形状的填色。在"库"面板中，单击之前保存的棕色以便应用它。

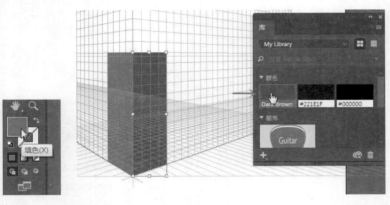

在本例中，由于顶部位于水平线之上，因此无须为立方体创建顶部或底部。如果需要为正在创建的立方体绘制顶部，则可以在平面切换构件中选择"水平网格（2）"，在地平面（水平面）上进行透视绘图。

9 选择"视图"＞"透视网格"＞"隐藏网格"，隐藏透视网格并查看图稿。

10 选择"选择"＞"取消选择"，然后选择"文件"＞"存储"。

13.4.4 在透视下选择和变换对象

可以使用选择工具（▶）和透视选区工具（▶⊕）等选择工具在透视下选择对象。透视选区工具使用活动的现用平面的设置来选择对象。如果要使用选择工具拖动在透视下创建的对象，它还将位于同一网格平面上，但不会再自动对齐透视网格。

下面，将调整之前绘制的矩形（吉他音箱的前面）的大小。

1 将鼠标指针放在透视网格工具（）上，单击并按住鼠标左键，然后选择透视选区工具（▶⊕）。

注意到透视网格再次出现。

2　单击右侧网格平面上具有棕色填色的矩形。

3　选择透视选区工具，将矩形的右侧中点向右拖动。
当度量标签显示宽度约为 3in 时，释放鼠标左键。
确保矩形与网格线对齐。

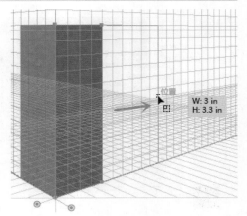

拖动形状或调整大小都会这样做的角度与透视选区工具。

4　使用透视选区工具，单击选择创建的第一个矩形
（在左侧平面上）。在控制面板种，单击"变换"
字样，然后单击参考点定位器（▦）右侧中间的
点。取消选中"约束宽度和高度比例"（▨），将
"宽"更改为 1.5in，如果有必要的话。

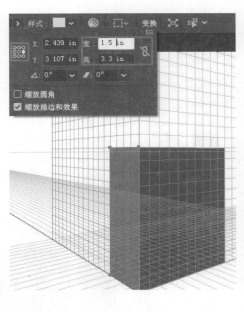

除了缩放图稿和进行其他转换外，还可以使用透视选区工具将图稿拖动到透视下。例如，使用透视选区工具向上或向下拖动水平网格，可以将其变小或变大。在透视下，向上拖动会将图稿远离视野，向下拖动会将图稿靠近视野。

5　选择"选择" > "取消选择"，然后选择"文件" > "存储"。

13.4.5　将对象和网格平面一起移动

绘图时，最好能在绘图前编辑网格。但在 Illustrator 中，还可以通过移动网格平面来移动对象。这在精确的垂直移动中很有帮助。

接下来，会将网格平面和图稿一起移动。

1 选择缩放工具（🔍），缓慢地单击透视网格的底部中心，放大透视网格。

2 选择透视选区工具（▸🔲），将鼠标指针放在左侧网格平面控制点上（下图中使用红色圈出的位置）并双击。在"残余没影平面"对话框中，将"位置"更改为 −0.15in，选择"移动所有对象"，然后单击"确定"。

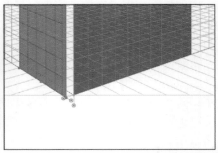

 提示： 要使用网格平面控制点来移动平面，还可以选择菜单"编辑">"还原透视网格编辑"，该平面就会返回原处。

在"残余没影平面"对话框中，"不移动"选项仅移动网格平面而不是其上方的对象。"复制选定对象"选项则是移动网格平面，并将平面上对象的副本随平面一起移动。而"位置"从站点（0）开始。而在透视网格中，站点则是位于水平平面控制点正上方的绿色小菱形。也可以用透视选区工具拖动网格平面控制点来调整它们。默认情况下，拖动网格平面控制点会移动网格平面而不是图稿。

提示： 按住 Alt 键（Windows）或 Option 键（macOS），并拖曳一个网格平面控制点，会一起移动平面和它上面对象的副本；按住 Shift 键，拖曳一个网格平面控制点，将会一起移动平面和它上面的对象。

3 选择透视选区工具，将深灰色矩形右侧的中点向左拖动使其更窄一些。当此点与网格线对齐并且灰色度量标签显示宽大约为 1.39in 时，则停止拖动。

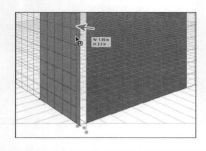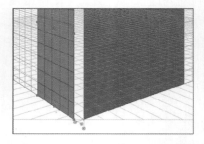

提示： 如果先选中网格平面上的一些对象，则按住 Shift 键，再拖曳网格平面控制点，这将会把平面和所选对象一起移动。

13.4.6 在无现用网格下绘制图稿

有时需要不在透视下绘制或添加内容。此时可在平面切换构件中选择"无现用网格"，这样可以在无视网格的情况下绘图。下面，将绘制立方体的一个矩形。

1 选择"视图">"画板适合窗口大小"。
2 在工具面板中选择矩形工具（▭）。
3 在平面切换构件中选择"无现用网格（4）"。
4 将鼠标指针放在左侧平面深灰色矩形的右上角的角点上。当"锚点"一词出现时，则单击并向右下方拖动。与右侧平面上棕色矩形的左下角对齐。当显示"锚点"一词时，则释放鼠标左键。

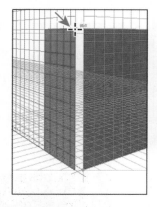
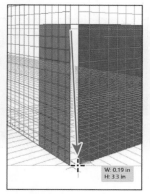
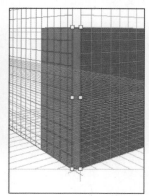

5 选中此矩形，在控制面板中将填色更改为浅棕色，工具提示为"C=25 M= 40 Y=65 K=0"。按 Esc 键隐藏"色板"面板。

13.4.7 在透视下添加和编辑文本

在透视网格可见的情况下，无法直接将文本加入到透视平面中。但可在正常模式下创建文本，然后将其加入到透视平面中去。下面，将添加一些文本，并在透视下编辑文本。

1 在工具面板中选择文字工具（T）。在画板的空白区域单击，键入 AMP（大写字母）。

 注意： 如果在控制面板中没有看到字体格式设置选项，则单击控制面板中的"字符"字样以便显示"字符"面板。

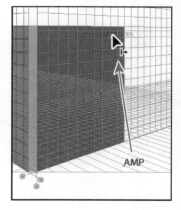

2 使用文字工具选择文本，在控制面板中将"字体"更改为 Myriad Pro（或另一种字体，如没有这种字体的话），确保"字体样式"为"Regular"，将"字体大小"更改为 16pt。
3 在工具面板中选择透视选区工具（▸）。
按键盘上的数字 3，在平面切换构件中选择"右侧网格（3）"。

将文本拖动到大框的右上角。

4　选择缩放工具，放大文本。

Ai　提示：要进入隔离模式编辑文本，可以单击控制面板中的"编辑文本"按钮（▣）。要退出隔离模式，还可双击文档窗口顶部文档选项卡下方的灰色箭头。

5　选择透视选区工具，双击文本对象进入隔离模式。这会自动选择文字工具。

6　在单词 AMP 之前插入光标，并键入 Guitar，后面加一个空格。可能需要放大，这样可以更轻松地查看文字。

7　选择透视选区工具（▶▣），双击该画板退出隔离模式。

8　拖动文本"Guitar AMP"，使其适合棕色方框的边角，如果有必要的话。

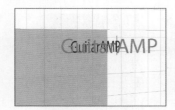 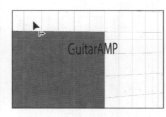 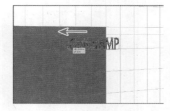

您可能会缩小视图，以便查看整个棕色形状，为后续步骤做准备。

13.4.8　沿垂直方向移动对象

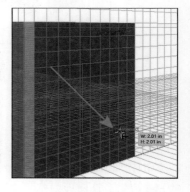

现在将在网格中添加几个圆，形成吉他音箱的正面。然后会沿当前位置的垂直方向移动其中一个圆，以添加深度感。这对于创建平行对象（如椅子脚）将很有帮助。

1　在工具面板中单击并按住矩形工具。选择椭圆工具。

2　确保在平面切换构件中选择了右侧平面，按住 Shift 键并拖动，创建一个宽和高约为 2in 的小圆圈。依次释放鼠标左键和 Shift 键。

Ai　提示：要将对象从一个平面到另一个平面，首先使用透视选区工具在网格上拖动图稿，不释放鼠标左键。按数字键 1、2 或 3（取决于对象所在的网格）切换到所选的网格平面。这些键盘命令只能使用主键盘键。

3　按 D 键将默认的填色和描边应用于圆。

4　选中此圆，在控制面板中将填色更改为"[无]"（▨），确保描边色是黑色的，并将描边粗细更改为 10pt。

5　在工具面板中选择透视选区工具（▶▣），将圆拖动到棕色矩形的中心。

6　仍选中此圆，选择"编辑"＞"复制"，然后选择"编辑"＞"贴在前面"。

注意： 根据您的屏幕分辨率，变换选项（比如宽）可能会出现在控制面板中。

7 选中新圆，在控制面板中单击"变换"字样，确保选中了"约束宽度和高度比例"（⬤）和参考点的右中点（▦），将宽更改为1.3in。

确保小圆的位置如右图所示。

8 选择透视选区工具，按住数字键5并将小圆向左拖动一点。当小圆看起来像下图的第一部分时，则释放鼠标左键，然后松开5键。

此时，圆可能位于其他内容背后，接下来将解决此问题。

9 选择"对象">"排列">"置于顶层"将小圆置顶，如果有必要的话。

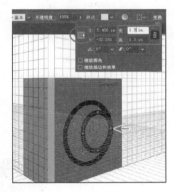 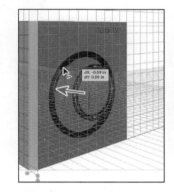 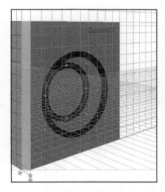

这一步操作是沿对象的当前位置平行移动它自身并在透视下进行缩放。

注意： 绘制或移动对象时，键盘数字键5是沿垂线方向移动对象，而数字键1、2、3或4则用于转换平面。

提示： 按住数字5键并拖动的同时，可以按Option（macOS）或Alt（Windows）键来复制拖动的对象。

10 选择"选择">"取消选择"，然后选择"文件">"存储"。

13.4.9 移动平面以匹配对象

在透视下，要在现有对象（比如小圆）的同个深度（或高度）绘制或添加对象时，可将对应的网格直接放置在需要的高度或深度。下面，将右侧网格平面移动到小圆的右侧平面处，并为其添加一个徽标。

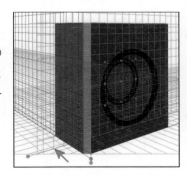

1 选择透视选区工具（🖫），单击再次选择小圆。

2 选择"对象">"透视">"移动平面匹配对象"。

下面，向右侧透视网格平面添加的内容都将与此小圆右侧面处于同一深度。

13.4.10　添加内容到透视网格

如果在非透视视图下创建了内容，Illustrator 提供了将对象添加到透视网格现用平面视图的选项。现在，将为吉他音箱添加一个徽标（它是一个符号），在将其添加到透视网格中。

Ai　**注意：**要添加到透视网格中的符号不能包括光栅图像、封套或渐变网格。

1　选择透视选区工具（▶），确保在平面切换
　　构件中选择了"右侧网格（3）"。

2　选择"视图">"画板适合窗口大小"。

在画板的左上角，会看到一个徽标图稿，它是一个符号实例。接下来，将此符号实例拖入透视网格中。

Ai　**提示：**除了使用透视选区工具将对象拖动到平面上，还可以使用透视选区工具选择对象，使用平面切换构件选择平面，然后选择"对象">"透视">"附加到现用平面"。这会将内容添加到现用平面，但并不会改变内容的外观。

3　使用透视选区工具，将画板上左上角的徽标符号实例拖动到小圆的中心，将它添加到右侧网格平面。

Ai　**注意：**此徽标位于画板上其他图稿的后面。透视网格上的内容与在透视网格外绘制内容时的堆叠顺序相同。

4　选择"对象">"排列">"置于顶层"将徽标置于其他图稿上方。

5　选择"选择">"取消选择"。

6　在"符号"面板（"窗口">"符号"）中，将名为 Button 的符号拖出来。

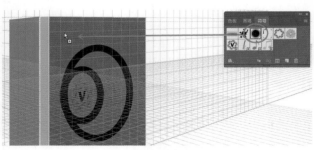

可能需要将图稿放大一点，为下一步做准备。

7 使用透视选区工具，确保在平面切换构件中选择了"右侧网格（3）"，将按钮拖动到棕色矩形上。将按钮拖动到画板上后，会让符号进入透视视图。

8 将符号实例向右拖动。拖动时，按 Option+ Shift（macOS）或 Alt + Shift（Windows）组合键，继续拖动创建一个副本。释放鼠标左键，然后释放修正键。

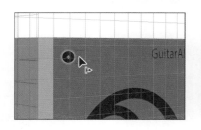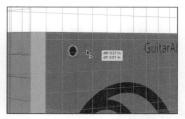

13.4.11 在透视下编辑符号

添加符号到透视网格后，可能还需要进一步编辑它们。而符号的一些平面功能，如替换符号、取消链接符号实例，在透视下都无法起作用。下面，将更改徽标的颜色。

1 在工具面板中选择缩放工具（🔍），并放大徽标。

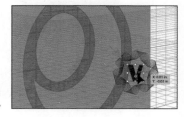

> **Ai** **注意**：也可以使用透视选区工具双击符号进行编辑。

2 在工具面板中选中选择工具（▶），双击拖进透视网格的徽标。在出现的警告对话框中单击"确定"。单击选中"V"形图稿。

这会进入符号编辑模式并隐藏画板上的其他图稿。

3 在控制面板中将填色更改为名为"CMYK Red"的红色。按 Esc 键隐藏"色板"面板。

4 在符号内容外双击退出符号编辑模式，以便编辑其他内容。

5 选择"选择">"取消选择"，如果有必要的话。

13.4.12 通过透视释放对象

可以将对象从其透视网格平面释放出来，使其变为正常图稿，这样它将不再受透视网格的影响。

1 选择"视图">"画板适合窗口大小"。

2 在工具面板中选择透视选区工具（▶）。单击选择右侧网格平面的棕色矩形。选择"对象">"透视">"移动平面匹配对象"。

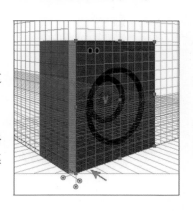

右侧网格平面现在将返回到本课之前的位置。

3 仍选中棕色矩形，选择"编辑">"复制"，然后选择"编辑">"贴在前面"。

4 选中副本，在控制面板中将填色更改为黑色。按 Esc 键隐藏"色板"面板。

5 按住 Shift 键并将顶部中点向下拖动使矩形小一点。使用下图的第一部分作为参考。

6 选择"对象">"排列">"置于顶层"。

7 在控制面板中将"不透明度"更改为 95%。

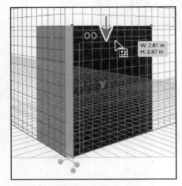

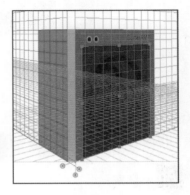

8 选择"选择">"现用画板上的全部对象"，然后选择"编辑">"复制"。

9 在文档窗口左下角从画板菜单中选择 2 T-Shirt，然后选择"编辑">"粘贴"。

10 选择"对象">"透视">"通过透视释放"。

"通过透视释放"不会影响对象的外观。

13.4.13 终稿

接下来，将完成 T 恤图稿。

1 选择"对象">"编组"，然后选择"对象">"排列">"置于底层"。

2 在工具面板中选中选择工具（▶），按住 Shift 键并拖动所选图稿的一角，使它变小。当灰色度量标签显示宽约为 1.6in 时，则依次释放鼠标左键和 Shift 键。

3 按照右图排列所有图稿。

我组中移动了一些音符符号实例，使其更好看一些。

4 选择"选择">"取消选择"。

5 选择"文件">"存储"，然后选择"文件">"关闭"。

复习题

1 使用符号有哪 3 个有点？

2 如何更新现有的符号？

3 什么是动态符号？

4 在 Illustrator 中，哪种内容可以保存在库中？

5 解释如何嵌入链接的库图形资源。

6 为确保对象位于正确的网格平面中，必须在绘制内容前如何做？

复习题答案

1 使用符号的 3 个优点。

- 编辑一个符号，它所有的符号实例都将自动更新。

- 可以将图稿映射到3D对象（本课中并未介绍这一内容）。

- 使用符号可以缩减整个文件的大小。

2 要更新现有的符号，可以在"符号"面板中双击该符号。也可以双击画板中该符号的实例，或者选择画板上的实例，然后在控制面板中单击"编辑符号"按钮，然后在隔离模式下编辑它。

3 当符号被保存为动态符号时，则可以使用直接选择工具（▷）更改实例的某些外观属性，无须编辑原始符号。

4 在 Illustrator 中，可以保存颜色（填色和描边）、图形资源和文本格式。

5 默认情况下，在 Illustrator 中，将图形资源从"库"面板中拖动到文档中时，就会创建一个到原始库资源的链接。为了嵌入图形资源，在文档中选择资源，然后在控制面板中单击"嵌入"。一旦嵌入，如果编辑了原始库资源，则图形将不再更新。

6 要选择正确的网格平面，可以在平面切换构件中选择网格平面，可以使用键盘快捷键（1 为左侧网格，2 为水平网格，3 为右侧网格，4 为无现用网格），还可以使用透视选区工具（▷●）选择对应网格平面中的内容。

第14课 将Illustrator CC和其他 Adobe应用程序相结合

课程概述

在本课中，您将学习如何执行下列操作：

- 在 Illustrator 文件中置入链接和嵌入图像；
- 将颜色编辑应用于图像；
- 创建和编辑剪切蒙版；
- 使用文本做图像的蒙版；
- 创建和编辑不透明蒙版；
- 从置入的图像中采样颜色；
- 使用"链接"面板；
- 嵌入和取消嵌入图像；
- 打包文件。

学习本课内容大约需要 60 分钟，请将素材 Lesson14 复制到您的硬盘中。

可以轻松地将图像编辑程序中创建的图像添加到
Adobe Illustrator 文件中。这样可将图像与矢量图稿合并，
或尝试将 Illustrator 中的一些特殊效果应用于位图图像。

14.1　开始本课

开始之前，需要恢复 Adobe Illustrator CC 的默认首选项。然后，打开本课最终完成的图稿文件以便查看最终效果。

1　为了确保工具和面板的功能如本课所述，请删除或禁用（重命名）Adobe Illustrator CC 首选项文件。

2　启动 Adobe Illustrator CC。

3　选择"文件" > "打开"。打开硬盘上 Lessons>Lesson14 文件夹中的 L14_end.ai 文件。

这是一个旅游胜地的小海报。

4　选择"视图" > "画板适合窗口大小"，保留该文件为打开状态，以便参考，或者选择"文件" > "关闭"。

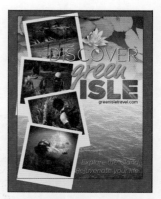

> **Ai**　**注意**：L14_end.ai 文件中的字体已被转换为轮廓（"文字" > "创建轮廓"）以便避免缺少字体。

5　选择"文件" > "打开"，在"打开"对话框中，浏览到 Lessons>Lesson14 文件夹，并选择 L14_start.ai 文件。单击"打开"，打开此文件。这是一个旅游公司的海报，是一个未完成的版本。在本课中将为它添加图形并编辑图形。

6　很可能会出现一个"缺少字体"对话框，单击"同步字体"将所有缺少字体同步到计算机上。如果它们已经同步，会看到一条信息，提示没有缺少字体，单击"关闭"。

> **Ai**　**注意**：需要互联网连接才能同步字体。同步过程可能需要几分钟。

如果无法同步字体，可以访问 Creative Cloud 桌面应用并选择"资源" > "字体"，查看可能出现的问题（参见第 8 课了解如何解决此问题）。

还可以单击"缺少字体"对话框中的"关闭"，忽略缺少的字体。第三种方法是在"缺少字体"对话框中单击"查找字体"按钮，并使用自己计算机上的本地字体替换这些字体。

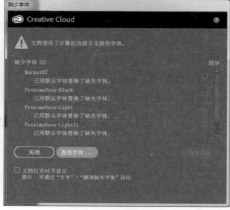

> **Ai**　**注意**：也可以访问"帮助"（"帮助" > "Illustrator 帮助"），搜索"查找缺少字体"。

7　选择"文件" > "存储为"，在"存储为"对话框中，浏览到 Lesson14 文件夹并打开它。

将此文件命名为 GreenIsle.ai。从"格式"菜单（macOS）选择 Adobe Illustrator（ai），或从"保存类型"菜单选择 Adobe Illustrator（*.AI）（Windows），然后单击"保存"。在"Illustrator 选项"对话框中，保留 Illustrator 默认选项，然后单击"确定"。

8 选择"视图">"画板适合窗口大小"。

9 选择"窗口">"工作区">"重置基本功能"来重置基本功能。

使用 Adobe Bridge

可以在 Adobe Creative Cloud 订阅中查找到 Adobe Bridge CC 应用程序。Bridge 为您提供了集中访问自己的创意项目所需的所有媒体资源。

Bridge 简化您的工作流程并让您保持有条不紊。可以轻松地批量编辑，添加水印，并集中设置颜色首选项。可以在 Illustrator 中访问 Adobe Bridge，方法是选择"文件">"在 Bridge 中浏览"。

14.2　合并图稿

可使用多种方式合并 Illustrator 图稿和来自其他图形应用程序的图像，从而获得各种创造性的结果。通过在应用程序之间共享图稿，可将连续色调图稿和矢量图稿合并。虽然 Illustrator 可以创建一些种类的栅格图像，但是 Photoshop 在完成多图像编辑的任务方面更出众。因此，可在 Photoshop 中编辑或创建图像后，将其置入 Illustrator 中。

 注意：要了解有关使用矢量图像和栅格图像的更多信息，请参见第 1 课。

本课将创建一幅合成图像，这需要使用不同的应用程序来合并位图图像和矢量图稿。首先，要把 Photoshop 中创建的照片图像添加到在 Illustrator 中创建的小海报中。然后，调整图像的颜色，给图像添加蒙版并从图像中采集颜色，以便在 Illustrator 图稿中使用。最后，还要更新置入的图像，然后打包文件。

14.3　置入图像文件

可使用"打开""置入""粘贴"命令、拖放操作和"库"面板，将 Photoshop 或其他应用程序中的栅格图稿添加到 Illustrator 文档中。Illustrator 支持大部分的 Adobe Photoshop 数据，包括图层复合、图层、可编辑的文本以及路径。这意味着可在 Photoshop 和 Illustrator 之间传输文件，并且仍可以编辑它们。

使用"文件">"置入"命令置入文件时，无论图像是哪种类型（JPG、GIF、PSD、.AI 等），都可以嵌入或链接该图像。嵌入文件将在 Illustrator 文件中保存该图像的副本，这样就会使 Illustrator 文件所占内存变大。链接文件仍保留了独立的外部文件，Illustrator 文档中包含的是一个指向该外部文件的链接。通过链接图像，可确保 Illustrator 文件能够及时反映出图像的更新，但是需要随 Illustrator 文档一起提供被链接的文件，否则链接将断开，置入的文件也就不会出现在 Illustrator 图稿中。

> **Ai** **注意**：Illustrator 支持设备 N 通道格栅。例如，在 Photoshop 中创建一个双色调的图像，并将其置入 Illustrator 中，可将图稿与图像正确分离并打印专色。

14.3.1 置入图像

首先，要向文档中置入一个 JPEG（.jpg）图像。

1 单击"图层"面板图标（⬙），打开"图层"面板。在"图层"面板中，选择名为 Pictures 的图层。

置入图像时，会将它添加到所选图层。此图层已包含您在画板左侧边缘外看到的几个形状。

2 选择"文件">"置入"。

3 导航到 Lessons>Lesson14>images 文件夹，选择 Kayak.jpg 文件。确保在"置入"对话框中选中了"链接"。单击"置入"。

> **Ai** **注意**：可能需要在"置入"对话框中单击"选项"按钮来显示"链接"选项。

现在鼠标指针应显示一个载入图形鼠标指针。可以在鼠标指针旁看到"1/1"，这表示置入的图像数量，并且可以看到正在置入的图像的缩览图。

4 将载入图形鼠标指针放在画板的左上角附近，单击"置入图像"。保持选中图像。

放置载入图形指针

单击置入图像

> **Ai** 提示：如果勾选了显示边缘选项（"视图" > "显示边缘"），所选图像上会出现"×"。这表明该图像是链接的图像。

这样画板上单击的位置就出现了图像，此时图像是原尺寸的100%。还可以在置入时，用载入图像鼠标指针拖曳一个区域放置图像。

选中该图像，注意到控制面板中出现了"链接的文件"字样，这表明该图像链接到了源文件以及其他有关该图像的信息。默认情况下，置入的图像文件是链接到源文件的。因此，如果编辑了源文件（在 Illustrator 外），则 Illustrator 中的置入图像也会相应地更新。如果取消选择"链接"选项，则该图像文件将会嵌入到 Illustrator 文件中。

14.3.2　放置入图像

可以像复制和变换 Illustrator 文件中的其他对象那样复制和变换置入的图像。与矢量图稿不同的是，需要考虑文档中该栅格图像的分辨率，因为栅格图像分辨率不够的话，无法正确打印。在 Illustrator 中，缩小图像就可提高它的分辨率，放大图像就会降低其分辨率。下面，将变换 Kayak.jpg 图像。

> **Ai** 注意：在 Illustrator 中对链接的图像进行变换而导致分辨率发生变化时，并不会影响原始图像的分辨率。修改只发生在 Illustrator 中。

1 按住 Shift 键，使用选择工具（▶）将图像右下角的边界点向其中心拖动，直到度量标签显示宽约为 5in。释放鼠标左键，然后释放 Shift 键。

> **Ai** 提示：要变换置入的图像，也可以打开"变换"面板（"窗口" > "变换"）并更改设置。

调整图像的大小后，注意到控制面板中的 PPI 值（像素数 /

英寸）大约为 150。PPI 指的是图像分辨率。也可以使用第 5 课介绍的各种方法来为图像应用旋转等其他变换。

> **Ai** 提示：与其他图稿一样，也可以按 Option+ Shift（macOS）或 Alt + Shift（Windows）组合键并拖动图像周围的边界点来从图像中心调整大小，同时保持图像的比例。

2 单击控制面板左侧的文本"链接的文件"，以便查看"链接"面板。在"链接"面板中选择 Kayak.jpg 文件，单击左下角的"显示链接信息"箭头，查看有关图像的信息。

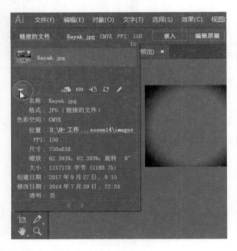

可以看到缩放比例、旋转信息和尺寸等信息。

3 选择"选择">"取消选择"，然后选择"文件">"存储"。

14.3.3 用显示导入选项置入 Photoshop 图像

在 Illustrator 中置入图像文件时，可以设置各种选项来确定文件导入的方式。例如，置入 Photoshop 文件（.psd）时，可以选择拼合图像或保留原文件中的图层。下面，将要置入一个 Photoshop 文件，然后设置导入选项将该图像嵌入到 Illustrator 文件中。

1 在"图层"面板中，单击 Pictures 图层的眼睛图标（👁），隐藏内容，然后选择 Background 图层。

2 选择"文件">"置入"。

3 在"置入"对话框中，浏览到 Lessons>Lesson14>images 文件夹，并选择 Lilypads.psd 文件。在"置入"对话框中，设置下列选项（如果看不到选项，单击"选项"按钮）。

* 链接：取消选中（取消选中"链接"选项会在 Illustrator 文件中嵌入图像文件。稍后会看到，嵌入 Photoshop 文件在置入时支持更多选项）。

* 显示导入选项：选中它（选择此选项将打开一个导入选项对话框，可以在置入前设置导入选项）。

4 单击"置入"。

提示：要了解有关图层复合的更多信息，请在 Illustrator 帮助（"帮助" > "Illustrator 帮助"）中查看"导入 Photoshop 图稿"。

这会显示"Photoshop 导入选项"对话框，因为在"置入"对话框中选中了"显示导入选项"。

注意：尽管在"置入"对话框中选择了"显示导入选项"，但如果图像没有多个图层，就不会显示"导入选项"对话框。

---

5 在"Photoshop 导入选项"对话框对话框中，设置下列选项。

- 图层复合：All（图层复合是 Photoshop 中"图层"面板状态的快照。在 Photoshop 中，可以在一个 Photoshop 文件中创建、管理或浏览图层的布局。在 Photoshop 中图层复合相关的所有注释都将出现在"注释"区域）。
- 显示预览：选择它（预览显示所选图层复合的预览）。
- 将图层转换为对象：选择它（仅有这一项和下一个选中的选项是可用的，因为上步取消选择了"链接"选项，选择了嵌入 Photoshop 图像）。
- 导入隐藏图层：选择它（以导入 Photoshop 中隐藏的图层）。

6 单击"确定"。

注意：在"Photoshop 导入选项"对话框中，可能会出现颜色模式的警告框。这表明要置入的图像与 Illustrator 文档的颜色模式不一致。在本课示例中，如果出现该警告框，单击"确定"按钮即可。

---

7 将载入图形鼠标指针放在画板的左上角，单击置入图像。

![Ai] **注意：** "相交"被隐藏在文档窗口的顶部边缘。

与拼合文件相反，这样就将 Photoshop 文件 Lilypads.psd 中的图层全部导入到 Illustrator 中，可以显示或隐藏它的各图层内容。如果置入 Photoshop 文件时，选中了"链接"选项（链接到原 PSD 文件），那么在"Photoshop 导入选项"对话框中仅有唯一可选的选项就是"将图层拼合为单个图像"。

8 在"图层"面板中，单击"定位对象"按钮（🔎）显示图像内容。

可能想要拖动"图层"面板的左边缘，查看完整的图层名称。

注 意 Lilypads.psd 的 子 图 层。它 们 在 Photoshop 中 都 是 Photoshop 图层，现在出现在了 Illustrator 的"图层"面板中。这是因为置入时选择了不拼合图层。同时，在仍选中该图像的情况下，控制面板的左侧显示了"编组"字样，还有带下划线的"多个图像"链接。将图层随 Photoshop 图像一起置入，并在"Photoshop 导入选项"对话框中选择"将图层转换为对象"时，Illustrator 会将各个图层视作对象组中各个独立的子图层。此图像在 Photoshop 中为 Layer 0 应用了一个图层蒙版，这就是图像淡化的原因。

9 单击 Color Fill 1 子图层左侧的眼睛图标（👁）隐藏它。

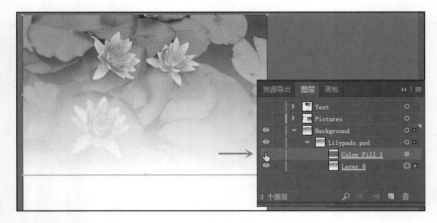

10 选择"选择">"取消选择"，然后选择"文件">"存储"。

14.3.4 置入多个图像

在 Illustrator 中，还可以一次置入多个图像。下面，将一次置入两幅图像，然后将其放置在画板上。

1 在"图层"面板中，单击 Background 图层左侧的三角形（）折叠图层内容。单击 Pictures 和 Text 图层的可视性栏显示其内容，并确保选中了 Background 图层。

2 选择"文件">"置入"。

3 在"置入"对话框中，在 Lessons>Lesson14>images 文件夹中选择 Water.jpg 文件。按住 Command（macOS）或 Ctrl（Windows）键并单击名为 Text.psd 的图像以选择两个图像文件。如果有必要的话，单击"选项"按钮，显示其他选项。取消选中"显示导入选项"并确保未选中"链接"选项。单击"置入"。

Ai 提示：按住 Shift 键，也可以在"置入"对话框中选择一系列连续的文件。

Ai 注意：在 Illustrator 中看到的"置入"对话框可能会以不同的视图显示图像，比如"列表视图"，这没关系的。

4 将载入图形鼠标指针放在画板的左侧。按住键盘向左/右键（或向上/下键）数次，观察鼠标旁的图像缩览图在两幅图像之间切换。确保出现的是 water 图像缩览图后，单击画板左侧的下半部分以置入图像。

Ai 注意：图中显示的是单击置入 Water.jpg 图像的结果。

单击置入图像缩览图显示的图像就是单击后在画板上置入的图像。

5　按住空格键并向左拖动，以便查看画板右侧外的区域。释放空格键。

6　将载入图形鼠标指针放在画板右侧外。单击并向右下方拖动，当图像大小与下图类似时，则停止拖动，保持选中此图像。

在文档窗口中置入图像时，单击 100% 比例置入的图像，单击后拖曳选框，则可以在文档中置入图像的同时调整图像的大小。在 Illustrator 中调整图像大小很可能会导致与原图的分辨率不同。再次在控制面板中查看 PPI（每英寸像素）值，了解图像的分辨率。该 Text.psd 图像的原始 PPI 为 150 PPI。

7　仍选中 Text.psd 图像（绿色叶子图像），在"图层"面板中将选定图稿指示器（彩色框）向上拖动到 Text 图层上，将此图像移动到 Text 图层。

稍后，在 Text 图层上会使用文本为图像添加蒙版。

8　选择"视图" > "画板适合窗口大小"。

14.3.5　将颜色编辑应用于图像

在 Illustrator 中，可以将图像转换为不同的颜色模式（如 RGB、CMYK 或灰度）或者调整各个颜色值。也可以使饱和（变暗）或去饱和（变亮）颜色或反转颜色（创建彩色负片）。

为了编辑图像的颜色，需要将图像嵌入到 Illustrator 文件中。如果是链接文件，则可以在 Photoshop 等程序中编辑图像的颜色，Illustrator 中的图像会自动更新。

1　在"图层"面板中，单击 Pictures 和 Text 图层可视性栏的眼睛图标（👁）隐藏其内容。

2　使用选择工具（▶），单击选择画板顶部的 Lilypads.psd 图像。

3　选择"编辑" > "编辑颜色" > "调整色彩平衡"。

4　在"调整颜色"对话框中，拖动滑块或输入 CMYK 百分比值，更改图像中的颜色。可以按 Tab 键在文本字段之间移动。我使用了下列值。

• C=5。

• M=−25。

• Y=10。

• K=0。

请随意尝试。选择"预览"查看颜色变化。单击"确定"。

![Ai] **注意**：要观察图像的变化，可在"调整颜色"对话框中勾选"预览"复选框后再取消选择它。

![Ai] **注意**：如果稍后决定通过选择"编辑"＞"编辑颜色"＞"调整色彩平衡"来调整同一幅图像的颜色，颜色值将被设置为 0（零）。

5　选择"选择"＞"取消选择"，然后选择"文件"＞"存储"。

6　在"图层"面板中，单击 Pictures 和 Text 图层的可视性栏显示其内容。单击 Background 图层可视性栏的眼睛图标（🔘）隐藏其内容。

14.4　给图像添加蒙版

为了达到一定的设计效果，可以应用剪切蒙版（剪切路径），或者使用一个对象遮挡其他图稿，使得只有图像的一部分通过蒙版形状显示出来。右侧的第一个图是顶部为白色圆形的图像。在第二个图中，白色圆形用于遮挡图像。

只有矢量对象才能成为剪切蒙版，但是可以对任何图稿添加蒙版。还可导入 Photoshop 文件作为蒙版。剪切路径和被遮盖的对象统称为剪切组。

顶部为白色圆形的图像　　　圆形遮挡了部分图像

![Ai] **注意**：您会听到人们使用短语"剪切蒙版""裁剪路径"和"蒙版"。大多数时候它们是一样的。

14.4.1　为图像应用简单的蒙版

在本节中，您会了解如何让 Illustrator 为 Kayak.jpg 图像创建一个简单的蒙版，以便隐藏部分图像。

1. 使用选择工具（▶），单击 Kayak.jpg 图像选择它（第一个置入的图像）。在控制面板中单击"蒙版"按钮。

 提示：要应用剪切蒙版，还可选择"对象">"剪切蒙版">"建立"。

单击"蒙版"按钮，可将一个形状和大小均与图像相同的剪切蒙版应用于图像。在本例中，图像本身看不出有什么不同。

2. 在"图层"面板中，单击底部的"定位对象"按钮（🔍）。

注意包含在 < 剪切组 > 子图层中的 < 剪贴路径 > 和 < 链接的文件 > 子图层。< 剪贴路径 > 对象是创建的剪切路径（蒙版），并且 < 剪切组 > 是包含了蒙版和被遮盖对象（链接的图像）的一个剪切组。

 注意：可以将"图层"面板的左侧边缘向左拖动，查看完整的名称。

14.4.2 编辑剪切路径（蒙版）

为了编辑剪切路径，需要选中该路径。Illustrator 有多种实现它的方式。接下来，将编辑刚才创建的蒙版。

1. 仍选中画板上的皮划艇图像，在控制面板中单击"编辑内容"按钮（🔘）。注意到在"图层"面板中，"< 剪切组 >"子图层中 < 链接的文件 > 子图层名称的最右侧出现了选定图稿指示器（小彩色框）。

 提示：也可以双击剪切组（使用剪切路径遮挡的对象）进入隔离模式。然后，可以单击被遮盖对象（在本例中是图像）选择它，或者单击剪切路径边缘选择剪切路径。完成编辑，可以使用之前介绍的多种方法退出隔离模式（比如按 Esc 键）。

2. 在控制面板中单击"编辑剪切路径"按钮（🔲），注意到在"图层"面板中目前选中了 < 剪贴路径 >（在"图层"面板中显示选定图稿指示器）。

当对象被遮盖时，既可以编辑蒙版，又可以编辑被遮盖的对象。使用以上的两个按钮可选择要编辑的对象。首次单击被遮盖的对象时，可编辑这两种对象。

3 在控制面板中选择"编辑剪切路径"按钮（▣），选择"视图">"轮廓"。

4 使用选择工具（▶）将所选蒙版顶部中间点向下拖动，直到度量标签显示高度约为 3.25in 为止。

5 选择"视图">"GPU 预览"（或"预览"）。

6 在控制面板中单击"变换"（或 X、Y、W、H）（或打开"变换"面板["窗口">"变换"]），并确保选中参考器定位点的中心（▦）。确保"约束宽度和高度比例"是关闭的（⌀），并将"宽"更改为 3.5in。如果您看到的高度不是 3.25in，请进行修改。

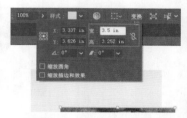

7 在控制面板中，单击"编辑内容"按钮（◉），编辑 kayak.jpg 图像而不是蒙版。

8 使用选择工具（▶），在蒙版内小心地向下稍微拖动一点，并释放鼠标左键。注意，移动的是图像而不是蒙版。

选中"编辑内容"按钮（◉），可以对图像应用多种变换，包括缩放、移动和旋转等。

9 选择"选择">"取消选择"，然后再次单击图像选择整个剪切组。将图像拖动到浅灰色矩形上，并重新放置图像，如右图所示。

10 选择"选择">"取消选择"，然后选择"文件">"存储"。

14.4.3 使用文本做对象的蒙版

在本节中，将使用文本做置入图像的蒙版。为了从文本创建蒙版，需要将文本放在图像顶部。

1 使用选择工具（▶），将绿色叶子图像（Text.psd）从画板右侧拖动到文本"ISLE"的上方。

2 选择"对象">"排列">"置于底层"。现在应该能看到"ISLE"文本。确保图像位置如图所示。

3　仍选中此图像，按住 Shift 键并单击"ISLE"
文本选择它们。右键单击选定的内容，并从
上下文菜单中选择"建立剪切蒙版"。

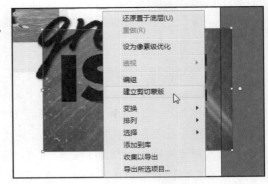

可以单独编辑 Text.psd 图像和剪切蒙版，具体与
上一节中遮盖 Kayak.jpg 图像的方法相似。

 提示：也可以选择"对象" > "剪切蒙
版" > "建立"。

4　仍选中文本，打开"图形样式"面板（"窗口" > "图形样式"），并选择"Text Shadow"
图形样式来应用投影。

5　选择"选择" > "取消选择"，然后选择"文件" > "存储"。

使用多个形状遮盖对象

可以轻松地使用一个或多个形状来创建蒙版。要使用多个形状创建剪切蒙版，
需要先将形状转换为复合路径。实现方法如下：选择将用作蒙版的形状，然后选择
"对象" > "复合路径" > "建立"。确保复合路径位于被遮挡内容的顶部，然后选择"对
象" > "剪切蒙版" > "建立"。

14.4.4　建不透明蒙版

不透明度蒙版不同于剪切蒙版，它不仅能够遮盖对象，还可以修改图稿的透明度。不透明度蒙
版是通过"透明度"面板创建和编辑的。在本节中，将要为 Water.
jpg 图像创建不透明度蒙版，让图像逐渐融入蓝色背景形状中。

1　在"图层"面板中，单击所有图层的三角形（ ）折叠内
容，如果有必要的话。单击到 Background 图层左侧的可视
性栏查看其内容。单击 Pictures 和 Text 图层左侧的眼睛图
标（ ）隐藏其内容。

2　选中选择工具，单击画板中的水图像。在控制面板中，从

对齐菜单选择"对齐画板"，如果有必要的话。在控制面板中，单击"水平居中对齐"按钮（圖）和"垂直居中对齐"按钮（圖）将图像与画板对齐。

3　在工具面板中选择矩形工具（■），并在画板的近似中心单击。在"矩形"对话框中，确保"约束宽度和高度比例"是关闭的（🔓），将"宽度"更改为9in并将"高度"更改为8in。单击"确定"。此矩形将成为蒙版。

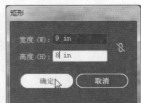

4　按 D 键为新矩形设置默认的描边（黑色，1pt）和填色（白色）。

5　选中选择工具（▶），仍选中此矩形，在控制面板中单击"水平居中对齐"按钮（圖），然后单击"垂直底对齐"按钮（圖），将矩形与画板的底部中心对齐。

Ai　**注意**：在画板上，要作为不透明度蒙版的对象必须位于被遮盖对象的上层。如果不透明度蒙版是单个对象（如矩形），则不需要将其转换为复合路径；如果不透明度蒙版由多个对象组成，则需要将这些对象编组。

6　按住 Shift 键，并单击 Water.jpg 图像选择它。

7　选择"窗口">"透明度"，打开"透明度"面板。单击"制作蒙版"按钮，并保持选中图稿。单击"制作蒙版"按钮后，按钮显示为"释放"。如果再次单击此按钮，图像将不再被遮盖。

Ai　**注意**：如果想创建与图像大小相同的蒙版，而不是绘制一个形状，可以在"透明度"面板中单击"制作蒙版"按钮。

单击"制作蒙版"按钮

观察结果

14.4.5　编辑不透明度蒙版

接下来，将调整刚才创建的不透明度蒙版。

1　在"透明度"面板中，按住 Shift 键并单击蒙版缩览图（黑色背景上的白色矩形）禁用蒙版。

> **Ai** **提示**：禁用和启用不透明，您也可以选择禁用或启用不透明不透明与"透明度"面板菜单。

注意到"透明度"面板中出现红色的"×"，而且整个 Water.jpg 图像重新出现在文档窗口中。

> **Ai** **提示**：通过自身展示蒙版（灰度如果原始蒙版有颜色）在画板上，您也可以选择在透明 PA 的蒙版缩览图中单击（macOS）或 Alt 键（Windows）。

2　在"透明度"面板中，按住 Shift 键并单击蒙版缩览图，以便再次启用蒙版。

3　单击选择"透明度"面板右侧的蒙版缩览图。如果在画板上没有选择蒙版，选择工具（▶）单击选择蒙版。

在"透明度"面板中单击不透明蒙版选择画板上的蒙版（矩形路径）。选中蒙版时，无法编辑画板上的其他图稿。另外，请注意文档选项卡中显示了"<不透明蒙版>/不透明蒙版"，这表明正在编辑蒙版。

4　单击工作区右侧的"图层"面板图标（▧）显示"图层"面板。单击<不透明蒙版>图层的三角形（▶）显示其内容，如果有必要的话。

在"图层"面板中，注意到出现了图层"<不透明蒙版>"，这表明此时选中的是蒙版而不是被遮盖的图稿。

5　在"透明度"面板和画板上仍选中蒙版，在控制面板中将填色更改为"White, Black"线性渐变。

现在可以看到蒙版中白色的部分出现了 Water.jpg 图像，蒙版中黑色的部分隐藏了 Water.jpg 图像。这样将图像逐渐由黑色到白色显示出来。

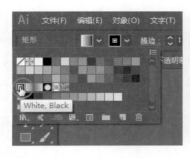
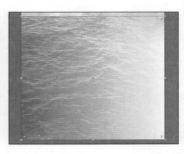

6 确保选中了填色框（工具面板的底部或"色板"面板中）。

7 在工具面板中选择渐变工具（），按住 Shift 键，将鼠标指针放在 Water.jpg 图像的底部附近。单击并向上拖动至蒙版形状的上边缘，如图所示。释放鼠标左键，然后释放 Shift 键。

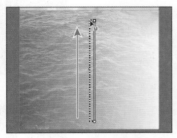

拖动以编辑不透明蒙版　　　　　　　　　　观察结果

8 单击"透明度"面板图标（），观察"透明度"面板中蒙版外观的变化。

下面，将要移动图像，而不移动不透明蒙版。在"透明度"面板中选中图像缩览图，默认情况下图像和蒙版将链接在一起。这时如果移动画板中的图像，蒙版也将随之移动。

> **注意**：当选择了图像缩览图时，链接图标才处于活动状态。

9 在"透明度"面板中，单击图像缩览图停止编辑蒙版。单击图像缩览图和蒙版缩览图之间的链接图标（）。这样就可以只移动图像或蒙版，而不会同时移动它们。

> **注意**：Water.jpg 图像的位置不需要与图完全一致。

10 使用选择工具，开始向下拖动 Water.jpg 图像。拖动时按住 Shift 键，以便约束图像为垂直方向移动。不时松开鼠标和按键以观察图像的位置。

11 在"透明度"面板中，单击图像缩览图和蒙版缩览图之间断开的链接图标（），以便链接图像和蒙版。

12 选择"对象">"排列">"置于底层"，将 Water.jpg 图像放在 Lilypads.psd 图像后面。

看起来可能没有任何变化，但稍后尝试选择 Lilypads.psd 图像时，则需要让它位于 Water.jpg 图像顶部。

13 选择"选择">"取消选择"，然后选择"文件">"存储"。

14.5 从置入图像中采样颜色

可从置入的图像中采样或复制颜色，并将其应用于图稿中的其他对象。在包含 Photoshop 图像和 Illustrator 图稿的文件中，采样颜色可轻松地保持颜色的一致性。

1 在"图层"面板中，确保所有图层已折叠，然后单击 Text 和 Pictures 图层左侧的可视性栏，显示画板上的图层内容。将"图层"面板的左侧边缘向右拖动使其变窄。

2 使用选择工具（▶）单击文本"green"。

3 确保选中了填色框（在工具面板的底部）。

4 在工具面板中选择吸管工具（✐），按住 Shift 键并在睡莲叶子的绿色区域单击进行采样并将绿色应用于文本。可以从画板上的其他图像或内容中采样颜色。而采样得到的颜色将应用于所选文本。

> **Ai** **注意**：使用吸管工具时，按住 Shift 键只能将采样颜色应用于所选对象。如果不使用 Shift 键，则会将所有外观属性应用于所选对象。

5 选择"选择">"取消选择"。

14.6 使用图像链接

将图像置入 Illustrator 时，可链接图像也可以嵌入图像。另外，还可以在"链接"面板中看到这些图像的列表。可使用"链接"面板来观察和管理所有的链接或嵌入图像。"链接"面板显示了图稿的缩览图，并使用各种图标来表明该图稿的状态。在"链接"面板中，可浏览链接或嵌入的图像、替换置入的图像、更新在 Illustrator 外部被编辑的链接图像，还可以在链接图像的原始应用程序（如 Photoshop）中编辑它。

14.6.1 查找链接信息

置入图像时，了解源图像的位置、图像应用过哪些变换（如旋转、缩放）等信息很重要。下面，将探索"链接"面板来了解一些图像的信息。

1 选择"窗口">"工作区">"重置基本功能"。选择"窗口">"库",关闭"库"面板,以便自己有更多的工作区域。

2 选择"窗口">"链接",打开"链接"面板。

查看"链接"面板,可看到一系列已置入的图像。图像缩览图右侧有名称的是链接图像,右侧没有名称的则是嵌入图像。还可以观察图像右侧的嵌入图标(⬛)来判断该图像是否是嵌入图像。

3 滚动面板中,如果有必要的话,选择 Kayak.jpg 图像(其缩览图右侧有名称)。单击"链接"面板左下角的切换箭头,以便在底部显示链接信息。

 提示: 也可以在"链接"面板中双击图像来查看图像信息。

您会看到一些信息,比如名称、图像的原始位置、文件格式、分辨率、修改日期和创建日期以及变换信息等。

4 单击图像列表下方的"转至链接"选项(🔳)。

在文档窗口中将选中 Kayak.jpg 图像且被置于文档中央。文字"链接的文件"将出现在控制面板的左侧。

5 在控制面板中,单击链接 Kayak.jpg"打开选项菜单。

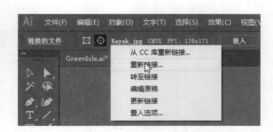

该选项菜单对应了"链接"面板右下角的各个图标按钮。如果选中一个嵌入的图像,在控制面板左侧出现的就会是"嵌入"字样。

6 按 Esc 键隐藏菜单,保持选中 Kayak.jpg 图像。

14.6.2 嵌入和取消嵌入图像

如前所述,如果在置入图像时不选中"链接"复选框,那么该图像将嵌入到 Illustrator 文件中。这意味着该图像数据存储在 Illustrator 文档中。而置入图像时如果选中了"链接"复选框,还可以再改为嵌入图像。另外，可能需要在 Illustrator 外部使用嵌入图像，或需要在图像编辑程序（如 Photoshop）中编辑图像，此时 Illustrator 允许取消嵌入图像。这时，将会把嵌入的图稿保存为 PSD 或 TIFF 文件存储到文件系统中，并自动将它链接到 Illustrator 文件。下面，将在文档中嵌入一幅图像。

1. 选择"视图" > "画板适合窗口大小"。
2. 仍选中 Kayak.jpg 图像，在控制面板中单击"嵌入"按钮嵌入图像。

这样就删除了源图像与 Illustrator 的链接，而将该图像的数据嵌入到 Illustrator 文件中。可以直观地看到图像的嵌入，因为该图像中央不再有"×"贯穿其中［确保选中该图像并显示边缘（"视图" > "显示边缘"）］并且嵌入图标（■）出现在"链接"面板中名称的右侧。

嵌入图像后，可能仍需要在其他程序（如 Adobe Photoshop）中编辑该图像。这样就需要取消嵌入图像。下面就将取消嵌入 Kayak.jpg 图像。

> **Ai** **注意**：某些文件格式（如 PSD）在最初置入图像时，会显示"导入选项"对话框，可从中选择置入选项。

3. 在画板上仍选中 Kayak.jpg 图像，在控制面板中单击"取消嵌入"按钮。也可以选择从"链接"面板菜单（■）中选择"取消嵌入"。

> **Ai** **注意**：嵌入的 Kayak.jpg 图像数据从文件中取消嵌入并在 images 文件夹中保存为 TIFF 文件。现在画板上的皮划艇图像链接到 TIFF 文件。

4. 在"取消嵌入"对话框中，浏览到 Lessons>Lesson14>images 文件夹。从"文件格式"菜单（macOS）或"保存类型"（Windows）菜单中选择 TIFF（*.TIF），然后单击"保存"。

14.6.3 替换链接的图像

在 Illustrator 中，可以轻松地将置入的图像替换为另一幅图像以便更新文档。替换的图像将放置在原始图像的位置，因此无须进行任何调整。如果缩放了原始图像，则可能需要调整替换图像的大小，使其与原始图像匹配。下面，将替换几个图像。

1 选中选择工具（▶），将画板左边缘外的渐变填充矩形拖动到 Kayak.tif 图像上，使用智能参考线将它放置在中心。

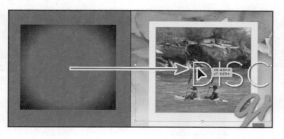

2 选择"对象">"排列">"置于顶层"将渐变填充矩形置于图像顶部。

3 在"图层"面板中，单击 Background 图层左侧的编辑栏，锁定画板上的图层内容。

4 拖动选框选择 Kayak.tif 图像、渐变填充矩形及其下方的浅灰色矩形选择它们。确保不要选中文本。参见下图。

5 选择"对象">"编组"。

6 将新组向上拖动，使其顶部与画板的顶部对齐。

7 选择"视图">"智能参考线"，禁用智能参考线。

8 按住 Option（macOS）或 Alt（Windows）键并将组向下拖动创建一个副本。参见右图以了解副本的放置位置。

9 重复上一步骤两次，这样画板上就有了 4 个图像组，并按照右图所示的位置放置它们。

在"链接"面板中，可以看到一系列 Kayak.tif 图像。

 注意： 要了解图像的放置位置，可以查看 Lessons>Lesson14 文件夹中的 L14_end.ai 文件。

10 单击从画板顶部数第二个皮划艇图像。

11 在"链接"面板，选择 Kayak.tif 图像，单击图像列表下方的"重新链接"按钮（🔗）。在"置入"对话框中，浏览到 Lessons>Lesson14>images 文件夹并选择 People.psd。确保选择了"链接"选项。单击"置入"使用新图像替换皮划艇图像。

 注意： 当您更换一个形象，任何颜色的调整对原始图像做不适用于置换。然而，口罩应用于原始图像保存。任何层模式和透明度的调整，您让其他层也会影响图像的外观。

12 单击从画板顶部数第三个皮划艇图像。

13 在"链接"面板中，选择 kayak.tif 图像，单击图像列表下方的"重新链接"按钮（🔗）。在"置入"对话框中，浏览到 Lessons>Lesson14>images 文件夹并选择 Hiking.jpg。确保选择了"链接"选项。单击"置入"使用新图像替换皮划艇图像。

14 单击底部的皮划艇图像组。

15 在"链接"面板，选中其中一个 Kayak.tif 图像，单击图像列表下方的"重新链接"按钮（🔗）。在"置入"对话框中，浏览到 Lessons>Lesson14>images 文件夹并选择 Snorkel. psd。确保选择了"链接"选项。单击"置入"使用新图像替换皮划艇图像。

16 选择"视图">"智能参考线"启用它们。

17 选择"选择">"取消选择"。单击具有 Kayak.tif 图像的顶部图像组。将鼠标指针放在右上角外，看到旋转箭头（↻）时，单击并向左拖动，直到度量标签看显示大约 10° 为止。

18 对于每个图像组，将鼠标指针放在右上角外，看到旋转箭头（↻）时，单击并拖动进行旋转。交替旋转，如下图所示。

19 选择"文件">"存储"。

14.7 打包文件

打包文件时，将创建一个文件夹，其中包括 Illustrator 文档的副本、所需字体、链接图像的副本以及一个关于打包文件信息的报告。这样可以简单方便地从 Illustrator 项目中获得所有所需文件。下面，将要打包海报文件。

1 选择"文件">"打包"。在"打包"对话框中，设置下列选项。

- 单击文件夹图标（），导航到 Lesson14 文件夹。单击"选择"（macOS）或"选择文件夹"（Windows）以便返回"打包"对话框。
- 文件夹名称：GreenIsle（从名称中去掉"_Folder"）。
- 选项：保持默认设置。

> **Ai** **注意**：如果文件需要保存，将出现一个对话框来提示您。

2 单击"打包"。

"复制链接"选项会把所有链接文件复制到新创建的文件夹中。"收集不同文件夹中的链接"选项将会创建一个名为"Links"的文件夹，并将所有链接复制到该文件夹。

"将已链接的文件重新连接到文档"选项将会更新 Illustrator 文档中的链接，使其链接到打包时新创建的副本中。

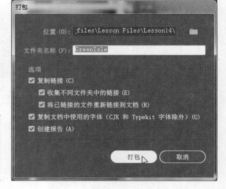

> **Ai** **注意**：选中"创建报告"选项时，将创建一个 .txt （文本）文件形式的打包报告（摘要），它默认放在 package 文件夹中。

3 接下来出现的对话框是提示字体方面的授权问题，单击"确定"按钮即可。也可单击"返回"按钮以便取消选择"复制文档中使用的字体（CJK 和 Typekit 字体除外）"选项。

4 在最后出现的对话框中，单击"显示文件包"以便查看打包的文件夹。

打包的文件夹应该是 Links 文件夹，其中包含所有链接的图像的 GreenIsle Report（.txt 文件）包含有关文档内容的信息。

5 返回到 Illustrator，并选择"文件">"关闭"。

复习题

1 指出在 Illustrator 中链接和嵌入之间的不同。
2 哪些类型的对象可以作为蒙版？
3 如何为置入的图像创建不透明蒙版？
4 使用效果可以对所选对象做出哪些方面的颜色修改？
5 说明如何替换文档中置入的图像。
6 说明什么是打包。

检查答案

1 链接文件是一个独立的外部文件，它通过链接与 Illustrator 文件相关联；链接文件不会显著地增大 Illustrator 文件；为保留链接并且确保置入的文件出现在打开的 Illustrator 文件中，必须随 Illustrator 文件一起提供被链接的文件。嵌入文件包含在 Illustrator 文件中，因此 Illustrator 文件将会相应地增大；由于嵌入文件是 Illustrator 文件的一部分，因此不存在断开链接的问题。无论是链接文件还是嵌入文件，都可使用"链接"面板中的"重新链接"按钮（🔗）来更新。
2 蒙版可以是简单路径，也可以是复合路径。可以通过置入 Photoshop 文件来导入不透明蒙版，还可以使用位于对象组或图层最顶层的形状创建剪切蒙版。
3 要创建不透明蒙版，可以将要作为蒙版的对象放在被遮盖对象的上层。然后选中蒙版和要遮盖的对象，在"透明度"面板中单击"制作蒙版"按钮或从"透明度"面板菜单中选择"建立不透明蒙版"选项。
4 可以使用效果来修改颜色模式（RGB、CMYK 或灰度），调整所选对象的各个颜色；还可以调整所选对象的颜色饱和度，将颜色反转；可以修改置入图像的颜色，也可以修改在 Illustrator 中创建的图稿的颜色。
5 要替换置入的图像，可以在"链接"面板中选择该图像。然后单击"重新链接"按钮（🔗），选择用于替换的图像后，单击"置入"。
6 打包可用于收集一个 Illustrator 文档所有所需的东西。打包文件时，将创建一个文件夹，其中包括 Illustrator 文档的副本、所需字体、链接图像的副本以及一个关于打包文件信息的报告。

第15课　导出资源

课程概述

在本课中，您将学习如何执行下列操作：

- 创建像素级优化的图稿；
- 使用"导出为多种屏幕所用格式"命令；
- 使用"资源导出"面板；
- 生成、导出和复制 / 粘贴 CSS（层叠样式表）代码。

学习本课内容大约需要 30 分钟，请将素材 Lesson15 复制到您的硬盘中。

　　可以使用多种方法优化 Illustrator CC 内容，以便用于 Web、
应用程序和屏幕演示。例如，可以轻松导出资源并保存它们以供
Web 或应用程序使用，导出 CSS 和图像文件，并以 SVG 文件或
SVG 代码的形式生成 SVG（可缩放矢量图形）。

15.1 开始本课

开始之前，需要恢复 Adobe Illustrator CC 的默认首选项，并打开课程文件。

1 为了确保工具和面板的功能如本课所述，请删除或禁用（重命名）Adobe Illustrator CC 首选项文件。

2 启动 Adobe Illustrator CC。

3 选择"文件">"打开"，在"打开"对话框中，浏览到 Lessons>Lesson15 文件夹。选择 L15_start.ai 文件，然后单击"打开"。本课包含一个虚构的公司名称、地址和网站。

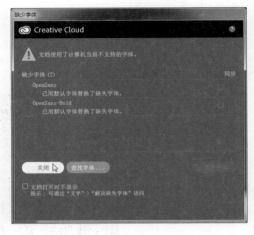

4 很可能会出现一个"缺少字体"对话框，单击"同步字体"将所有缺少字体同步到计算机上。如果它们已经同步，会看到一条信息，提示没有缺少字体，单击"关闭"。

> **Ai** **注意**：如果无法同步字体，可以访问 Creative Cloud 桌面应用并选择"资源">"字体"，查看可能出现的问题（参见第 8 课了解如何解决此问题）。
>
> 还可以单击"缺少字体"对话框中的"关闭"，忽略缺少的字体。第三种方法是在"缺少字体"对话框中单击"查找字体"按钮并使用自己计算机上的本地字体替换这些字体。

> **Ai** **注意**：如果在工作区菜单中没有看到"重置基本功能"，请在选择"窗口">"工作区">"重置基本功能"之前选择"窗口">"工作区">"基本功能"。

5 选择"窗口">"工作区">"重置基本功能"，确保工作区设置为默认设置。

6 选择"视图">"画板适合窗口大小"。

7 选择"文件">"存储为"，在"存储为"对话框中，浏览到 Lessons>Lesson15 文件夹，并将此文件命名为 AssetExport.ai。从"格式"菜单（macOS）选择 Adobe Illustrator（ai），或从"保存类型"菜单选择 Adobe Illustrator(*.AI)(Windows)，然后单击"保存"。在"Illustrator 选项"对话框中，保留 Illustrator 默认选项，然后单击"确定"。

8 选择"选择">"取消选择"，如果有必要的话。

15.2　创造像素级优化的图稿

创建在 Web、移动应用和屏幕演示等使用的内容时，根据矢量图稿保存的图像看起来清晰很重要。为了让设计师创建像素准确的设计，可以使用"对齐像素"选项将图稿与像素对齐。像素网格是一个每英寸（无论垂直、水平方向）72 单元格的网格，这样使用"像素预览"模式（"视图" > "像素预览"）将其放大到 600% 或更高时，就可以查看像素网格。当对象拥有了对齐像素的属性，则对象中所有水平和垂直方向的元素都将与像素网格对齐。修改对象时会保留此属性。对象中所有水平和垂直方向的元素都将与像素网格对齐，只要为对象设置了此属性。

15.2.1　将新图稿与像素网格对齐

启用对齐像素（"视图" > "对齐像素"）时，绘制、修改或变换的形状看起来很清晰。这使得大多数图稿（包括大多数实时形状）能自动与像素网格对齐。在本节中，将了解像素网格和如何将新内容与像素网格对齐。

1　在 AssetExport.ai 文件中，选择"文件" > "文档颜色模式"，您会发现选择了"RGB 颜色"。

在 Illustrator 中，针对屏幕查看（网站和应用程序等）设计时，RGB（红、绿、蓝）是文件首选的颜色模式。创建新文档（"文件" > "新建"）时，可以通过"颜色模式"选项选择使用的颜色模式。在"新建文档"对话框中，选择除"打印"外的任意文档配置文件，默认会将"颜色模式"设置为"RGB 颜色"。

 提示： 创建文档后，可以使用"文件" > "文档颜色模式"命令更改文档的颜色模式。这会为所有新创建的颜色和现有色板设置默认的颜色模式。针对 Web、应用和屏幕演示创建内容时，RGB 是理想的颜色模式。

2　选中选择工具（▶），单击选择下面是单词"ACCESSORIES"的棕色圆形。按 Command + +（macOS）或 Ctrl + +（Windows）组合键几次放大所选图稿。

3　选择"视图" > "像素预览"查看此设计的栅格版本。

以 GIF、JPG 或 PNG 等格式导出资源时，任何矢量图稿在生成的文件中都会被栅格化。启用"像素预览"是一种查看图稿被栅格化时外观的好方法。

4 在文档窗口的左下角（在状态栏）从视图菜单选择 600%，并确保仍可以看到"ACCESSORIES"文本上方的棕色圆形。

放大到至少 600% 并启用"像素预览"，就可以看到一个像素网格。像素网格将画板以 1pt（1/72in）为增量进行划分。对于后续步骤，需要查看像素网格（放大到 600% 或更大）。

 提示：您可以关闭像素网格选择 Illustrator CC > 预置 > 指南和网格（macOS）或编辑 > 预置 > 指南网格计算（Windows）和取消选择显示的像素网格（600% 以上变焦）。

5 单击选择棕色圆形上的一个白色路径。

这是为绘制的下一个对象设置描边和填色格式，以便匹配所选图稿的简单方式。

6 在工具面板中选择矩形工具（▢）。在棕色圆形上绘制一个简单的矩形。

您可能会注意到，该矩形的边缘看起来有点"模糊"，那是因为在此文档中，"对齐像素"是关闭的。

 注意：编写本书时，受"对齐像素"影响的工具有：钢笔工具、曲率工具、椭圆工具和矩形工具等形状工具、直线段工具、弧线工具、网格工具和画板工具。

7 按 Delete 或 Backspace 键删除此矩形。

8 选择"视图">"对齐像素"（或在控制面板右端选择"创建和变换时将贴图对齐到像素网格"选项（▣）），启用对齐像素。

现在，绘制、修改或变换的任意形状都将与像素网格对齐。默认情况下，创建使用 Web 或"移动设备"文档配置文件的新文档时，会启用"对齐像素"。

9 选择矩形工具，在棕色圆形上绘制一个简单的矩形完成咖啡杯的绘制，注意到边缘是清晰的。

所绘制图稿的水平和垂直线段都与像素网格对齐。在下一节中，您会发现可以将现有图稿与像素网格对齐。在本例中，我让您重新绘制了形状，只是为了让您了解它们的区别。

10 选中选择工具（▶），将矩形拖动到如图所示的位置。可能需要调整矩形大小，使杯子看起来更漂亮。

15.2.2 将现有图稿与像素网格对齐

还可以使用几种方式将现有图稿与像素网格对齐，本节中的示例就将这样操作。

1　选中选择工具（▶），单击选择刚才绘制的矩形上方的圆角矩形。

2　在控制面板中选择"将选中的图稿与像素网格对齐"选项（▦）（或选择"对象">"设为像素级优化"）。

与像素网格对齐之前的图稿　　　　　　　　　　　　　　与像素网格对齐之后的图稿

　　圆角矩形是在未选中"将图稿与像素网格对齐"选项的情况下创建的。水平和垂直方向的直边都与其最近的像素网格线对齐。将图稿与像素网格对齐时会保留实时形状和实时转角。不会将没有任何垂直或水平线段且设为像素级优化的对象与像素网格对齐。例如，由于旋转矩形没有垂直或水平直线段，因此为它设置像素对齐属性时，不会生成清晰的路径。

 提示： 可以选择"选择">"对象">"没有对齐像素网格"，在能够与像素网格对齐（但目前并未对齐）的文档中选择所有图稿。可以选择"对象">"设为像素级优化"。小心！如果将已转化为轮廓的文本与像素网格对齐，则文本外观可能会发生意想不到的变化。

3　单击选择圆角矩形上方的一个白色波浪线。在控制面板中选择"将选中的图稿与像素网格对齐"选项（▦）。

　　很有可能会在文档窗口中看到一条消息："选区包含无法设为像素级优化的图稿"。在这种情况下，这意味着没有垂直或水平的直线边缘能与像素网格对齐，因为这是波浪线。

4　单击咖啡杯右侧的白色"杯柄"形状。按 Command+ +（macOS）或 Ctrl + +（Windows）组合键几次，放大所选图稿。

5　拖动右上角的边界点使杯柄变大。

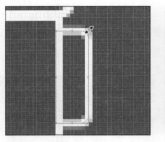 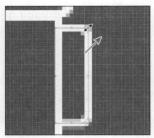

拖动后，注意使用角点或边控点调整形状大小会解决对应边缘（但不是所有边缘）的问题（将它们与像素网格对齐）。

 注意：使用选择工具、直接选择工具、实时形状中心部件、箭头键和画板工具对图稿进行变换时，移动的是所有像素。根据路径的描边设置，直接选择工具会将锚点和杯柄与像素或子像素对齐。这种对齐类似于使用钢笔工具绘制时的对齐。

6　在控制面板的右侧选择"将选中的图稿与像素网格对齐"选项（□），确保所有的垂直或水平的直线边缘都与像素网格对齐。

7　选择"选择"＞"取消选择"（如果有），然后选择"文件"＞"存储"。

15.3　导出画板和资源

在 Illustrator 中，使用"文件"＞"导出"＞"导出为多种屏幕所用格式"和"资源导出"面板，可以导出整个画板，或者显示正在进行的设计或所选资源。导出内容可以不同的文件格式进行保存，比如 GIF、JPEG、SVG 和 PNGG。这些格式适用于 Web、设备和屏幕演示，并且与大多数浏览器都兼容，但各有不同的功能。所选图稿会自动与设计的其他内容隔离起来并作为单独的文件保存起来。

 提示：要了解有关使用 Web 图形的更多信息，请在 Illustrator 帮助（"帮助"＞"Illustrator 帮助"）中搜索"导出图稿的文件格式"。

将内容切片

在"导出为多种屏幕所用格式"命令或"资源导出"面板出现之前，需要隔离想要导出的图稿。方法是：将图稿放在自己的图稿上或者对内容切片。在 Illustrator 中，可以创建切片来在图稿中定义不同 Web 元素的边界。使用"文件"＞"导出"＞"存储为 Web 所用格式（旧版）"命令保存图稿时，可以选择将每个切片保存为单独的文件并具有自己的格式和设置。

使用"文件">"导出">"导出为多种屏幕所用格式"或"资源导出"面板切片时，不需要隔离图稿，因为程序会自动隔离图稿。

Ai **注意：** 要了解有关创建切片的更多信息，请在 Illustrator 帮助（"帮助" > "Illustrator 帮助"）中搜索"创建切片"。

15.3.1 导出画板

在本节中，将了解如何导出文档中的画板。如果您想给某人展示自己的设计，或者是捕获设计以便在演示、网站、应用或其他内容中使用，导出画板会很有用。

1 选择"视图">"画板适合窗口大小"。

2 选择"文件">"导出">"导出为多种屏幕所用格式"。

在出现的"导出为多种屏幕所用格式"对话框中，可以选择导出画板或导出资源。确定了导出内容后，可以在此对话框的右侧设置导出设置。

3 选中"画板"选项卡，在对话框的右侧，确保选中了"全部"。

可以选择导出所有画板或一系列特定的画板。本文档只有一个画板，因此，选择"全部"和"范围"为 1 的效果是一样的。"整篇文档"会将所有图稿导出为一个文件。

4 单击"导出至"字段右侧的文件夹图标（）。导航到 Lessons>Lesson15 文件夹并单击"选择"（macOS）或"选择文件夹"（Windows）。

5 在"格式"部分，单击"格式"菜单并选择 JPG 80。

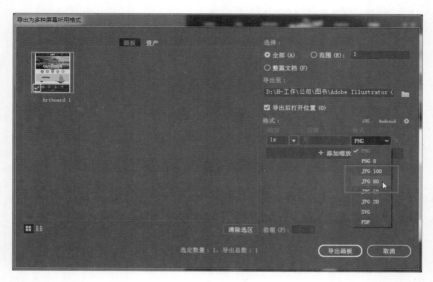

在"导出为多种屏幕所用格式"对话框的"格式"部分，可以设置导出资源的"缩放"因子，为文件名创建后缀（在本例中是编辑后缀），并更改格式。还可以通过单击"+ 添加缩放"按钮来使用不同的缩放因子和格式导出多个版本。

6 单击"导出画板"。

Lesson15 文件夹将打开，应该会看到一个新文件：Artboard 1-80.jpg。后缀"-80"是指导出时设置的品质。

7 关闭文件夹并返回到 Illustrator。

15.3.2 导出各个资源

使用"资源导出"面板可以快速且轻松地以多种文件格式（如 JPG、GIF、PNG 和 SVG）导出各个资源。"资源导出"面板支持您收集可能会频繁导出的资源，并且适用于 Web 和移动工作流程，因为它支持一次导出多种资源。

在本节中，将打开"资源导出"面板，了解如何在面板中收集图稿并导出收集的图稿。

Ai **注意：**有多种格式的输出图形的几种方法。您可以选择您的 Illustrator 文件，选择"文件"＞"导出"选择图稿。这增加了选择的图稿"资源导出"面板和打开屏幕对话框的导出。您可以选择从您前面看到的一样的格式。

1 使用选择工具（▶）单击选择画板顶部白色的"Pluralist"徽标。

2 按 Command＋＋（macOS）或 Ctrl＋＋（Windows）组合键几次放大徽标。

3 选中徽标，选择"窗口">"资源导出"，打开"资源导出"面板。

"资源导出"面板是现在或以后保存导出内容的位置。可以将它和"导出为多种屏幕所用格式"对话框结合起来使用，设置所选资源的导出选项。

4 将选中的 Pluralist 徽标拖动到"资源导出"面板的上半部分。看到一个加号（+）出现时，释放鼠标左键，将图稿添加到"资源导出"面板。

> **Ai** **提示**：要将图稿添加到"资源导出"面板，也可以在文档窗口中右键单击图稿并选择"收集以导出"。

> **Ai** **提示**：要从"资源导出"面板删除资源，可以删除文档中的原始图稿，也可以在"资源导出"面板中选择资源缩览图并单击"从该面板删除选定的资源"按钮。

添加到此面板的图稿被称为"资源1"或类似的名称。此资源与文档中的图稿绑在一起。换句话说，如果更新原始图稿，则"资源导出"面板中的此资源也会更新。添加到"资源导出"面板的所有资源都与此面板保存在一起，除非将它从文档或"资源"面板中删除。

5 在"资源导出"面板中单击该资源的名称（我看到的是"资源1"）并将它重命名为"Pluralist Logo"。

> **Ai** **注意**：可能需要双击才能编辑名称。

在"资源导出"面板中如何命名资源取决于自己。我喜欢对资源命名，这样以后我可以更轻松地了解每种资源的用途。

6　在"资源导出"面板中单击 Pluralist 徽标资源缩览图选择它。

注意： 如果针对在 iOS 或 Android 上使用创建资源，默认情况下，还可以单击 iOS 或 Android 选项以创建一系列缩放导出选项。

使用各种方法将更多资源添加到面板中时，导出之前需要选择资源。

7　在"资源导出"面板的"导出设置"区域，从"格式"菜单中选择"SVG"，如果有必要的话。

SVG 是网站的理想选择，但在本例中，合作者要求提供同一徽标的 PNG 版本。

8　单击 SVG 选项下面的"+ 添加缩放"按钮。将"缩放"更改为 1× 并确保"格式"为"PNG"。

这会设置"资源导出"面板中所有所选资源的格式。如果需要所选资源的多个缩放版本（例如，针对 JPEG 或 PNG 等格式的视网膜屏幕显示或非视网膜屏幕显示），也可以设置缩放（1×、2× 等）。还可以为导出的文件名添加后缀。后缀可能是 @1× 等类似内容，表示导出资源的 100% 缩放版本。

9　单击"资源导出"面板顶部 Pluralist Logo 的缩览图，确保选择了它。单击"资源导出"面板底部的"导出"按钮，导出所选资源。在出现的对话框中，浏览到 Lessons>Lesson15 >Asset_Export 文件夹，然后单击"选择"（macOS）或"选择文件夹"（Windows）导出的资源。

SVG 文件（Pluralist Logo.svg）和 PNG 文件（Pluralist Logo.png）都将导出到 Asset_Export 文件夹。

也可以单击"资源导出"面板底部的"启用'导出为多种屏幕所用格式'"对话框按钮（▦）。这将打开"导出为多种屏幕所用格式"对话框，设置所有同样的选项和更多选项。

导出为 Web 所用格式（旧版）

如果之前使用过"导出为 Web 所用格式（旧版）"对话框，仍可以访问它。选择"文件">"导出">"导出为 Web 所用格式（旧版）"，可以使用"存储为 Web 所用格式"对话框选择优化选项并预览优化图稿。很可能会看到一条关于"导出为多种屏幕所用格式"功能的消息，它被认为是"存储为 Web 所用格式"对话框的替代品。

15.4　根据自己的设计创建 CSS

如果正在构建网站或想要将内容提交给开发工具，可以使用"CSS 属性"面板（"窗口">"CSS 属性"）或"文件">"导出">"导出为"命令将在 Illustrator 中创建的视觉设计转换为层叠样式表。层叠样式表（CSS）是格式规则的集合，与 Illustrator 中的段落样式或字符样式相似的是，它是在网页中控制内容的外观属性。而与它们不同之处在于，CSS 可以控制 HTML 中文本的外观、页面元素的格式及位置。

 注意：从 Illustrator CC 导出或复制 CSS 不会创建 HTML 网页。它旨在创建应用于 HTML（在其他位置创建，如 Adobe Dreamweaver）的 CSS。

```
1  html {
2      font-family: sans-serif;
3      -webkit-text-size-adjust: 100%;
4      -ms-text-size-adjust: 100%;
5  }
6  body {
7      margin: 0;
8  }
9  a:focus {
10     outline: thin dotted;
11 }
12 a:active, a:hover {
13     outline: 0;
14 }
15 h1 {
16     font-size: 2em;
17     margin: 0 0 0.2em 0;
18 }
```

根据 Illustrator 图稿生成 CSS 的一大好处在于，它适用于灵活可变的 Web 工作流。可以导出文档的所有样式，也可以对 Illustrator 中的单个或多个对象复制样式代码，再将其粘贴到一个外部的网页编辑器（如 Adobe Dreamweaver）中。这是一种将 Illustrator 中的 Web 设计搬移到 HTML 编辑器或网页开发工具中去的便捷方式。但要想创建 CSS 样式并快速高效地使用它，需要在 Illustrator CC 文档中做一些设置，这就是本节中首先要学习的东西。

15.4.1 为生成 CSS 进行各种设置

如果要从 Illustrator CC 中导出或复制、粘贴 CSS，在创建 CSS 之前要适当地设置 Illustrator CC 文件，以命名将要创建的 CSS 样式。在本节中，将会了解"CSS 属性"面板以及学习如何通过命名的或未命名的内容来设置导出样式的内容。

1　选择"选择"＞"取消选择"，如果可用的话。

2　选择"视图"＞"画板适合窗口大小"，然后按 Command+－（macOS）或 Ctrl +－（Windows）组合键缩小视图。

3　选择"窗口"＞"工作区"＞"重置基本功能"。

4　选择"窗口"＞"CSS 属性"，打开"CSS 属性"面板。使用"CSS 属性"面板，可以执行下列操作。

- 预览所选对象的 CSS 代码。
- 复制所选对象的 CSS 代码。
- 将所选对象的样式（和使用的图像一起）导出到 CSS 文件中。
- 修改要导出的 CSS 代码的信息。
- 将所有对象的 CSS 代码导出到一个 CSS 文件。

5　使用选择工具（▶）单击选中画板顶部导航和徽标后面的蓝色矩形（参见下图）。

在"CSS 属性"面板中，可以看到预览区域出现的信息。这并不是预览区域通常会出现的 CSS 代码。该信息说明了该对象需要在"图层"面板中命名，或者需要设置，以便让 Illustrator 可以对未命名的对象创建样式。

6 打开"图层"面板（"窗口">"图层"），然后单击底部的"定位对象"按钮（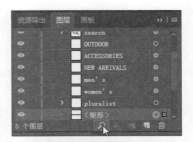），轻松地在面板中找到所选对象。

> <img src="Ai" /> **注意**：可能需要将"图层"面板的左边缘向左拖动，以便查看对象的完整名称。

7 在"图层"面板中双击所选 < 矩形 > 对象，并将名称更改为 navbar（小写）。按 Enter 或 Return 键接受更改。

8 再次查看"CSS 属性"面板，应该会在预览区域看到一个名为 .navbar 的样式。

当"图层"面板中的内容未命名时，默认情况下无法为其创建 CSS 样式。如果在"图层"面板中命名该对象，那么将会生成 CSS，样式的名称也会和"图层"面板中对象的名称一致。Illustrator 中大多数内容的样式被称为"类"。

> <img src="Ai" /> **注意**：如果看到样式的名称为".navbar_1_"，通常是因为之前的命名 navbar 后有多余的空格。

对于图稿中的对象（不包括文本对象），在"图层"面板中的名称，应该和与之独立的 HTML 编辑器（如 Dreamweaver）生成的 HTML 中的类名称一致。但是，也可以不命名"图层"面板中的对象，生成一般的样式，再导入或粘贴到 HTML 编辑器中，在编辑器中对其命名。下面，就会这样操作。

> <img src="Ai" /> **提示**：在 CSS 中可以辨别样式是否为"类"，"类"名称的前面会有一个英文句号（.）。

9 使用选择工具，单击选择使用处理的咖啡杯后面的棕色圆形。在"CSS 属性"面板中没有出现样式，这是因为该对象没有在"图层"面板中命名（面板中的名称仅为"< 路径 >"通称）。

10 单击"CSS 属性"面板底部的"导出选项"按钮（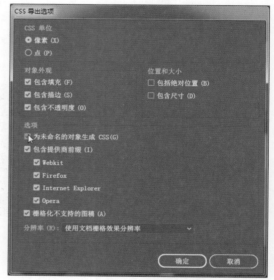）。

出现的"CSS 导出选项"对话框包含了所有可以设置的导出选项。比如使用哪种单元（像素／点），样式中要包含哪种属性（包含填充、描边或不透明度）以及其他属性，比如包含哪些提供商前缀。

11 选择"为未命名的对象生成 CSS"，并单击"确定"。

12 仍选中棕色圆形，在"CSS 属性"面板的预览区域会出现一个名为".st0"的样式。

.st0 是 style 0 的缩写，它是生成后的格式的通称。每个在"图层"面板中没有命名的对象在勾选"为未命名的对象生成 CSS"选项后，就会生成 .st1，.st2 等通称。这样命名很有帮助。例如，自行创建网页时，可以从 Illustrator 中导出 CSS 代码并在 HTML 编辑器中对其命名，还可以为已存在于 HTML 编辑器中的样式另外再获得一些 CSS 格式。

13 选择"选择">"取消选择"，然后选择"文件">"存储"。

15.4.2　使用字符样式和 CSS 代码

Illustrator 会基于文本格式创建 CSS 样式。格式包括字体系列、字体大小、行距（在 CSS 中称作 line-height）、颜色、字距调整和字距（在 CSS 中统称为 letter-spacing）等，这些都可以在 CSS 代码中获得。要在 CSS 代码中为文本创建有名称的样式，可在图稿中为文本创建并应用字符样式。在图稿中应用了的字符样式都将列在 CSS 属性列表中，并且名称与字符样式本身的名称一致。当 Illustrator 生成样式时，应用了格式但未应用字符样式的文本将具有通用 CSS 样式名称。

接下来，将创建子样式并将其应用于文本。

1 在"CSS 属性"面板中，注意面板顶部名为"[Normal Character Style]"的样式。

在"CSS 属性"面板中，出现了只能应用于文字的字符样式。默认情况下，在该面板中的"[Normal Character Style]"是应用于文本的，因此他出现在"CSS 属性"面板中。如果创建不应用于文本的字符样式，则它们不会出现在"CSS 属性"面板中。

2 选择"窗口">"文字">"字符样式"，打开"字符样式"面板。

3 使用选择工具（▶），单击选择左下角标题为 Brand 的文本。按 Command+ +（macOS）或 Ctrl + +（Windows）组合键几次放大文本。

4 在工具面板中选择文字工具（**T**）。选择以"The Pluralist is a lifestyle brand..."开头的整个段落。

5 在"字符样式"面板中单击名为 p 的样式，将它应用于所选文本。

6 选中选择工具（▶），仍选中此文本对象，您会在"CSS 属性"面板列表中看到名为"P"的字符样式。这表明它已应用于图稿中的文本。还可以在此面板的预览区域看到 CSS 代码。

选中文本对象（而不是文本），可以显示出整个文本区域中所使用样式的 CSS 代码。选中文本，不会在"CSS 属性"面板中显示 CSS 代码。

7 使用选择工具，单击页脚中标题为 Shopping 的文本对象。查看"CSS 属性"面板，会看到一系列的 CSS 样式。这些都是应用于文本区域中所有文本的样式。

选中文本区域，可以观察由样式生成的整个 CSS 代码。这样还可以从所选文本区域中复制或导出所有文本格式。

15.4.3 使用图形样式和 CSS 代码

还可以从内容中复制或导出所有图形样式的 CSS 代码。下面，将应用图形样式并观察它的 CSS 代码。

1 选择"视图">"画板适合窗口大小"。使用选择工具（▶），单击选择船后面的蓝色矩形。可能想要放大一点。

2 选择"窗口">"图形样式"。在"图形样式"面板中，单击名为"GradientBox"的图形样式。

> **Ai** 提示：与在"CSS 属性"面板中选择一种字符样式来应用格式一样，也可以选择内容和并在"CSS 属性"面板中选择一种图形样式来应用此图形样式。

观察"CSS 属性"面板，可以看到其中出现名为"GradientBox"的样式，因为它已应用于文档中的内容。

还可以查看样式的 CSS 代码。我的名称是 .content_1_，但您的名称可能不同。CSS 代码是根据刚才应用的 GradientBox 图形样式生成的。但 CSS 代码中样式的名称并不是 GradientBox，这是因为图形样式只是应用格式的一种方法。记住，这是一个未命名的 CSS 样式，因为没有在"图层"面板中重命名该所选对象。

3 保持选中此矩形，然后选择"文件">"存储"。

15.4.4 复制 CSS

有时需要从图稿的内容中获取一些 CSS 代码，将其粘贴到 HTML 编辑器中或发送到 Web 开发工具中。而 Illustrator 可以很方便地复制、粘贴 CSS 代码。下面，将复制一些对象的 CSS 代码，并学习编组是如何影响 CSS 代码的生成的。

1. 仍选中此矩形，单击"CSS 属性"面板底部的"复制所选项目样式"按钮（▣），这将复制当前显示在面板中的 CSS 代码。

 注意：您可能会看到一个产量标志图标（⚠）在面板的底部，当某些内容选择。这表明，并不是所有的插画外观属性（如多个笔画应用于形状）可以写在 E 为选定的内容编码的 CSS。

下面，将选择多个对象，并一次复制它们所有的 CSS 代码。

2. 选中选择工具（▶）并仍选中此矩形，按住 Shift 键并单击棕色圆形选中这两个对象。

 提示：当 CSS 代码出现在"CSS 属性"面板选择的内容，您也可以选择部分的代码，用鼠标右键单击选定的代码，然后选择复制复制只是选择。

在"CSS 属性"面板中，将不会出现 CSS 代码。这是因为选中了多个对象来生成代码。

3. 单击"CSS 属性"面板底部的"生成 CSS"按钮（▦）。

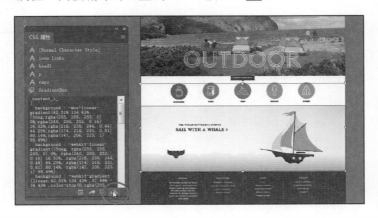

 注意：本造型，您看到的可能不同，这是好的。

两个 CSS 样式的代码 .st0 和 .content_1_，将出现在"CSS 属性"面板的预览区域中。您的样式名称可能不一样，没关系的。要查看这两个样式，可能需要向下滚动面板。您的样式顺序可能不一样，没关系的。

在"CSS 属性"面板中显示两种样式，就可以将这些样式复制、粘贴到 HTML 编辑器代码中，或将它们粘贴到电子邮件中，发送到 Web 开发工具。

4　使用选择工具单击选择船。

在"CSS 属性"面板中，可以看到 .image 样式的 CSS 代码。这段代码包含了一个背景图像的属性。当 Illustrator 处理不能生成 CSS 代码的图稿（或栅格图像）时，它将会在导出 CSS 代码时把导出的内容（而不是画板上的图稿）栅格化。CSS 代码可用于 HTML 中的对象，比如分区（div），而 PNG 图像则可以作为 HTML 对象的背景图像。

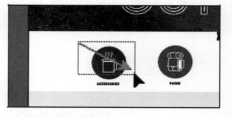

5　拖动选框选择棕色圆形和咖啡杯形状。

6　单击"CSS 属性"面板底部的"生成 CSS"按钮（<img>），以便生成所选图稿的 CSS 代码。

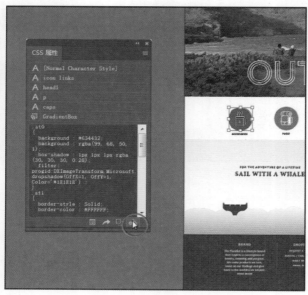

注意：您看到的样式可能不同，没关系的。

在"CSS 属性"面板中，可以观察所有所选对象的 CSS 代码。如果要复制其中的 CSS 代码，将不会生成图像，仅有的只是代码而已。下一节，为了要生成图像，需要导出 CSS 代码。

7 选择"对象">"编组"，将选中的对象编组。保持该对象组为选中状态，以便下一节使用。

请注意，在"CSS 属性"面板中，此时显示的是一个单一的 CSS 样式（.image）。编组内容就会让 Illustrator 创建一个单一的图像，在本例中则是将对象组创建成单一图像。而生成单一的图像则可以很方便地将它导入到网页中。

15.4.5 导出 CSS

从网页设计图稿中，既可以导出部分 CSS 代码，也可将其全部导出。相对于创建 CSS 文件（.css）或者从不支持 CSS 的内容中导出 PNG 文件，导出 CSS 代码有着它与众不同的优势。在本节中，将会看到两种导出 CSS 的方式。

1 仍选中此对象组，单击"CSS 属性"面板底部的"导出所选 CSS"按钮（➡）。

2 在"导出 CSS"对话框中，确保文件名是 AssetExport。导航到 Lessons>Lesson15> CSS_Export 文件夹，并单击"保存"，保存名为 AssetExport.css 的 CSS 文件和 PNG 图像文件。

3 在"CSS 导出选项"对话框中，保留所有默认设置值，并单击"确定"。

提示：还可以在"CSS 导出选项"对话框选择光栅图稿的分辨率。默认情况下，应用的是"使用文档栅格效果分辨率"（"效果">"文档栅格效果设置"）。

4 访问硬盘上的 Lessons>Lesson15>CSS_Export 文件夹。在该文件夹中，现在应该看到 AssetExport.css 文件和一个名为 image.png 的图像。

如前所述，此时生成了 CSS 代码，那么可以将这个 CSS 样式应用于 HTML 编辑器中的对象，将图像变成对象的背景图像。而生成了图像后，还可将它用于网页中的其他地方。下面，将设置一些 CSS 选项，再从图稿中导出所有的 CSS。

5 返回到 Illustrator 中，选择"文件">"导出">"导出为"。在"导出"对话框中，将"格式"
   选项设置为 CSS（css）（macOS）或将"保存类型"选项设置为 CSS（*.CSS）（Windows）。
   将文件名更改为 AssetExport_all，并确保浏览的是 Lessons>Lesson15>CSS_Export 文件夹。
   单击"导出"。

6 在"CSS 导出选项"对话框中，保留所有默认设置后单击"确定"。您很可能会看到一个
   对话框，告诉您，图像将会被覆盖。单击"确定"。

默认情况下，位置属性和大小属性是不会添加到 CSS 代码中的。但某些情况下，却需要导出
带有这些选项的 CSS 代码；默认情况下，是包括"供应商前缀"选项的。"供应商前缀"可以为特定
浏览器（已列于对话框中）的一些 CSS 新功能提供支持。还可以通过取消选择该选项去除这些功能。

7 导航到 Lessons>Lesson15>CSS_Export 文件夹，您会看到名为 AssetExport_all.css 的新 CSS
   文件和创建的一系列图像。这是因为在"CSS 导出选项"对话框中勾选了"栅格化不支持
   的图稿"选项。

8 返回到 Illustrator，并选择"选择">"取消选择"。
9 选择"文件">"关闭"，关闭文件。如果询问，请保存此文件。

复习题

1 为什么需要将内容与像素网格对齐？
2 指出"导出为多种屏幕所用格式"对话框和"资源导出"面板中可以选择的三种图像文件类型。
3 描述使用"资源导出"面板导出资源的一般过程。
4 什么是 CSS ？
5 指出生成 CSS 时，命名内容和未命名内容之间的不同。

复习题答案

1 将内容与像素网格对齐对提供清晰的图稿边缘很有用。为支持的图稿启用"对齐像素"时，对象中的所有水平和垂直线段都会与像素网格对齐。
2 在"导出为多种屏幕所用格式"对话框和"资源导出"面板中可以选择的图像文件类型有 PNG、JPEG、SVG 和 PDF。
3 为了使用"资源导出"面板导出资源，需要在"资源导出"面板中收集导出的图稿。在"资源导出"面板中，可以选择要导出的资源，设置导出设置，然后导出资源。
4 如果正在构建网站或想要将内容提交给开发工具，可以使用"CSS 属性"面板（"窗口" > "CSS 属性"）或"文件" > "导出" > "导出为"命令将在 Illustrator 中创建的视觉设计转换为层叠样式表。层叠样式表（CSS）是格式规则的集合，与 Illustrator 中的段落样式或字符样式相似的是，它是在网页中控制内容的外观属性。而与它们不同之处在于，CSS 可以控制 HTML 中文本的外观、页面元素的格式及位置。
5 命名内容是在"图层"面板中修改了图稿名称的内容。当"图层"面板中的内容未命名时，默认情况下无法为其创建 CSS 样式。如果在"图层"面板中命名该对象，那么将会生成 CSS，样式的名称也会和"图层"面板中对象的名称一致。要为未命名内容生成 CSS 样式，可以通过在"CSS 属性"面板中单击"导出选项"按钮（▤），然后在"CSS 导出选项"对话框中激活这一功能。

附　录

Adobe Illustrator CC 2017 增加了许多创新性的新功能，无论是印刷品制作、网页设计，还是数字视频发布方面，都能更有效地帮助用户制作图形文件。本书中的功能和练习都基于 Illustrator CC 2017。在这部分中，将会展示一些新功能——它们如何生效以及如何在作品中使用它们。

新的现代用户界面

Illustrator CC 2017 具有扁平化 UI（用户界面），并为功能和面板设计了新图标，外观更整洁，有助于您专注于自己的图稿。

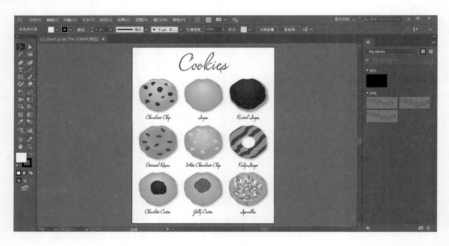

Adobe Stock 应用内购买

当您通过"库"面板在 Adobe Stock 中搜索图像并将它放置在文档中时，"链接"面板会在放入版面中的未授权 Adobe 库图像旁边显示一个购物车图标。点击此购物车图标会启动购买过程。

文本改进

在 Illustrator CC 2017 中有很多文本改进。下面列出了这些改进和新功能。

- 现在可以选择文本对象并实时预览字体，方法是在字体下拉菜单中滚动浏览字体列表。
- 现在可以将某些字体标记为"最爱"，也可以筛选喜爱的字体。
- 现在可以在字体列表顶部看到最近使用的字体。

- 现在可以将文本放置在文本容器中。
- 现在可以找到与指定字体类似的字体（星形），并根据分类筛选字体（衬线、无衬线、手写等）。

- 现在不需要使用"字形"面板就可以更改一个字符的字形。上下文菜单显示了所选字符的字形选项。
- 默认情况下，文字工具和区域文字工具将创建一个使用占位符文本填充的文本对象。无论何时想要创建文本对象，都可以右键单击并使用占位符文本填充文本框（可以通过Illustrator首选项关闭默认的占位符文本填充）。

实时形状改善

现在，很多Illustrator形状工具都是完全实时的、交互的且可以动态调整，因此可以快速绘制矢量形状而无须应用效果或使用其他工具。

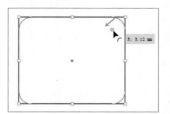

一致的视觉体验让处理实时形状变得更简单。在形状缩放到更小尺寸时控件会自动隐藏，并且在非均匀缩放后多边形会保持实时特性。

改善的资产和画板导出

现在只需单击一个按钮即可将单个作品或整个画板导出为各种文件大小和格式。这特别适用于移动和Web工作流。该功能确保您的时间花费在设计上，而不是浪费时间手动进行重复的导出工作流。

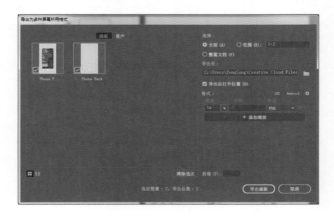

像素级完美绘制

新的像素对齐功能允许您创建像素完美的图稿或通过其他方法将图稿与像素网格对齐。现在，有几种操作（比如路径创建、修改和变换）可以创建与像素网格对齐的图稿。

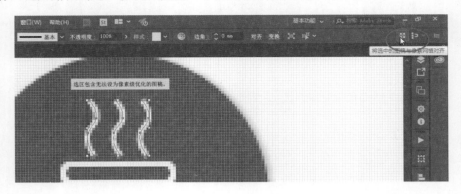

其他改进

- 缩放选择 —— 现在可以放大所选的区域，无须使用缩放工具来选择一个区域进行放大。
- 稳定性和性能改进 —— 实施了大量稳定性修复、bug 修复和性能改进，有助于您更快更好地工作。
- 隐藏字符键盘快捷键 —— 现在以下字符有了键盘快捷键：半角空格、全角空格、窄空格、上标、下标、自由选定连字符和不断开空格。也可以在键盘快捷键列表的自定义部分找到这些键盘快捷键。
- "新建文件"对话框 —— 选择"文件">"新建"时，会显示一个全新的"新建文档"对话框。
- Adobe Experience Design CC（预览版）集成 —— 将您的 Illustrator CC 图稿直接复制粘贴到 Adobe Experience Design CC，这是一个全新的一体化工具，用于设计、制作原型并共享 UX/UI web 和应用程序设计。

虽然此列表仅提及了 Illustrator CC 2017 的几个新功能和增强功能，但足以证明 Adobe 公司为满足用户的出版需求提供最佳工具的决心！希望本书的读者在使用 Illustrator CC 2017 时能和我们一样愉快！

—— *Adobe Illustrator CC 2017 经典教程团队*